Petr Beckmann
Atomkraft, ja bitte!

pro-kontra

Zur politischen Ökonomie

Herausgeber
Kurt R. Leube · Wien
Albert H. Zlabinger · Jacksonville, FL/USA

Inhalt

Nach Harrisburg · Ein Vorwort

Vor dreieinhalb Jahren hatte dieses Buch noch kein Vorwort. Inzwischen aber war da die ›Katastrophe‹ im Atomkraftwerk Three Mile Island (= TMI) bei Harrisburg — die einzige Katastrophe in der Geschichte der Menschheit, bei der niemand ums Leben kam, niemand verletzt wurde und nicht einmal jemand erkrankte. Wäre es nun notwendig gewesen, das Buch umzuschreiben? Nein. Keine einzige Zeile. Kein einziges Wort. Nicht einmal einen i-Punkt.

Ganz im Gegenteil — ich möchte den Leser bitten, diese sogenannte Katastrophe als Prüfstein dafür aufzufassen, was ich im folgenden behaupten werde; im Mittelpunkt soll dabei die Frage stehen, ob der Umstand, daß bei diesem Unglück niemand zu Schaden kam, lediglich ein ›glücklicher Zufall‹ war, oder aber die logische Konsequenz aus den beiden Grundbedingungen atomarer Sicherheit: die ›gestaffelte Abwehr‹ sowie die Tatsache, daß ein Reaktorunfall nicht von einer Minute auf die andere passiert. Auf die erste dieser Grundvoraussetzungen, die ›gestaffelte Abwehr‹, und auch auf die Gründe, warum sie bei keiner anderen Energiegewinnungsanlage dieser Größenordnung anwendbar ist, werden wir im zweiten Kapitel näher eingehen. Wie langsam solch ein Unfall abläuft, hätte vielleicht stärker hervorgehoben werden sollen. Dazu nur ein Beispiel aus der ›Katastrophe‹ von Harrisburg: Nachdem man die Panne bemerkt hatte, wurden innerhalb weniger Stunden — Stunden wohlgemerkt; wie lange dauert es, wenn ein Öltanker in die Luft fliegt? — mehrere Expertenteams eingeflogen. Eines beschäftigte sich mit hypothetischen ›Was passiert, wenn ...?‹-Fragen. Was passiert zum Beispiel, wenn die Pumpe, die den Reaktorkern jetzt noch langsam abkühlt, aussetzt? Dann setzen wir den anderen Primärkreislauf ein. Und wenn auch der ausfällt? Dann haben wir immer noch das Notkühlsystem. Wenn aber beide Systeme nicht mehr funktionieren, weil der Strom ausfällt? Dann haben wir den Diesel-Ersatzgenerator. Und wenn auch der nicht funktioniert? Man könnte ja einen zweiten einfliegen, für alle Fälle.

Man ließ tatsächlich einen zweiten Generator kommen. Bis heute hat man ihn nicht gebraucht.

Bei welchem nichtnuklearen Kraftwerk mit einer Kapazität von 843 Megawatt (= MW) bleibt so viel Zeit, um Gegenmaßnahmen zu ergreifen? Bei welchem Kraftwerk dieser Größenordnung können Mensch und Technik fünfmal, unabhängig voneinander, so schrecklich versagen, ohne daß ein einziges Menschenleben zu beklagen ist? Wie will man die Bevölkerung in Sicherheit bringen, wenn ein Damm bricht? Welche Vorsichtsmaßnahmen kann man noch treffen, wenn plötzlich eine Ölraffinerie in die Luft geht?

Doch Harrisburg wurde nicht als Feuerprobe für die Sicherheit von Atomkraftwerken betrachtet. Vielmehr löste es die größte Propagandaaktion in der Geschichte der Vereinigten Staaten aus.

»Die Wissenschaftler haben erklärt, daß ein solcher Unfall so gut wie ausgeschlossen ist, und nun ist es doch passiert.« Das ist eine Behauptung, deren Unrichtigkeit vorliegendes Buch, drei Jahre vor dem Unfall geschrieben, beweist. Die Wahrscheinlichkeit für einen Vorfall wie den in Harrisburg, bei dem es lediglich Sachschaden gab — und auch der hätte vermieden werden können, wenn nicht ein Angestellter das ordnungsgemäß funktionierende Sicherheitssystem abgeschaltet hätte —, war und ist beträchtlich. Was hingegen höchst unwahrscheinlich bleibt, ist ein Unglück, bei dem eine große Anzahl von Menschen ums Leben kommt, was ja bei anderen Methoden der Energiegewinnung relativ häufig passiert. Seit der ersten Veröffentlichung dieses Buches sind Tausende von Menschen bei Dammbrüchen umgekommen (zweitausend allein im August 1979 in Indien), Hunderte bei Explosionen und Bränden von Öl, Gas und Benzin, und die Ursache für den vorzeitigen Tod von Zehntausenden allein in den Vereinigten Staaten ist die Verwendung von Kohle. Einhundertfünfzig Menschenleben forderte eine Gasexplosion in einem Touristenlager an der spanischen Mittelmeerküste im Juli 1978.

Viele dieser Unfälle hätten vermieden werden können, wenn man Atomkraft als Hauptenergiequelle verwendet hätte. Aber wer kümmert sich schon um Sicherheit und Gesundheit der Bevölkerung? Die Politiker und selbsternannten Menschheitsbeglücker jedenfalls nicht. Die wirklichen Gefahren werden weiterhin verschleiert, aus angeblichen Gefahren hingegen wird politisches Kapital geschlagen. Sollen die armen Teufel doch sterben — es geht schließlich um den höheren Ruhm der ›Grünen‹ beispielshalber.

Ein ›meltdown‹, das heißt ein Durchschmelzen des Reaktorkerns? Diese Gefahr hat im TMI keinen Augenblick lang bestanden, und vorliegendes Buch wird zeigen, warum selbst das nicht das Ende der Welt bedeutet hätte.

Radioaktive Verstrahlung? Die durchschnittliche Dosis, der die Menschen in der Umgebung von Harrisburg aufgrund des Unfalls ausgesetzt waren, betrug ein Millirem (= *mrem*). Das mögliche Maximum wäre 80 mrem gewesen. Allein aufgrund der Tatsache, daß ich seit der Veröffentlichung dieses Buches im höher gelegenen Colorado gelebt habe, war ich einer um 350 mrem höheren Strahlung ausgesetzt, als wenn ich nach Harrisburg gezogen wäre. Etwa 350 000, die jetzt im Umkreis von 80 Kilometern um Harrisburg leben, werden laut Statistik später sowieso an Krebs sterben. Durch den Unfall erhöht sich diese Zahl um eine, möglicherweise zwei Personen. Und nach offiziellen Angaben sind dies die einzigen Todesfälle, mit denen zu rechnen ist.

Doch das ist falsch! TMI hat bereits einige Menschenleben gekostet und wird in Zukunft noch viel mehr Opfer fordern. Denn es wird verschwiegen, daß TMI 2, das jetzt funktionsunfähig ist, nicht mehr das Leben von Menschen *retten* kann, die heute sterben müssen, weil nun wieder weit weniger sichere Energiequellen verwendet werden, um den Strombedarf zu decken. Der größte Teil der Kraftwerke, die den Ausfall von TMI 2 ausgleichen, wird mit Kohle betrieben. Eine detaillierte, 1978/79 veröffentlichte Untersuchung des Forschungsinstituts in Brookhaven enthält eine sehr genaue Schätzung der Todesfälle pro Jahr, die auf durch Kohle verursachte Luftverschmutzung zurückzuführen sind. Als Mittelwert werden dort 74 pro 1000 MW aus Kohle gewonnenem Strom genannt (ich hatte

ihn in diesem Buch mit 40 bis 100 angegeben). Dadurch, daß die 843 MW von TMI 2 jetzt wegfallen, werden also etwa zusätzlich 62 Menschen allein aufgrund der Luftverschmutzung sterben — mehr als einer pro Woche. Das ist nicht zu ändern; TMI 2 ist eben ausgefallen. Aber was ist mit der anderen Anlage, TMI 1? Wenn sie in Betrieb wäre, könnte ebenfalls pro Woche mehr als ein Menschenleben gerettet werden; doch sie wurde abgeschaltet, und zwar nur, um mehr politisches Kapital aus dem Vorfall schlagen zu können. Seit der Veröffentlichung dieses Buches sind aus den zaghaften Experten der NRC (Nuclear Regulatory Commission), der amerikanischen Atomüberwachungsbehörde, — zumindest aus einigen von ihnen — politische Demagogen geworden. Ich denke dabei an Gilinsky und vor allem an den von Präsident Carter in die NRC berufenen Peter Bradford, einen Rechtsanwalt, der früher für Ralph Nader und seine gegen das freie Unternehmertum hetzenden Organisationen gearbeitet hat. Leute wie Bradford wollen mit allen Mitteln erreichen, daß Atomkraftwerke geschlossen werden. Im August 1979 hat Bradford zugegeben, es sei ihm bewußt, daß Kohle mehr Risiken birgt als Kernkraft; er muß also auch wissen, daß ein Menschenleben pro Woche geopfert wird, wenn Block 1 in Three Mile Island nicht arbeitet. Aber Politik ist eben Politik; was spielen dabei ein paar Witwen mehr oder weniger schon für eine Rolle?
Einige Verluste im Zusammenhang mit dem Unglück in TMI 2 waren jedoch weder tödlich, noch sind sie im geringsten zu bedauern: Ich meine damit unter anderem die Theorie, die von Professor Henry W. Kendall und seiner ›Union of Concerned Scientists‹, einer Vereinigung ›verantwortungsbewußter Wissenschaftler‹, so unermüdlich vertreten wurde, nämlich, daß das Notkühlsystem im Ernstfall mit Sicherheit versagen würde. Kendall hatte mit Hilfe dieser These Karriere gemacht und behauptet, das Notkühlsystem sei immer nur mit der Absicht getestet worden, den Kernkraftanhängern auf unlautere Weise den Rücken zu stärken. In TMI lösten sich alle seine Weltuntergangsvisionen im Bruchteil einer Sekunde in nichts auf, als das Notkühlsystem sofort und perfekt funktionierte (später wurde

es dann allerdings irrtümlich abgeschaltet). Er fühlte sich persönlich beleidigt und forderte eine Evakuierung der Bevölkerung, ohne auch nur einen Gedanken an die unvermeidlichen Folgen wie tödliche Herzinfarkte bei älteren Menschen, Verkehrsunfälle und so weiter zu verschwenden. Und das zu einem Zeitpunkt, als die Gefahr einer Freisetzung radioaktiver Strahlung überhaupt nicht bestand. Außerdem hatte er vorausgesagt, daß ein ›meltdown‹, ein Durchschmelzen des Reaktorkerns, hunderttausend Todesopfer fordern würde, daß Kinder unter zwölf Jahren überhaupt keine Überlebenschancen hätten, daß alle Flüsse verseucht werden würden − er zählte alle möglichen Schrecknisse auf, die selbst Graf Dracula das Fürchten gelehrt hätten. Gleichzeitig aber versicherte seine Organisation, daß sie die Kernkraft nicht völlig abschaffen wolle.

Wenn ich der Überzeugung wäre − wie Kendall es zu sein vorgibt −, daß die Atomkraft zur Verseuchung der gesamten Umwelt führen würde, in der sich dann Berge von Leichen türmen, dann würde ich mich sicherlich mit aller Kraft dagegen wehren. Aber vielleicht bin ich einfach nicht ganz so hartgesotten wie Kendall. Wie bedrohlich muß eigentlich eine Technologie sein, um Kendall zu schrecken? Künstlich ausgelöste Erdbeben etwa, bei denen zudem Raketen Pestbazillen ausstreuen?

Auch einige andere Ereignisse der letzten drei Jahre sollten hier noch erwähnt werden. Die NRC hat die im Rasmussen-Bericht angewandte Methode gebilligt. Bradford fand diesmal keine Mehrheit. Die NRC hat sich lediglich von der Zusammenfassung der Ergebnisse distanziert, da man die numerischen Werte der abgeleiteten Wahrscheinlichkeiten nicht bestätigen konnte; Professor Lewis, der Vorsitzende der Prüfungskommission, erklärte vor einem Kongreßausschuß, daß die tatsächlichen Werte niedriger liegen, also eher *für* die Verwendung von Kernenergie sprechen könnten.

Die Ausführungen darüber, welche katastrophalen Auswirkungen selbst eine niedrige Strahleneinwirkung hat, bewegen sich an der Grenze zum Absurden; als Beispiel seien hier nur die ›Forschungsergebnisse‹ von Dr. Ernest Sternglass genannt, die mit ihren Aussagen über Kindersterblichkeit und Degenerationserscheinungen selbst die Atomkraftgegner in Verlegenheit bringen. (Diesbezüglich möchte ich auf meinen monatlichen Nachrichtenbrief ›Access to Energy‹ verweisen, der sich an diejenigen richtet, die sich über die neuesten Wahrheiten und Unwahrheiten auf diesem Gebiet auf dem laufenden halten wollen.) An dieser Stelle sei auch noch erwähnt, daß beispielshalber Dr. Mancuso seinen Bericht erst veröffentlichte, als sein Vertrag auslief und nicht verlängert wurde, weil er jahrelang kein einziges Ergebnis erzielt hatte. Ein ähnlicher Fall ist Dr. Najarian, dem im Juni 1979 von einem höchst aufgebrachten Senator Kennedy — selbst ein Atomkraftgegner — bei einer Anhörung vor dem Senatsausschuß das Wort entzogen wurde, nachdem sein Bericht über eine angebliche Häufung von Krebserkrankungen bei Arbeitern in Werften für Schiffe mit Atomantrieb von Medizinern widerlegt worden war.

Im übrigen zielen die Aussagen der Atomkraftgegner immer noch in die gleiche Richtung. Ihr Einfluß ist jedoch größer geworden, und sie sind inzwischen zu einem Teil des politischen Establishments geworden. Meine Überzeugung, daß diese Bewegung hauptsächlich von den Mitgliedern einer Klasse getragen wird, die die Gesellschaft in einem Zustand erhalten will, in dem ihre Vormachtstellung und Privilegien gewährleistet sind, wurde in vieler Hinsicht weiter bestätigt; allerdings will ich nach wie vor nicht behaupten, daß dies die einzige Erklärung ist.

Von einer der wichtigsten Entwicklungen in den letzten drei Jahren wird auch zur Zeit kaum etwas berichtet: in welchem Maße die Opfer einer solchen Politik, diejenigen, deren sozialen Aufstieg die Gegner des wirtschaftlichen Wachstums verhindern wollen, sich mittlerweile zur Wehr setzen. In ländlichen Bezirken gibt es eine wachsende Pro-Kernkraft-Bewegung, die jedoch von den Politikern anscheinend nicht bemerkt, vielleicht auch nur unterschätzt oder aber bewußt ignoriert wird. In einigen Jahren könnten andere Leute dadurch an die Macht kommen, daß sie erkennen, was ihre Vorgänger übersehen haben; und obwohl die neuen Politiker wahrscheinlich auch nicht ehrlicher und moralischer sein werden, ist doch die Aussicht darauf, daß die derzeitigen Fehlplaner einfach hinausgeworfen werden, ein äußerst angenehmer Gedanke.

Einen aufschlußreichen Einblick in die Bemühungen, die Gesellschaft zu manipulieren, anstatt für Sicherheit zu sorgen, gibt die Äußerung von Amory B. Lovins, eines verbummelten Studenten, der von seinen Anhängern jeweils als Physiker, Wirtschaftswissenschaftler oder ganz einfach als Genie bezeichnet wird: »Meiner Meinung nach käme die Entdeckung einer sauberen, billigen und unerschöpflichen Energiequelle nahezu einer Katastrophe gleich, wenn man bedenkt, was wir damit anstellen würden.«

Das Problem ist selten so trefflich formuliert worden wie von Professor J. H. Fremlin (Universität Birmingham), der sich in seinem Kommentar über die ›Windscale Inquiry‹ (in der Zeitschrift ›Biology‹, Bd. 25, Nr. 4., 1979), in der die Frage der Wiederaufarbeitung atomaren Brennstoffs in Windscale in Nordengland behandelt wird − das Projekt wurde inzwischen genehmigt und die Anlage ist bereits in Betrieb −, folgendermaßen äußert: »Ich halte es nicht für meine Aufgabe, den Leuten zu sagen, was sie tun sollen. Doch die ganze Diskussion über Sicherheitsprobleme in Windscale und anderswo läßt sich auf einen einzigen Nenner bringen: Wenn man glaubt, es sei das wichtigste, daß so wenig Menschen wie möglich sterben, dann müssen wir so schnell wie möglich von fossilen Brennstoffen abgehen und auf Atomenergie umsteigen. Wenn es hingegen hauptsächlich darum geht, so wenig Leuten wie möglich Angst zu machen, dann müssen wir die Kernenergie ganz abschaffen und die Nutzung der herkömmlichen Energiequellen weiter ausbauen.«

Ich hoffe, daß mein Buch die Vertreter beider extremen Richtungen zum Nachdenken veranlaßt.

Boulder, Colorado   P. B.
Herbst 1979

Die Kernkraftdiskussion –
ein Monolog

>»Wie viele Kernexplosionen würden Sie
in Kauf nehmen, bevor Sie zu dem
Schluß kommen, daß Kernenergie nicht
sicher ist? Keine komplexen Aussagen
bitte, nur eine Zahl!«
>
> *Frage an den Beauftragten der US-Atom-
> energiebehörde* AEC, *Doub, in Ralph Na-
> ders Veranstaltung ›Der kritische Verbrau-
> cher‹ im November 1974*

Bemerkenswert an dieser Frage ist nicht so sehr die plumpe
Überheblichkeit; auch nicht die Tatsache, daß der Sprecher offensichtlich mehr von politischen Schlagworten als von technischen Zusammenhängen hält – bemerkenswert ist vielmehr
die bodenlose Ignoranz des Zwischenrufers.
Denn diese ›Frage‹ geht von zwei völlig falschen Voraussetzungen aus: Zum einen unterstellt sie, daß jemals ein Fach-
mann behauptet hätte, Kernenergie sei absolut sicher, zum anderen, daß eine Atomexplosion in einem Kernkraftwerk überhaupt möglich sei.
Beide Annahmen sind jedoch falsch. Energiegewinnung ohne
Risiko gibt es nicht, denn das wäre fast ein Widerspruch in
sich: Energie ist die Grundbedingung für Arbeit, und solange
der Mensch Fehler macht, ist es nicht auszuschließen, daß die
falsche ›Arbeit‹ ausgeführt wird. Eine absolut sichere Energie
zu verlangen, käme daher der Suche nach einem unbrennbaren
Brennstoff gleich.
Dieses Buch versucht an keiner Stelle zu beweisen, daß Kernenergie absolut sicher ist, sondern zeigt vielmehr, daß sie bei
weitem sicherer ist als jede andere bislang bekannte Methode
der Energiegewinnung.
Die andere Annahme, daß ein Kernkraftwerk explodieren

15

könnte, ist noch absurder, denn eine nukleare Explosion in einem Reaktor ist rein physikalisch unmöglich; sie ist nicht nur höchst unwahrscheinlich, sondern absolut ausgeschlossen. Wenn man versuchen würde, mit der Art Uran, die als Brennstoff in einem Kraftwerk verwendet wird, eine nukleare Explosion auszulösen, könnte man dazu genausogut Kaugummi oder Essiggurken hernehmen.

Doch sind diese beiden irrigen Vorstellungen, so lächerlich sie auch scheinen mögen, nicht die einzigen, die in der Öffentlichkeit verbreitet wurden. Ebenso grotesk sind die Behauptungen, daß Kernenergie gefährlicher sei als herkömmliche Formen der Energie, daß Versicherungen Kernkraftwerken keinen Haftpflichtschutz gewähren oder daß Kernenergie die Menschheit ›radioaktiv verseuche‹. Diese und andere abergläubische Vorstellungen sollen hier zunächst genauer untersucht werden.

Derlei irrationale Ängste werden nicht nur von einer selbstzerstörerischen intellektuellen Elitegruppe geschürt – blind vor Haß auf das gesellschaftliche System, dem sie doch ihre Position verdanken –, sondern sie bewegen auch ehrbare Bürger, die um die Sicherheit der Menschheit ernsthaft besorgt sind. Sogar einige Wissenschaftler (allerdings kaum solche, die sich beruflich mit Atomenergie beschäftigen) haben Angst vor der Kernenergie.

Politiker, die sich seit Ende der sechziger Jahre nicht mehr der Schlagworte ›Gerechtigkeit‹ und ›Familiensinn‹ bedienen, sondern sich jetzt auf ›Ökologie‹ und ›Umweltschutz‹ eingestellt haben, wurden hellhörig; immer darauf bedacht, von Vorurteilen zu profitieren, die Stimmen einbringen, versuchen sie jetzt, den Begriff ›Kernenergie‹ – so wie vorher ›Profit‹ – als Schimpfwort zu verwenden, um dann bei ihrem Feldzug gegen die Atomkraftwerke dreist vorzugeben, sie nähmen die armen Witwen und Waisen vor gewinnsüchtigen Großunternehmern in Schutz.

In mehreren Staaten Nordamerikas gibt es bereits Gesetze, die den Ausbau der Kernenergie einschränken; immer wieder wird darüber abgestimmt, ob neue – angeblich bessere – Sicherheitsbestimmungen eingeführt werden sollen. Das ist jedoch reine Demagogie, denn solche Bestimmungen würden die Erzeugung von Kernenergie effektiv unmöglich machen. Die Apostel dieses Aberglaubens ziehen weiterhin gegen die Atomenergie zu Felde und kämpfen auf diese Weise — bewußt oder unbewußt — für mehr Todesopfer bei Grubenunglücken, für die Staublunge, für Umweltverschmutzung und Explosionen. Darüber hinaus ist dies aber auch — ob beabsichtigt oder nicht — eine Art Kreuzzug für eine noch größere Abhängigkeit Amerikas von feudalistischen Scheichtümern und anderen wackeligen Diktaturen.

Die sogenannte Kernkraftdiskussion besteht hauptsächlich aus Märchen, verdrehten oder sogar eindeutig falschen Argumentationen. Sie geht außerdem von dem fundamentalen Irrtum aus, daß es überhaupt eine Kernenergiediskussion gibt. Diskussion? Bis jetzt gibt es zu diesem Thema doch eigentlich nur einen Monolog, denn bisher hat zwischen den Befürwortern und den Gegnern der Atomenergie noch kein vernünftiges Gespräch stattgefunden. Vor allem die Fernsehanstalten brachten im Überfluß wahre Horrorgeschichten nach dem Muster der ›Was passiert, wenn...?‹-Fragen, die sich ausschließlich auf die Kernenergie bezogen, aber nie auch auf herkömmliche Kraftwerke oder andere Energiequellen eingingen. Außerdem hören immer noch viel zu viele Leute auf Ralph Nader mit seiner ›Wirf Dreck und renn weg‹-Methode; sein mangelndes Wissen — was die Kerntechnik betrifft — wird nur noch von der Arroganz übertroffen, daß er über dieses Thema überhaupt spricht. ›Dokumentarberichte‹ der Fernsehanstalten geben vor, ein ausgewogenes Bild zu vermitteln; statt dessen spielen sie jedoch Lügen gegen die Wahrheit aus oder, was noch schlimmer ist, manipulieren die Zuschauer auf die Weise, daß sie ständig mit Halbwahrheiten argumentieren (also mit Aussagen wie »Letzte Woche war der Bürgermeister von A. drei Tage lang pausenlos nüchtern«). Schließlich spielen die Medien ständig mit der Assoziation ›Kernenergie‹ — ›Atombombe‹, die jedoch ebenso unsinnig ist wie die von ›elektrisch‹ mit ›Stuhl‹.

Auch die amerikanische Presse hat sich – von einigen Ausnahmen abgesehen – diesem Modesport angeschlossen und heizt die Hysterie weiter an. Dies gilt nicht nur für die ökologischen Zeitschriften, die hinter Ralph Nader stehen, wie etwa ›Mother Earth News‹ (Nachrichten von Mutter Erde), sondern beispielsweise auch für ›The Wall Street Journal‹ und ›Business Week‹, die alles andere als Organe einer revolutionären Subkultur sind. Und die Nachrichtenagenturen ›Associated Press‹ und ›United Press‹ liefern ihrerseits den Lokalzeitungen meist nur verzerrte Informationen.

Auf der anderen Seite stehen – oder vielmehr: *sollten* stehen – die Wissenschaftler der Atomindustrie und die öffentlichen Energieversorgungsbetriebe. Sie stellen jedoch die stummen Partner in diesem Monolog dar; teils, weil sie nicht von sich aus an die Öffentlichkeit treten, teils auch, weil sie sich kein Gehör verschaffen können.

Gerade die Atomindustrie ist einer der potentiellen Partner in der Diskussion, der bisher noch nicht – oder zumindest nicht wirkungsvoll genug – das Wort ergriffen hat. Ralph Nader hat sich in den Augen der Spezialisten auf diesem Gebiet absolut lächerlich gemacht, aber bisher hat man nur im privaten Kreis über ihn gelästert; Westinghouse hat zwar eine Serie von Anzeigen veröffentlicht, in der die Fakten nüchtern und sachlich erklärt werden, aber da Werbung grundsätzlich als unglaubwürdig gilt, wurden diese Erläuterungen von niemandem wirklich ernst genommen. Die Anzeigenserie von Westinghouse war zwar sehr gründlich ausgearbeitet und brachte nur Fakten – doch warum sollte man der Werbung von Westinghouse mehr Glauben schenken als der für ein beliebiges Waschmittel, die absolut nicht den Anspruch erhebt, ernstgenommen zu werden, sondern lediglich mit hohlen Phrasen arbeitet (was soll man auch mit einem Satz wie ›Weißer als weiß‹ anfangen . . .?).

Die AEC (Atomic Energy Commission), die Atomenergiekommission in den USA, hat sich völlig in die Defensive drängen lassen und gehofft, ihre Gegner damit beruhigen zu können, daß sie immer strengere Sicherheitsvorschriften einführte. Dabei geriet sie in einigen Fällen an die Grenze zum Absurden. Die NRC, die die Funktion der Überwachung der Kernenergiegewinnung von der AEC übernahm (das Forschungsprogramm ging an die Energiebehörde ERDA [Energy Research and Development Agency] über), hat diese Beschwichtigungspolitik weitgehend fortgesetzt. Bezeichnend dafür ist die Entscheidung, die Wiederaufbereitung von Plutonium hinauszuschieben: dadurch wird nicht nur die Wirtschaftlichkeit von Atomenergie beeinträchtigt, sondern auch die Sicherheit, denn die nuklearen Abfallprodukte einschließlich der Plutoniumverbindungen sammeln sich jetzt in den einzelnen Kraftwerken an, während die NRC ihr Image als nationaler Wachhund pflegen kann.

Die öffentlichen Energieversorgungsbetriebe kennen natürlich die außergewöhnlich hohe Wirtschaftlichkeit und Sicherheit der Kernenergie. Als dieses Buch geschrieben wurde, lagen die Kosten für atomaren Brennstoff im Durchschnitt um ein Sechstel niedriger als die für die fossilen Brennstoffe, die benötigt werden, um dieselbe Menge elektrischer Energie zu erzeugen, obwohl der Preis für Öl und Gas in den USA auf unrealistisch niedrigem Niveau gehalten wird. Und selbst wenn man die höheren Unterhaltskosten für Atomkraftwerke in Betracht zieht, belaufen sich die Gesamtkosten für Kernenergie nur auf 50 bis 80 Prozent dessen, was für die Energiegewinnung mittels fossiler Brennstoffe aufgewendet werden muß. Aber die öffentlichen Versorgungsunternehmen leiden an permanentem Kapitalmangel und haben daher die Hälfte der Aufträge zur Schaffung von mehr Kernenergiekapazität, die sie eigentlich dringend bräuchten, zurückgezogen oder hinausgeschoben. Wie es von einer Branche, der durch Regierungsbeschlüsse, Preis- und Gewinnkontrollen und politisierte Aufsichtsbehörden die Hände gebunden sind, nicht anders zu erwarten ist, äußern sie sich auch nicht zu dem Problem, wenn sie nicht dazu gezwungen werden. Erst vor kurzem haben einige öffentliche Versorgungsunternehmen, durch Anti-Kernkraft-Bürgerinitiativen in die Enge getrieben, begonnen, ihre Interessen laut zu vertreten.

Es ist zudem durchaus einsehbar, daß diese Versorgungsbetriebe und ihre Abteilungen für Öffentlichkeitsarbeit davor zurückschrecken, die Kohle als Energiequelle zu kritisieren. Ein großer Teil ihrer Energieproduktion, oft sogar ihre ganze Kapazität, ist von fossilen Brennstoffen abhängig. Wenn sie also darauf hinweisen, daß die Kernenergie weniger Risiken mit sich bringt als die Erzeugung von Energie aus Kohle, dann würden sie damit zugeben, daß ihre derzeitige Methode der Energiegewinnung nicht die sicherste ist. Außerdem sind sie sich völlig darüber im klaren, daß sich die Fanatiker nach einem Verbot der Kernenergie als nächstes gegen die Kohle wenden würden (denn die sind gegen *jegliche* Energiegewinnung in größerem Rahmen und wollen ihren Lebensstil allen anderen aufzwingen); die Versorgungsunternehmen fürchten daher, daß ihre eigenen Argumente gegen sie gerichtet werden könnten, wenn sie jetzt gegen die Bürgerinitiativen der Atomkraftgegner den kürzeren ziehen. Daher äußern sie sich zu diesem Punkt lieber überhaupt nicht.

Das ist in meinen Augen jedoch ein Fehler. Denn damit geben die Befürworter der Kernenergie die wirkungsvollste, eigentlich die einzige Waffe aus der Hand, nämlich die Wahrheit. Auch wenn eine echte Diskussion stattfände und wenn diese Auseinandersetzung fair verliefe, sollte die Wahrheit die einzige Waffe sein; aber es ist Selbstmord, in einer Situation auf sie zu verzichten, in der die Öffentlichkeit von den Vertretern der entgegengesetzten Meinungen ungleich stark beeinflußt wird und die Fanatiker in einer halben Minute Behauptungen aufstellen, die man nur in einem halbstündigen Vortrag widerlegen kann.

Zudem ist es gar nicht notwendig, Kohle als Energiequelle zu kritisieren. Sie trägt, obwohl sie viel mehr Risiken birgt als Kernenergie, wie jede andere Energiegewinnung auf breiter Basis weit mehr zur Rettung von Menschenleben bei als zu deren Gefährdung. Man vergleiche nur die Gesundheitsstatistiken in einem Land mit einem hochentwickelten Wirtschaftssystem und folglich großem Energiebedarf mit denen aus einem unterentwickelten Land. Um den Standard des öffentlichen Gesundheitswesens (und auch den allgemeinen Lebensstandard) in den Vereinigten Staaten zu gewährleisten, braucht man so viel Energie, daß wir es uns gar nicht leisten können, ausschließlich von der sichersten Möglichkeit der Energiegewinnung Gebrauch zu machen, oder auch nur, dies in kürzester Zeit erreichen zu wollen. Wir müssen uns auch der weniger sicheren Methoden bedienen.

Im großen und ganzen gesehen bringt die Erzeugung von Energie mittels fossiler Brennstoffe oder Wasserkraft wenig Risiken mit sich (sie ist auf jeden Fall sicherer als die dilettantischen Apparaturen, die von den Naturaposteln propagiert werden), und ich bitte den Leser, immer daran zu denken, daß dies Buch nicht beweisen will, wie gefährlich Öl, Gas und Wasserkraft sind, sondern, daß Kernenergie sicherer ist.

Das ist der entscheidende Punkt, und deshalb sei mir verziehen, wenn ich ihn nochmals betone:

Ziel dieses Buches ist nicht, zu zeigen, wie gefährlich herkömmliche Energiequellen sind, sondern, daß Kernenergie sicherer ist.

Doch nun zu den ›Profis‹. »Selbst die Wissenschaftler«, so hören wir immer wieder, »sind hinsichtlich der Kernenergie geteilter Meinung.« Leider stimmt das − aber eben nur in einem gewissen Sinne. Denn diese Feststellung sagt nichts darüber aus, wo die Trennungslinie zwischen den Lagern verläuft: Die Gegner der Atomkraft kommen aus den Reihen der Insektenkundler, der Anthropologen, Biologen, Neurologen, Chemiker und Gelehrten aus allen möglichen anderen Fachgebieten, und es sind nur sehr wenig Atomphysiker von Rang und Namen unter ihnen. Bezeichnenderweise waren die drei Kernphysiker, die im Februar 1976 bei General Electric in San José, Kalifornien, kündigten, Mitglieder einer pseudoreligiösen Organisation[1] (der ›Creative Initiative Foundation‹ [CIF], was in etwa ›Stiftung Schöpferische Initiative‹ bedeutet, die verkündet, daß »Plutonium nicht von Gott geschaffen und daher verwerflich« ist; dann müssen wir uns allerdings fragen, ob denn nicht auch unser täglich Brot verwerflich ist). Obwohl die nicht gerade arme CIF offenbar allen ihren Anhängern finanzielle Sicherheit versprach, konnte sie nicht mehr als diese drei von insgesamt 480 Physikern, die in der Nuklearabteilung von General Electric arbeiten, für sich gewinnen[2]; das ist jedoch nicht weiter überraschend, denn die meisten Kernphysiker sind sich der Tatsache bewußt, daß die Alternativen zur Kernenergie viel umweltfeindlicher sind und mehr Menschenleben gefährden.

Unter den Kernphysikern gibt es nur wenige Gegner der Atomenergie. Am bekanntesten ist wohl Henry W. Kendall von der technischen Hochschule von Massachusetts, ein aktives Mitglied der ›Union of Concerned Scientists‹. Kendall hegt immer noch einen Groll gegen die AEC, die ihn vor längerer Zeit einmal abgewiesen hatte, und fungiert heute als Berater von Ralph Nader. Aber Nader kann nicht einmal einen Kendall dazu bringen, ein Kernkraftmoratorium zu unterstützen. Auch war Kendall nicht in der Lage, eine Methode der Energiegewinnung zu nennen, die sicherer wäre als Kernkraft, als er vom Autor dieses Buches anläßlich einer Diskussion dazu aufgefordert wurde.

Der typische ›prominente Wissenschaftler‹, der sich gegen Atomenergie ausspricht, ist ein Mann − manchmal sogar ein Nobelpreisträger − von ganz anderer Prägung. Er hat zwei hervorstechende Eigenschaften: erstens hat er sich auf einem Gebiet einen Namen gemacht, das mit Kernphysik überhaupt nichts zu tun hat, und zweitens hat er eine Neigung, sich politisch zu engagieren.

Linus Pauling beispielshalber erhielt den Nobelpreis für Chemie auf einem Gebiet, das nichts mit Kernenergie zu tun hat. Der Öffentlichkeit ist er vor allem aufgrund seiner Eskapaden bekannt; so hat er sich beispielsweise allein als Streikposten vor das Weiße Haus gestellt, um gegen den Vietnamkrieg zu protestieren. Sein Heilmittel gegen Erkältungen (ein Problem, das ebenfalls außerhalb seines Fachgebiets liegt) hat sich vor kurzem als völlig wirkungslos erwiesen, und es gibt keinen Grund dafür anzunehmen, daß er von Kühlelementen mehr versteht als von Verkühlungen.

Hannes Alfven bekam einen Nobelpreis für seinen Beitrag zur

22

Plasmaphysik, und zwar speziell für ihre Anwendung in der Ionosphäre, den Schichten der Atmosphäre, die 80 bis 800 Kilometer über der Erdoberfläche liegen. Seine Aussagen über die Gefahren der Kernenergie zeigen, daß er von diesem Gebiet kaum etwas versteht und außerdem keinerlei Vorstellung von dem Begriff ›Sicherheit‹ hat; er glaubt offenbar, daß es eine absolute Sicherheit gibt, und fordert diese für die Kernenergie — jedoch für keine andere Art der Energiegewinnung.

Barry Commoner ist ein Biologe, der einen wichtigen Beitrag auf dem Gebiet der Erbgutveränderungen, die durch krebserregende Stoffe in Bakterien hervorgerufen werden, geleistet hat; bekannt ist er jedoch hauptsächlich deswegen, weil er den Weltuntergang prophezeit, gegen wirtschaftliches Wachstum plädiert, die Eisenbahn und die Energieversorgung verstaatlichen will und gegen das freie Unternehmertum zu Felde zieht; vor kurzem hat er sich für das marxistische Wirtschaftssystem ausgesprochen[3].

Man könnte noch viele solche Wissenschaftler aufzählen; sie haben sich auf einem Gebiet hervorgetan, das in keinem Zusammenhang mit der Nuklearforschung steht, und setzen sich energisch für politische Ziele ein.

Leute wie Ehrlich, Tamplin oder Gofman gehören allerdings nicht zu dieser Gruppe — man könnte sie allenfalls als Ex-Wissenschaftler bezeichnen. Da sie auf ihrem Spezialgebiet eher mittelmäßig waren, haben sie offensichtlich versucht, auf einem anderen Weg schneller zu Ruhm zu kommen; jetzt sind sie darauf spezialisiert, Horrorgeschichten zu schreiben, die in Sonntagsblättern veröffentlicht werden und leichtgläubigen Menschen Schrecken einjagen sollen. Wissenschaftliche Kommissionen haben sich schon des öfteren gegen die Science-fiction von Tamplin, Gofman, Sternglass und anderen gewandt; sie ist viel zu albern, als daß sie von irgend jemandem außer den politisch engagierten Umweltschutzorganisationen ernstgenommen würde. Im Fall von Dr. Ehrlich kann man allerdings schlecht von dessen ›Nicht-Kenntnissen‹ in der Physik sprechen, denn wenn er *nichts* davon wissen würde, wäre das schon ein deutlicher Fortschritt; aber seine Fehleinschätzung der Thermodynamik zum Beispiel ist schlichtweg schockierend[4].

Um wieder auf die Wissenschaftler zurückzukommen, kann man ohne weiteres sagen, daß die Gegner der Kernenergie nicht nur ausschließlich aus anderen Fachgebieten kommen, sondern auch, daß sie im Bereich der Wissenschaft insgesamt Außenseiter sind. Diese Minderheit stellte sich selbst ein Zeugnis der Inkompetenz aus, als sie im August 1975, als sich der Abwurf der Atombombe über Hiroshima zum dreißigstenmal jährte, eine Petition an Präsident Ford sandte. Eine solche Petition ist nichts als hanebüchene politische Schaumschlägerei, denn Atombomben haben mit Kernenergie genausoviel zu tun wie Elektrizität und der elektrische Stuhl.

Diese Petition schickte die ›Union of Concerned Scientists‹ an 15 000 von den insgesamt 200 000 Wissenschaftlern in den USA (diese Zahl bezieht sich nur auf Physiker und andere Naturwissenschaftler, und zwar nur auf solche, die an Universitäten arbeiten); diese 15 000 waren alle Mitglieder der ›American Federation of Scientists‹ (Bund amerikanischer Wissenschaftler) und Abonnenten des ›Bulletin of Atomic Scientists‹ (Bulletin für Atomwissenschaftler). Beide Vereine betreiben seit langem Politik statt wissenschaftlicher Forschung und beziehen dabei besonders gegen die Kernenergie Stellung. Man hätte also genausogut einen Schützenverein darüber befragen können, was er von einem Verbot von Schußwaffen hält. Trotzdem erhielten sie nur 2300 Unterschriften, das heißt, daß nur 0,3 Prozent der insgesamt 770 000 amerikanischen Naturwissenschaftler[5] (ohne die Sozialwissenschaftler, die normalerweise bei dieser Sorte von Petitionen stark vertreten sind) antworteten.

Kendalls Petition war also ein Reinfall; bei den Naturwissenschaftlern war es sogar ein totales Fiasko. Dennoch berichtete zum Beispiel die ›Washington Post‹ darüber, und zwar unter der Schlagzeile »Wissenschaftler fordern einen langsameren Ausbau der Kernenergie«. Hunderte, vielleicht sogar Tausende von Regionalzeitungen, die derlei Nachrichten von der ›Post‹ oder der ›New York Times‹ übernehmen, verwendeten dann dieselbe Schlagzeile und schrieben auch denselben Unsinn.

24

Noch im März 1976 behauptete der ›Christian Science Monitor‹ (obwohl er zugab, daß die drei Physiker, die bei General Electric gekündigt hatten, Mitglieder einer pseudoreligiösen Anti-Kernkraft-Gruppe waren), daß die Wissenschaftler in der Frage der Kernenergie in zwei Lager gespalten seien, und als Beweis dafür verwies er auf die 2300 Wissenschaftler, die durch ihre Unterschrift unter jene Petition ihren ernsten Zweifeln Ausdruck verliehen hätten.

Aber wie sieht es auf der anderen Seite aus? Die Wissenschaftler, die für die Kernenergie sind, unterscheiden sich von ihren Gegnern in fast jeder Beziehung. Sie verfolgen keine politischen Ziele und haben sich bisher noch nicht organisiert. Sie sprechen nicht von irgendwelchen vagen Gefahren, sondern von harten Tatsachen und Zahlen; sie erhalten so gut wie keine Gelegenheit, sich in den Medien zu äußern, und sie legen auch nicht so viel Wert darauf, große Reden zu halten; vor allem aber kennen die meisten von ihnen die Kernenergie und die damit verbundenen Gefahren und Risiken nicht von politischen Zusammenkünften her, sondern aus eigener, unmittelbarer Erfahrung.

Bisher haben nur wenige Wissenschaftler zur Feder gegriffen, um die breite Öffentlichkeit über den Leserkreis der Fachliteratur hinaus anzusprechen und die Atomenergie zu verteidigen. Doch im Gegensatz zu den Insektenkundlern und Neurologen wissen sie genau, wovon sie reden. Dr. Ralph Lapp, der mit einigem Erfolg die Kernphysik der Öffentlichkeit näherzubringen versucht hat, ist Hochenergiephysiker und seit dreißig Jahren im nuklearen Bereich tätig. Er begann als Schüler des Nobelpreisträgers Arthur H. Compton und nahm im Lauf der Zeit viele angesehene Posten an Universitäten und in diversen Regierungsabteilungen an, unter anderen den des stellvertretenden Direktors der Landesforschungsanstalt von Argonne. Er ist heute Energieberater und Vorsitzender einer nichtstaatlichen Kernkraftgesellschaft.

Dr. R. Philip Hammond, ein Kernphysiker mit mehr als dreißig Jahren Erfahrung im Umgang mit Reaktoren und Spaltprodukten, war früher Professor an der Universität von Kalifornien in Los Angeles und ist jetzt Berater in Energiefragen. Während Alfven und Kendall, ganz zu schweigen von Tamplin oder Ehrlich, in tollkühnen ›Was passiert, wenn ...?‹-Phantasien über den Ablauf eventueller atomarer Unfälle schwelgen, äußert sich Dr. Hammond folgendermaßen:

»Wenn ich mit solchem Material zu tun hätte [das radioaktive Material nach einem Kernschmelzen] — und ich habe einige Erfahrungen im Beseitigen radioaktiver Überreste —, ich wüßte nicht, wo es besser aufgehoben wäre, als unter der Erde ... Es würde mir nichts ausmachen, den Brennstoff dann in kleinen Mengen wieder herauszuholen und wiederaufzubereiten. Man würde dabei kein Risiko eingehen, und es gäbe keine radioaktiven Rückstände.«

Zu der Zeit, als dieses Buch geschrieben wurde, gab es nur vereinzelt Eingaben oder offizielle Erklärungen zugunsten der Atomenergie (denn eine gute Sache hat derartige Proklamationen nicht nötig, außer wenn eine böswillige Kampagne gegen sie geführt wird), doch wenn solche Erklärungen abgegeben wurden, und zwar als Antwort auf die Angriffe von Atomkraftgegnern, dann hatten die Verfasser keinerlei Schwierigkeiten, Nobelpreisträger der Physik und andere Wissenschaftler, die direkt im Bereich der Kernforschung arbeiten, für ihre Sache zu gewinnen. Die 34 prominenten Wissenschaftler, die Anfang 1975 eine Erklärung für die Atomenergie unterschrieben, waren alle unmittelbar auf diesem Gebiet tätig und hatten sehr viel Erfahrung. Im Gegensatz zu dem Astrophysiker Alfven hatten die sechs Nobelpreisträger der Physik unter ihnen (Alvarez, Bardeen, Bethe, Bloch, Purcell, Rabi, Wigner) praktische Erfahrung mit Kernenergie, und einige von ihnen, wie Bethe und Wigner, waren an der Entwicklung der Kernreaktoren von Anfang an mit beteiligt.

Als 700 Wissenschaftler in Alfvens Heimatland Schweden dem Premierminister eine Erklärung zugunsten der Atomenergie vorlegten, waren sie nicht auf Insektenkundler und Psychologen angewiesen. Jeder einzelne war selbst — theoretisch oder praktisch — auf dem Gebiet der Kernenergie tätig. Die amerikanische Atomforschungsgesellschaft ANS (American Nuclear Society) hat die Kernenergie selbstverständlich gutgeheißen.

Selbstverständlich?

Nein, selbstverständlich war das keineswegs. Einundzwanzig Jahre lang hatte sich die ANS standhaft geweigert, für die Kernenergie einzutreten, denn sie war in bezug auf deren Sicherheit kritischer als alle die, die heute davon reden. Erst im Jahre 1975 erkannte die ANS schließlich, als alle ihre Vorbehalte beseitigt waren, die Atomenergie als sicherste aller Methoden zur Energiegewinnung an.

Ihrem Beispiel folgten:
die Power Engineering Society (Gesellschaft für Starkstromtechnik; 18 000 Mitglieder)[6]
der Energieausschuß des Institute of Electrical and Electronics Engineers (Institut für Elektrotechnik und Elektronik; 170 000 Mitglieder)
die Society of Professional Engineers (Fachverband der Ingenieure; 69 000 Mitglieder)
der National Council des American Institute of Chemical Engineers (Institut für Chemotechnik; 39 000 Mitglieder)
der Vorstand der Health Physics Society (Gesellschaft für physikalische Medizin; 3 400 Mitglieder).

25 000 Wissenschaftler und Ingenieure unterschrieben die ›Declaration of Energy Independence‹, eine Erklärung zur Sicherstellung einer autonomen Energieversorgung, in der mehr Verwendung von Kohle und Atomenergie gefordert wird, und legten sie im Jahre 1975 am zweiten Jahrestag des arabischen Ölembargos dem Weißen Haus vor. Die Unterzeichneten der Petition konnten insgesamt 200 000 Jahre Erfahrung bei der Gewinnung elektrischer Energie vorweisen[7].

Die ›Spaltung‹ im Lager der Naturwissenschaftler ist also ein eigenartiges Phänomen. Brutal, aber doch ziemlich zutreffend ausgedrückt, gibt es lediglich eine Spaltung zwischen Leuten, die wissen, wovon sie reden, und Leuten, die das nicht wissen.

Die aktiven Kernkraftgegner haben inzwischen ein anderes Argument gefunden, auch wenn sie immer noch so tun, als würden sie von einer großen Gruppe von Gelehrten unterstützt. Sie fordern neuerdings, daß Experten sich überhaupt nicht in diese Diskussion einmischen sollten, und zwar aus zwei Gründen: erstens handle es sich nicht um eine technische, sondern um eine moralische Frage, und zweitens gehe es den Experten nur um ihre Karriere, was ihr Urteilsvermögen aufgrund des Interessenkonflikts trübe.

Lorna Salzman, Mitglied eines Vereins, der sich sinnigerweise ›Friends of the Earth‹ (Freunde der Erde) nennt, drückt dies in dem ebenfalls fehlbenannten ›Bulletin of Atomic Scientists‹ folgendermaßen aus:

»Kein Kernphysiker, der an der Atomenergie verdient, hat das Recht, Regierung und Bürger zu zwingen, eine tödliche Technologie zu akzeptieren, eine Technologie, bei der der eigene Profit und die Sicherung der Arbeitsplätze über Leben und Gesundheit der Bevölkerung gestellt werden ... Alle Wissenschaftler, die ein persönliches Interesse an der kommerziellen Nutzung der Kernenergie haben, sollten sich aus der Kernkraftdiskussion heraushalten und das Feld den Bürgern überlassen, die ohne weiteres in der Lage sind zu beurteilen, was sie selbst und ihre persönliche Freiheit gefährdet.«

Von Lorna Salzman wird erst im letzten Kapitel dieses Buchs wieder die Rede sein, und ich hoffe, bis dahin gezeigt zu haben, daß es eher solche Fanatiker wie Lorna Salzman sind, die ihr zügelloses Streben nach politischer Macht über das Leben und die Gesundheit ihrer Mitmenschen stellen und ihr möglichstes tun, um die Bürger mit pseudowissenschaftlichen Spitzfindigkeiten zu verunsichern und daran zu hindern, daß sie erkennen, was sie in Gefahr bringt und was sie schützt.

Vorerst wollen wir nur anmerken, daß auch diese beiden Thesen, der angebliche Interessenkonflikt und die Betonung des moralischen Aspekts, sowohl falsch als auch bösartig sind.

Falsch ist diese These von einem Interessenkonflikt, weil sie davon ausgeht, daß ein Kernphysiker nur im Bereich der kommerziellen Energiegewinnung Karriere machen kann. Das ist natürlich nicht wahr. Die Kernforschung hat viele Teilgebiete − medizinische Diagnostik und Therapie etwa −, wo überall ein Mangel an Arbeitskräften herrscht. Außerdem vergißt man dabei die Tatsache, daß die American Power Society, zu der

28

nur wenige Atomenergieingenieure gehören, die Kernenergie akzeptiert, ebenso die American Health Physics Society, die mit der kommerziellen Nutzung von Atomenergie überhaupt nichts zu tun hat, sondern der es ihren Statuten gemäß um »den Schutz des Menschen und seiner Umwelt vor schädlichen Auswirkungen radioaktiver Strahlung« geht.

Bösartig ist diese These insofern, als sie impliziert, daß etwa einem Arzt durchaus nichts daran liegt, seine Patienten zu heilen, weil er an ihnen ja nur dann verdient, wenn sie krank sind, oder daß die Polizei Verbrechen fördert, denn ohne Kriminelle hätte sie schließlich keine Existenzberechtigung mehr. Natürlich findet man auch bei Atomphysikern Gauner, aber die gibt es auch unter Nudisten, Seiltänzern oder Diabetikern. Die Unterstellung jedoch, daß für alle oder auch nur für einen beträchtlichen Teil von ihnen die persönliche Karriere wichtiger sein soll als das Überleben der Menschheit, ist absolut widerwärtig.

Dasselbe gilt auch für das ›moralische‹ Argument. Die ›Freunde der Erde‹, Ralph Nader und die anderen Atomkraftgegner haben oft genug die Fakten vor Augen gehalten bekommen, Fakten, die beweisen, daß nichtnukleare Methoden der Energiegewinnung Gesundheit und Leben der Bevölkerung weit mehr gefährden. Sie haben diesen Punkt aber niemals ernsthaft diskutiert, sondern ihn einfach ignoriert. Wo bleibt aber die Moral, wenn man auf diese Weise die Todesrate höher hält als nötig? Was ist das für eine Ethik, der Menschenleben geopfert werden?

Bei den Kernphysikern und Starkstromtechnikern befinden sich die Befürworter der Kernkraft in der Mehrzahl. Man muß sich allerdings fragen, warum man von so vielen Experten so wenig hört.

Es gibt dafür mehrere Gründe: Erstens ist es nichts Außergewöhnliches mehr, daß die Kernenergie von Chemikern, Biologen, Soziologen, Politikern, Journalisten und Hausfrauen angegriffen wird und nur Kernphysiker sie verteidigen ›dürfen‹ (und dabei noch bezichtigt werden, daß sie sich nur ihr eigenes

Süppchen kochen wollen), so daß sie schon allein aufgrund des zahlenmäßigen Verhältnisses im Nachteil sind.

Zweitens haben die Atomforscher, die ja schließlich wissen, worum es geht, bis vor kurzem noch über die Anti-Kernkraft-Hysterie gelacht, wie die Astronomen einst über jene lachten, die glaubten, die Erde sei eine flache Scheibe, oder wie die Mathematiker sich über die Leute lustig machen, die nach der Quadratur des Kreises suchen, oder wie vor mehr als hundert Jahren die Eisenbahningenieure über die Kassandras spotteten, die prophezeihten, daß die Eisenbahn Tod und Verderben bringen würde. Bis vor kurzem haben nur wenige von ihnen die Kernkraft in der Öffentlichkeit verteidigt. Als die Kampagne der Bürgerinitiativen schon weite Kreise gezogen hatte, gab es noch keine organisierte Gegenbewegung als Antwort auf die Anti-Atom-Hysterie, zumindest keine, die von privaten Geldgebern und den Medien in dem Maße unterstützt worden wäre wie die Atomkraftgegner. Drittens – und das ist wahrscheinlich das Ausschlaggebende – werden die Befürworter der Kernkraft, wenn sie den Monolog zu einer echten Diskussion machen wollen, von den Massenmedien, die andererseits doch so ausführlich über die ganz offensichtlich falschen Anschuldigungen Naders und anderer Laien berichten, einfach ignoriert.

Die Vorurteile, die die Medien der Atomkraft gegenüber hegen, sind nur denen erkennbar, die sich eingehend mit dieser Frage beschäftigt haben; Millionen von Fernsehzuschauern und Zeitungslesern bleiben sie verborgen. Die Vorbehalte gegen die Atomkraft sind sogar so stark, daß sie vielfach in Zensur ausarten, und zwar Zensur nicht *an* der Presse, sondern *durch* die Presse.

Als im Januar 1975 vierunddreißig bedeutende Wissenschaftler, elf davon Nobelpreisträger, eine Resolution zur Verteidigung der Atomkraft veröffentlichten, wurde dies von den Medien, vor allem vom Fernsehen, schlichtweg ignoriert.

»Seit dem zweiten Weltkrieg waren wir in keiner so schwierigen Lage«, hieß es darin. »Obwohl der Öffentlichkeit wegen einigen Fehlern Angst eingejagt wurde, ist bisher aus noch keinem Reaktor in den Vereinigten Staaten eine nennenswerte radioaktive Strahlung entwichen ... Wir sehen keine Alternative zum Ausbau der Kernkraft, um unseren Energiebedarf zu dekken ...«

Der Inhalt dieser Proklamation wäre es zweifellos wert gewesen, veröffentlicht zu werden; allein die vierunddreißig berühmten Namen machten dieses Dokument zu etwas Besonderem. Aber es wurde ignoriert; lediglich eine Fernsehgesellschaft filmte einen Ausschnitt aus der Pressekonferenz mit dem Nobelpreisträger Bethe, ohne jedoch die Resolution auch nur zu erwähnen. Statt dessen wurde über eine erneute Warnung vor der Kernenergie seitens Ralph Naders berichtet, und anschließend kam ein Filmbericht zu Fragen hinsichtlich Wirtschaftlichkeit, Zuverlässigkeit und Sicherheit. Fragen, die offengelassen wurden, so als würde man die Antwort nicht kennen, als wäre sie nicht schon tausendmal gegeben worden.

Diese ›Ausgewogenheit‹ in der Berichterstattung ist noch häufiger als eine unverhohlene Zensur und richtet auch mehr Schaden an.

Werbefachleute wissen sehr wohl, daß es etwas Schlimmeres gibt, als zu lügen, nämlich, die Wahrheit zu sagen, aber eben nicht die ganze Wahrheit. Ein drastisches Beispiel: Die Feststellung »Mr. Smith hat in den letzten fünf Wochen wahrscheinlich keine Frau vergewaltigt, jedenfalls nicht am hellichten Tag« läßt Mr. Smith wenig Chancen, sich zu verteidigen, denn wenn er behauptet, diese Aussage sei falsch, dann impliziert er damit, daß er auch am hellichten Tag Frauen vergewaltigt.

Dieses Beispiel ist natürlich extrem. Rundfunk und Fernsehen gehen viel subtiler vor, aber der Trick ist der gleiche: es wird zwar die Wahrheit gesagt, aber nicht die ganze Wahrheit.

Im Februar 1975 brachte die nationale Rundfunkgesellschaft NBC eine einstündige ›Dokumentation‹ über Kernenergie. Der Appell des Nobelpreisträgers Hans Bethe und der anderen dreiunddreißig Wissenschaftler, der vier Wochen vorher veröffentlicht worden war, wurde mit keinem Wort erwähnt. Der Standpunkt der Atomkraftgegner wurde von Professor Kendall von der ›Union of Concerned Scientists‹ vertreten. Die Ansichten der anderen Seite wurden nur in unzusammenhängenden Ausschnitten dargestellt – oft nur einzelne Sätze, die ein NBC-Reporter aus einem Interview mit Dr. Dixie Lee Ray, die damals Vorsitzende der AEC war, zusammengeschnitten hatte. Dr. Ray ist zweifellos eine Spezialistin für Kernenergiefragen, aber damals war ihr Name den meisten Zuschauern nicht bekannt, und die willkürliche Aneinanderreihung von Äußerungen gab sich den Anschein einer ›Diskussion‹ zwischen einem Anti-Atomkraft-Wissenschaftler und einem Pro-Atomkraft-Bürokraten.

Wie üblich wurde in der Sendung immer wieder auf die Assoziation Kernkraft – Atombombe angespielt. Zu Beginn und am Ende der Übertragung, aber auch im weiteren Verlauf der Sendung wurden immer wieder Atomexplosionen – Hiroshima, Nagasaki, Los Alamos, Bikini und so weiter – gezeigt. Eigentlich müßte man dann auch in einer Dokumentation über Kläranlagen Bilder von Wohnhausbränden bringen – schließlich handelt es sich in beiden Fällen um den gleichen chemischen Vorgang, nämlich um Oxydation!

Nach all den Explosionen wird plötzlich Dr. Ray eingeblendet: »Kernexplosionen in Kraftwerken sind physikalisch unmöglich.« Sie hat dies sicherlich anschließend näher erklärt, aber der NBC-Reporter hat diese Ausführungen gestrichen; man hat also den Eindruck, daß es sich hier um ihre ganz persönliche Meinung und nicht um eine wissenschaftlich bewiesene Tatsache handelt.

»Uns macht nicht nur die Möglichkeit einer Explosion Sorgen, sondern ebenso die Gefahr, daß der Reaktorkern durchschmilzt; auch in diesem Fall wären viele Menschenleben in Gefahr«, ist die ›Antwort‹ Kendalls.

»Nach der Wahrscheinlichkeitsrechnung ereignet sich ein solches Unglück einmal in zehn Millionen Jahren«, kommt Dr. Ray wieder zu Wort.

»Das ist vielleicht richtig«, gibt John Chancellor, der Moderator der Sendung zu. »Aber hier haben wir ein Unglück, das sich tatsächlich ereignet hat, also lebendige Statistik«, und die

Kamera richtet sich auf das Wrack eines H-Bomben-Flugzeugs, das vor einigen Jahren in Spanien abstürzte. »Damals funktionierten die Sicherheitsvorkehrungen und die Bombe explodierte nicht, aber . . .«
Und so weiter und so weiter. Es sollte noch erwähnt werden, daß der Bericht keine einzige Lüge enthielt. Mehr noch. Die NBC kann stets darauf verweisen, wie ungeheuer objektiv sie war, indem sie beide Seiten zu Wort kommen ließ, falls seitens einer einflußreichen Persönlichkeit, Gruppe oder Institution Kritik an der Sendung geäußert werden sollte.
Doch der geschilderte Schlagabtausch ist schlimmer als eine Lüge. Es handelt sich hier wieder um die bereits angesprochene Taktik der Halbwahrheiten, die bei den ahnungslosen Zuschauern den Eindruck erweckt, daß Wahrscheinlichkeitswerte nur bedeutungslose Zahlen sind, Unfallkatastrophen sich jedoch tatsächlich ereignet haben und Kernkraftwerke potentielle A-Bomben sind. Die Millionen Zuschauer, die bei den technischen Erklärungen nur mit halbem Ohr hinhören, die Bilder der Explosion auf Bikini aber mit beiden Augen sehen, werden unweigerlich zu der festen Überzeugung gelangen, daß Atomkraftwerke tatsächlich potentielle Atombomben sind. Und das sind nur ein oder zwei von den Tricks bei der Gehirnwäsche, die von den Medien ständig praktiziert wird. Die Vielfalt demagogischer Kunstgriffe wurde von Bruce Herschensohn in ›The Gods of Antenna‹ (Die Götter der Antennen)[8] kürzlich eingehend untersucht. Der Autor listet sie alphabetisch auf und kommt auf eine Zahl von insgesamt sechsundzwanzig. Aber anscheinend hat er den wirkungsvollsten Trick übersehen, nämlich, eine Diskussion zu inszenieren, wo ein Riese einem Zwerg gegenübersteht. Dies hat sich in der Politik vielfach bewährt: Man nehme irgendeine politische Frage und lasse sie von einem liberalen und einem konservativen Politiker diskutieren. Der Liberale ist ein Schriftsteller, der sich sehr gewandt ausdrücken kann, und sieht normalerweise auch sehr gut aus. Der Konservative ist nicht übermäßig gebildet und möglichst jemand, der schon fünfzig Jahre lang in der Politik ist. Der Liberale hat gar keine Gelegenheit, den Konservativen

auszustechen, denn dieser erledigt das selbst, mit Aussagen wie
»Da ich mich an die wahren Fakten kaum nicht erinnern
kann . . .« Beide Seiten werden dabei völlig fair behandelt, aber
was meinen Sie wohl, welcher von den beiden die Zuschauer
auf seiner Seite hat?

Dieser Trick funktioniert in der Politik ausgezeichnet und genausogut im Feldzug gegen die Kernenergie. Der junge Mann
von der ›Aktion Umweltschutz‹ erschreckt die Zuschauer mit
Begriffen wie Kernschmelzen, Atommüll, radioaktive Strahlung, Plutonium, Terrorismus und Übermacht der Multis. Der
alte Knabe von der Handelskammer hat von Plutonium noch
weniger Ahnung als sein Gegenüber und vertritt den Standpunkt, daß wir »Kernenergie einfach brauchen, von wegen der
Arbeitsplätze, und die Arbeitslosigkeit und für eine gesunde
Wirtschaft und wirtschaftliches Wachstum, und das heißt
Kernkraft.« Auf den ersten Blick sieht dies alles sehr objektiv
und ausgewogen aus, aber in Wirklichkeit wird doch nur eine
einfache Frage gestellt: Wollt ihr tausend Menschenleben opfern, damit die großen Firmen mehr Profit machen? Und die
Mehrheit antwortet darauf wie vorprogrammierte Computer,
ohne auch nur zu ahnen, daß die Frage selbst ein Schwindel
ist.

Die Voreingenommenheit gegenüber der Kernenergie beschränkt sich aber nicht auf die Rundfunkanstalten und die sogenannte liberale Presse. Man findet sie nur allzu oft auch in
Zeitschriften wie ›Business Week‹ und sogar im ›Wall Street
Journal‹.

›Business Week‹ ist sowieso nicht besonders anspruchsvoll,
und am wenigsten in den Berichten aus dem Bereich der Technik, so daß die haarsträubenden Fehler und Vorurteile in den
Artikeln über Kernenergie nicht wirklich einen Kontrast bilden
zu anderen Beiträgen wie zum Beispiel dem Aufruf, den Flug-
linien unter dem Schutz der zivilen Luftfahrtbehörde ihr Monopol zu erhalten. Das ›Wall Street Journal‹ steht jedoch in
dem Ruf, genaue Informationen zu bieten und, falls sich wirklich einmal ein Fehler eingeschlichen hat, diesen zu korrigie-

ren. Diesen Ruf hat es wahrscheinlich verdient — allerdings nicht in Fragen der Kernenergie. In den Artikeln des ›Wall Street Journal‹ über Kernkraft und ähnliche Themen fanden sich Aussagen, die zum Teil nicht nur unpräzise, sondern ganz schlicht und einfach falsch waren; und in keinem dieser Fälle wurden von den Redakteuren, nachdem sie darauf hingewiesen worden waren, entsprechende Korrekturen vorgenommen. Als Beispiel sei hier nur der ›Fall der 23 Atomkraftwerke‹ erwähnt, eine gewaltige Übertreibung, die aber durchaus nicht einzig in ihrer Art ist. Die Tatsachen sind folgende: Im Januar 1975 hatte ein Angestellter der Commonwealth Edison Elektrizitätsgesellschaft im Reaktorblock Dresden 2 in Illinois bei einem Inspektionsrundgang einen hauchdünnen Riß in einem Rohr des Notkühlsystems entdeckt. Der Riß war so winzig, daß keine Flüssigkeit austreten konnte.

Wäre dort tatsächlich eine undichte Stelle gewesen, dann hätten die Monitoren sie entdecken müssen. Doch selbst wenn dies nicht der Fall gewesen und Wasser ausgetreten wäre, hätte immer noch nichts passieren können, denn das Rohr gehörte zu dem Ersatzkühlsystem, das nur dann verwendet wird, wenn das Hauptsystem ausfällt. Wieviel Strahlung dabei freigeworden wäre? Überhaupt keine, denn das Wasser des Kühlsystems ist ebensowenig radioaktiv wie das, mit dem wir uns die Zähne putzen.

Jedenfalls ist nichts weiter passiert, als daß bei einem Kontrollgang ein hauchdünner Riß in einem Rohr entdeckt wurde. Der ›Störfall‹ (ein so unbedeutendes Vorkommnis dieser Art wird in der Atomindustrie schon als ›Störfall‹ bezeichnet!) wurde der NRC gemeldet; ihre Reaktion ist bezeichnend für die überaus strengen Sicherheitsvorschriften: Alle Kernreaktoren, in deren Kühlsysteme Rohre von diesem Typ eingebaut sind, wurden abgeschaltet und einer Inspektion unterzogen. Außer Dresden 2 waren dies noch 22 weitere Kraftwerke; bis April 1975 wurden alle bis auf eines der Reihe nach kontrolliert (das 22. konnte erst später überprüft werden, weil es sonst durch den Produktionsstop für diese Gegend möglicherweise zu einem Engpaß in der Energieversorgung gekommen wäre). In diesen 22 Kraftwerken fand man keine einzige undichte Stelle. Der winzige Riß im Notkühlsystem des Reaktorblocks Dresden 2, der noch nicht einmal leckte, wurde jedoch im ›Wall Street Journal‹ zu »mysteriösen Lecks im Reaktorkühlsystem von 23 Atomkraftwerken«; und obwohl diese Zeitschrift nicht die einzige war, die über dieses Ereignis Fehlinformationen lieferte (es wurden noch viel schlimmere Lügenmärchen veröffentlicht − die ›New York Times‹ etwa berichtete von Produktionsfehlern und der Schließung von 23 Kernkraftwerken; offensichtlich schenkt sie Naders Enten eher Glauben als den detaillierten Berichten der NRC), hielt auch das ›Wall Street Journal‹ keine Richtigstellung für nötig, als auf den Irrtum hingewiesen wurde.

Es wäre schön, wenn man annehmen könnte, daß das ›Wall Street Journal‹ in diesem und anderen Fällen eben einige Fakten falsch interpretiert hat, über die die Redakteure weniger gut Bescheid wissen als Atomingenieure über die Börse und Wertpapiere. Leider geht das nicht, denn es wurde mit ähnlichen Fehlinformationen argumentiert, wenn Kernenergiefragen nicht auf rein technischer Ebene, sondern in Verbindung mit Diskussionen über Gewerkschaftsorganisationen, Betrug oder sogar Verdacht auf Mord erörtert wurden.

In einem Artikel über Plutonium von Bruce Schorr, einem Mitarbeiter des Washingtoner Büros des ›Wall Street Journal‹, steht (neben einigen falschen Behauptungen) etwas über das mysteriöse Schicksal einer Angestellten in einem Kraftwerk in Oklahoma, Karen Silkwood, in deren Leiche gefährlich hohe Spuren von Plutonium festgestellt wurden. Sie war Mitglied der Gewerkschaft und hatte sich über den Mangel an Sicherheitsvorkehrungen beim Umgang mit Plutonium beschwert. Sie starb bei einem Autounfall auf der Fahrt zu einem Zeitungsreporter, der über die Arbeitsbedingungen in dem Kraftwerk recherchierte. Der Artikel berichtete über mehrere Klagen der Gewerkschaft und war darauf angelegt, daß der Leser glauben mußte, es sei hier nicht mit rechten Dingen zugegangen (Naders Organisation ›Kritische Masse‹ hielt bei Kerzenlicht Gedenkfeiern für Karen Silkwood ab).

Der Artikel von Schorr klingt in der Tat ominös – solange man sich nicht auch die anderen Fakten genauer ansieht. Im Bericht der Verkehrspolizei von Oklahoma heißt es beispielsweise, daß bei der Autopsie der Leiche im Blut von Karen Silkwood auch Spuren von Alkohol und Beruhigungsmitteln nachgewiesen wurden; wahrscheinlich ist sie am Steuer eingeschlafen (ihr Wagen war von der Straße abgekommen und in den Straßengraben gerast). Aber das Interessanteste an Schorrs Artikel ist, daß er den Bericht eines Sonderuntersuchungsausschusses der AEC über die erwähnten Klagen der Gewerkschaft bezüglich des Mangels an Sicherheitsvorschriften nicht erwähnte. Lediglich in drei von 39 Beschwerdepunkten stellte die Kommission tatsächlich einen Verstoß gegen die sehr strengen Vorschriften der AEC fest; außerdem warf der Bericht auch Licht auf die Person von Karen Silkwood. Die Strahlenkontrolle hatte an zwei aufeinanderfolgenden Tagen bei ihr gefährlich hohe Plutoniumwerte registriert, als sie das Kraftwerk verließ; im Werk war jedoch nirgends unkontrolliert Strahlung ausgetreten. Man fand heraus, daß die an ihr festgestellte Verseuchung, die teilweise von durch den Mund aufgenommenem Plutonium herrührte, »wahrscheinlich nicht auf einen Unfall innerhalb des Kraftwerkes zurückzuführen ist«. Außerdem stellte sich heraus, daß zwei Urinproben, die sie zur Untersuchung mitgebracht hatte, und die einen ungewöhnlich hohen Anteil von radioaktiven Elementen aufwiesen, nicht schon im Organismus verseucht worden waren, sondern erst *nachträglich* von jemandem entsprechend ›geimpft‹ worden sein mußten. Obwohl der Bericht des Ausschusses dies nicht explizit ausdrückt, liegt die Vermutung nahe, daß Karen Silkwood dies selbst getan hat.

In Schorrs Artikel werden weder der Sonderausschuß noch sein Bericht und dessen Schlußfolgerungen erwähnt. Und das liegt nicht an mangelnden physikalischen Kenntnissen seitens des Reporters, sondern ist ganz einfach schlechter Journalismus!

Aber warum sollte man gerade das ›Wall Street Journal‹ kritisieren, wo es so viele andere und extremere Beispiele gibt? Der

Grund dafür liegt in dem kleinen Wörtchen *sogar: Sogar* das
›Wall Street Journal‹, das sich so oft gegen modische Trends
gewehrt hat, ist Naders Falschmeldungen zum Opfer gefallen,
hat die antinukleare Hysterie unterstützt und diese neue Art
von Journalismus praktiziert. Von den kleineren Zeitungen war
kaum etwas anderes zu erwarten, aber wenn sogar das ›Wall
Street Journal‹ schreibt, daß Plutonium »die gefährlichste Substanz ist, die die Menschheit je gekannt hat«, dann ist es wohl
höchste Zeit, sich Gedanken zu machen.

Ich will nun durchaus nicht unterstellen, daß die Redakteure
oder Schorr absichtlich falsche Informationen lieferten. Ich
vermute vielmehr, daß die Atomkraftgegner inzwischen so
zahlreich und lautstark geworden sind – besonders unter den
Journalisten –, daß die Redakteure, wenn sie mit einem Einspruch seitens der Experten konfrontiert werden, nicht mehr
wissen, wer nun wirklich recht hat, und daher auf Nummer Sicher gehen. Offenbar sind wir schon so weit, daß man als Be-
richterstatter ein geringeres Risiko eingeht, wenn man Fehlinformationen bringt, als wenn man die Wahrheit schreibt.

Außerhalb der Nachrichtenstudios und der Redaktionsbüros der
größeren Zeitungen kennen nur wenige Leute Einzelheiten darüber, wie solche Falschmeldungen auf den Bildschirm und in die
Presse gelangen, und auch ich selbst kann nicht behaupten, darüber genauer Bescheid zu wissen. Aber es gibt mindestens ein Beispiel, wo dieser Vorgang bis ins Detail beschrieben wird, und zwar
von einem Augenzeugen, der damals Vertriebsmanager der Zeitschrift ›Look‹ war. Er heißt Melvin J. Grayson und hat zusammen
mit dem früheren Herausgeber von ›Look‹, Thomas R. Shepard,
das Buch ›The Disaster Lobby‹ (die Katastrophenlobby)[9] verfaßt,
ein Buch über die Ausschreitungen der radikalen Umweltschutz-
bewegungen. Dieses Buch enthält auch ein Kapitel über die Rolle
der Medien mit dem bezeichnenden Titel ›The Closed Fraternity‹
(Die geschlossene Bruderschaft). Unter anderem wird ein gegen
die Atomkraft gerichteter Artikel aus der Feder des Chefredak-
teurs der Zeitschrift ›Look‹, Jack Shepherd (nicht zu verwechseln
mit dem Koautor des eben erwähnten Buches), aus dem Jahre
1970 als Beispiel angeführt.

38

Der Beitrag hieß ›The Nuclear Threat *inside* America‹ (Die Bedrohung durch die Kernenergie *in* Amerika) und enthielt eine Reihe von Halbwahrheiten, zum Beispiel die Behauptung, daß 1966 in den Vereinigten Staaten 37 Unfälle in Kernkraftwerken passiert seien, und zwar in sechs Kraftwerken mehr als einer. Shepherd verschwieg dabei, daß es weder 1966 noch zu irgendeinem anderen Zeitpunkt Todesfälle gegeben hatte, die in direktem Zusammenhang mit einem Reaktorunfall standen. Diese 37 Unfälle können durchaus passiert sein — beispielsweise, daß ein Lastwagen gegen einen Torpfosten gefahren oder ein Angestellter in einer Drehtür hängengeblieben ist. Denn welcher Art diese Unfälle waren, davon steht kein Wort in Shepherds halbwahrem oder zu drei Viertel erlogenem Bericht.

Als der Vertriebsmanager von ›Look‹, Grayson, die Statistiken in Shepherds Artikel durchsah, fand er unter den unbewiesenen Behauptungen eine, die ihn besonders verblüffte: »Seit 1953 waren 325 Angestellte [in der AEC-Zweigstelle Rocky Flats bei Denver] einer zu hohen radioaktiven Strahlung ausgesetzt; 56 von ihnen bekamen Krebs und 14 sind bereits gestorben«.

Nun ist Grayson, was Atomenergie betrifft, kein Experte; man hat sogar den Eindruck, daß er sich nicht einmal darüber im klaren ist, daß Rocky Flats eine Waffenfabrik ist und folglich mit Atomkraft nicht das geringste zu tun hat; er hatte aber mit Shepherds Auffassung von Journalismus bereits seine Erfahrung gemacht, und so fielen ihm die 14 Krebsopfer sofort auf. Was bedeutete diese Zahl in einem Werk mit Tausenden von Beschäftigten, das damals bereits seit 17 Jahren in Betrieb war? Er stellte Nachforschungen an und fand heraus, daß die Quote von Krebstoten in Rocky Flats nicht höher war als die in einer beliebigen Schrebergartenkolonie oder an der Handelsbörse, ja, daß sie in Wirklichkeit sogar niedriger war als der Durchschnitt in der Gesamtbevölkerung der Vereinigten Staaten (was wahrscheinlich auf häufigere Untersuchungen und andere medizinische Vorsichtsmaßnahmen zurückzuführen ist). Natürlich wird man, wenn man Shepherds Aussagen noch einmal durchliest, feststellen, daß er an keiner Stelle gelogen hat; aber er hat eben »nicht mehr als drei Frauen in den letzten drei Wochen vergewaltigt, jedenfalls nicht bei hellichtem Tag«. Das gleiche gilt auch für die anderen Behauptungen in seinem Artikel. Grayson wies V. C. Myers, den Leiter der für ›Look‹ zuständigen Abteilung des Cowles Nachrichtendienstes auf die vielen Halbwahrheiten und Dreiviertellügen bei Shepherd hin und machte ihm den Vorschlag, etwas dagegen zu unternehmen. »Myers«, so berichtet Grayson, »setzte seinen ganzen Einfluß ein — jedoch ohne Erfolg. Die Redakteure, die allein über den Inhalt der Artikel der Zeitschrift bestimmen, behielten das letzte Wort, und Shepherds Bericht wurde gedruckt.« Grayson zählt noch eine Reihe weiterer haarsträubender Verdrehungen von Tatsachen auf (allerdings nicht in bezug auf Atomkraft), die in ›Look‹ abgedruckt wurden; in all diesen Fällen hatte man den Redakteuren vorher die objektiven Tatsachen zur Kenntnis gebracht. Es konnte sich also unmöglich um einen Irrtum oder derlei handeln; es war vielmehr eindeutig eine mutwillige Verdrehung der Tatsachen.

›Look‹ war jedoch, so Grayson, auch nicht schlimmer als andere Zeitschriften. »Die Redakteure waren dort nicht mehr und nicht weniger voreingenommen, als es zu der Zeit üblich war.« Es gab keineswegs irgendwelche Verschwörungen, keine Geheimsitzungen, in denen man sich beriet, wie man die Tatsachen verfälschen könnte, keine Dienstanweisungen, wie man diese Vorurteile fördern sollte. »Diese Voreingenommenheit ist darauf zurückzuführen, daß ein Großteil der Redakteure der Zeitschrift in ganz bestimmten Richtungen dachte, und diese Richtungen wiesen nach links . . . Die Damen und Herren von ›Look‹ lehnten das Unternehmertum ab [und] huldigten den Ökologen und Reformern der Konsumgesellschaft . . .«

Warum wurden dann solche Leute wie Shepherd, die laut Grayson und Shepard nicht irrtümlich, sondern in wohlüberlegter Absicht die Wahrheit so sehr verfälschten, nicht einfach entlassen? »Der Eigentümer oder Aufsichtsratsvorsitzende«, so die Autoren des Buches ›The Disaster Lobby‹, »hat schon lange keine Einspruchsmöglichkeit mehr. Heute bestimmen allein die Redakteure über den Inhalt der Blätter. Sie drohen ganz einfach damit, zu kündigen, wenn das Management einzugreifen versucht, und die Sekretärinnen, Designer, Photographen und Drucker mitzunehmen. Und die finanzielle Lage der Verlage ist so prekär, daß eine solche Drohung selbst beim autoritärsten Verleger wirkt.«

Shepherds Mischung aus Dichtung und Wahrheit hinsichtlich der Krebstoten in Rocky Flats ist typisch für die Art von Aussagen, wie sie in ›Dokumentarberichten‹ und Nachrichtensendungen in Rundfunk und Fernsehen gebracht werden, deren Meldungen von allen Tageszeitungen unbesehen abgedruckt werden.

Im Fall Shepherd haben wir den Beweis, daß die Verfälschungen beabsichtigt waren und wider besseres Wissen des Autors gedruckt wurden. Man muß sich allerdings fragen, ob das bei den Berichten von John Chancellor und Walter Cronkite auch der Fall ist. Wissen sie wirklich nicht, daß ein Kernkraftwerk unmöglich explodieren kann? Wissen sie nicht, wie verschwindend gering die Menge des anfallenden Atommülls ist und daß er viel leichter beseitigt werden kann, als die Abfallprodukte von Öl und Kohle? Wissen sie wirklich nicht, wieviel größer die Gefahren dieser Brennstoffe sind?

Vielleicht sind sie sich dessen wirklich nicht bewußt. Vielleicht verbreiten sie ihre Lügen nicht absichtlich. Sie können sich ja jederzeit darauf berufen, daß sie eben keine Fachleute sind.

Es sieht also so aus, als könnte man nur den wissenschaftlichen Zeitschriften trauen.

Leider ist nicht einmal das immer der Fall. Die Kerntechnik ist nur ein kleiner Teilbereich der Elektrotechnik (auch innerhalb der Starkstromtechnik), und andererseits befassen sich nur sehr wenige Physiker mit der Erzeugung von Energie. Lediglich 20 000 der 170 000 Mitglieder des IEEE (Institute of Electrical and Electronics Engineers) arbeiten auf dem Gebiet der Starkstromtechnik, und wiederum nur ein kleiner Teil von diesen beschäftigt sich mit Kernenergie. Die übrigen haben mit allen möglichen Spezialgebieten, vom Antennenbau und Computerwesen bis hin zum Abfassen von wissenschaftlichen Berichten zu tun. Und nur sehr wenige Kernphysiker beschäftigen sich mit den Problemen der Energiegewinnung; weit mehr arbeiten etwa auf dem Gebiet der Elementarteilchenphysik. Die meisten Physiker finden wir sowieso in völlig anderen Bereichen: in der Optik, der Astrophysik, der Festkörperphysik und so weiter. Diese Ingenieure und Physiker (ganz abgesehen von den Biologen, Chemikern und Mathematikern) wissen nur sehr wenig von der Kernkraft, außer sie beschäftigen sich privat damit. Die meisten von ihnen gehören jedoch zu jener Schicht von Akademikern, in der das ideologisch begründete Vorurteil gegen Kernenergie weit verbreitet ist; diese ungleiche Verteilung spiegelt sich in einigen Zeitschriften ganz deutlich wider – zwar nicht in den rein wissenschaftlichen Beiträgen, dafür jedoch um so mehr in der Berichterstattung und den Kommentaren.

Greifen wir einen typischen Fall heraus: die Zeitschrift ›Science‹.

In den späten sechziger Jahren, als es Mode war, daß junge Revolutionäre die Vorsitzenden verschiedener Organisationen bei Versammlungen mit faulen Eiern und Tomaten bewarfen, passierte dies auch dem Vorstand der AAAS (American Association for the Advancement of Science = Gesellschaft zur Förderung der Wissenschaften). Es war damals auch Mode, dies zwar zu verurteilen, gleichzeitig aber davor zu kapitulieren. Die AAAS verurteilte also dieses Rowdytum und kapitulierte. Wenn die radikalen Fanatiker inzwischen nicht mehr mit Tomaten werfen, dann vielleicht deshalb, weil sie keinen Anlaß mehr dazu haben: Die Wochenzeitschrift des AAAS, ›Science‹, ist, was die Nachrichten und Kommentare betrifft, mittlerweile zu einem ›sozial relevanten, engagierten, kritischen‹ Organ geworden.

Für den Nachrichtenteil der Zeitschrift war bezüglich Fragen der Kernforschung bis vor kurzem Robert Gilette zuständig, der mit einem einjährigen Lehrauftrag für Journalistik an der Universität Harvard ausgezeichnet wurde und seine Vorbehalte gegen die Atomenergie kaum verhehlt. Es war ganz typisch, daß er den Aufruf von Bethe zwar erwähnt (obwohl er relativ kurz war, druckte ›Science‹ ihn nicht vollständig ab), dann aber den größten Teil des Artikels dem widmete, was Ralph Nader dazu zu sagen hatte. Außerdem ging der ganze Bericht in allen möglichen anderen Nachrichten völlig unter. Als jedoch Nader und Kendall im August 1975 ihre lächerliche Petition an das Weiße Haus richteten, nahm dieses Pseudoereignis drei Viertel einer Seite ein, und außerdem wurde ein diesbezüglicher Bericht von Robert Gilette mittels einer dicken Schlagzeile besonders hervorgehoben. Dieser Bericht begann mit folgender Halbwahrheit:»In der amerikanischen Forschung gibt es neue Anzeichen für eine Verhärtung der Fronten in der Frage der Kernenergie.« Gilette nennt auch Zahlen hinsichtlich des Etats einer Pro-Atomkraft-Lobby in Washington, erwähnt jedoch nicht, daß Ralph Naders Anti-Kernkraft-Lobby etwa 100 000 Dollar pro Jahr ausgibt. Schließlich bezeichnet der Journalist und Harvard-Stipendiat Gilette die Gruppe ›Americans for Energy Independence‹ (Bürgervereinigung für autonome Energieversorgung), die von bekannten amerikanischen Wissenschaftlern, Unternehmern, Gewerkschaftsführern und Militärs unterstützt wird, als eine Organisation,»deren Mitglieder allen möglichen Energieversorgungsunternehmen von der Westinghouse Corporation bis hin zu einigen unbedeutenden Versorgungsbetrieben angehören«. All diesen Halbwahrheiten liegt die Annahme zugrunde, daß die Kernenergiediskussion zwischen Wissenschaftlern und Großunternehmen ausgetragen wird.

Ich möchte darauf hinweisen, daß ich hier nur über Gilettes journalistische Tätigkeit spreche, nicht aber über seine Fähigkeiten als Wissenschaftler. Letztere wurden deutlich, als er einen Bericht der AEC über größere Unfälle in der Kernindustrie, bei denen die Bevölkerung radioaktiver Strahlung ausgesetzt werden könnte, völlig falsch interpretierte und schrieb:»Der Bericht legt den Schluß nahe, daß [ab 1980]jeweils ein solcher Unfall pro Jahr mit Sicherheit zu erwarten sein könnte[10].« Seit Gilette in Harvard ist, setzt P. M. Boffey dessen journalistische Methoden geschickt fort. ›Science‹ brachte beispielsweise einen Bericht über einen der Förderer der kalifornischen Anti-Kernkraft-Bürgerinitiative, Ed Koupal, der ganz offen zugibt:»Mein Wissen über Physik beschränkt sich darauf, wie Abführmittel wirken[11].«Als Daniel Ford, der Nicht-Wissenschaftler von der ›Union of Concerned Scientists‹, sich beschwerte, daß die Zeitschrift ›Scientific American‹ sich geweigert hatte, eine von ihm und Kendall verfaßte Kritik gegen einen Artikel des Nobelpreisträgers Hans Bethe zu veröffentlichen, verbreitete ›Science‹ diesen völlig ungerechtfertigten Protest in einem Artikel unter einer dicken Schlagzeile auf zwei Seiten[12], ein etwas eigenartiges Vorgehen bei einer Zeitschrift, die pronukleare Stellungnahmen, wie etwa die Proklamation von elf Nobelpreisträgern, völlig unter den Tisch fallen ließ.

Gilettes pseudoobjektive Berichterstattung richtet deshalb mehr Schaden an als die der Boulevardblätter, weil er in einer wissenschaftlichen Zeitschrift zu Wort kommt. Ob dies allerdings auch heute noch tatsächlich als Auszeichnung zu bewerten ist, muß jedoch bezweifelt werden: In bezug auf Atomkatastrophen und den Personenkult am Ed Koupal haben Revolverblätter wie ›The National Enquirer‹ und Pornozeitschriften wie ›Hustler‹ mehr Zurückhaltung geübt*.

Dem ›Bulletin of Atomic Scientists‹ will ich einen eigenen Absatz widmen, denn es handelt sich hier um eine rein ideologisch-politische Zeitschrift, die sich allerdings wissenschaftlich gibt. Die Artikel darin zeichnen sich hauptsächlich durch Heuchelei und Hochstapelei aus; die Zeitschrift erscheint nicht nur unter einem völlig irreführenden Titel — sie wurde lange Zeit

---

* Das muß ich leider zurücknehmen; denn nach der Niederschrift dieses Buches veröffentlichte der ›National Enquirer‹ am 17. 2. 1976 unter der Schlagzeile »Ein schrecklicher Tag: Atomkraftwerk in Flammen — 11 Millionen Amerikaner in Lebensgefahr« mit dem Untertitel »Menschen in 9 Staaten nur eine Handbreit vom Tod entfernt« einen ganzseitigen Artikel. Die haarsträubende Horrorgeschichte, die dem zugrunde lag, bezog sich eindeutig auf David Dinsmore Comeys Bericht über den Brand im Atomkraftwerk Browns Ferry (vgl. Kapitel 3).

von einem Laien herausgegeben, und Atomphysiker schreiben darin normalerweise nur, wenn es darum geht, eine der furchterregenden Science-fictiongeschichten zu widerlegen —, sondern sie weist auch eine stolze Liste von Schirmherren auf, wie etwa Albert Einstein, Hans Bethe, Arthur H. Compton, Leo Szilard und andere berühmte Wissenschaftler. In der Tat haben sie alle diese Zeitschrift mitbegründet; die meisten von ihnen sind jedoch inzwischen gestorben. Die, die noch leben, schreiben für sie nur, um einer gegensätzlichen Meinung Ausdruck zu geben (zum Beispiel Hans Bethe), oder haben längst die Wissenschaft aufgegeben und sind jetzt politisch aktiv (wie Linus Pauling). Die meisten Artikel stammen von David Dinsmore Comey, einem ›Kremlexperten‹, der sich als Wissenschaftler und gleichzeitig als Unternehmer ausgibt, etwa in seiner Funktion als Vorsitzender der Arbeitsgruppe ›Businessmen for the Public Interest‹ (Unternehmer im Dienste des Allgemeinwohls). Wenn seine Artikel von namhaften Wissenschaftlern widerlegt werden, hat er immer die Gelegenheit, mit seinen laienhaften Spitzfindigkeiten die Widerlegung zu ›widerlegen‹; und wenn er selbst einen anderen Wissenschaftler kritisiert, hat er in dieser Zeitschrift ebenfalls immer das letzte Wort.

Die Tendenz dieser ›wissenschaftlichen‹ Zeitschrift wird vielleicht am besten deutlich, wenn man den Inhalt einer einzigen Ausgabe (Februar 1976) genauer betrachtet: ›Secrecy and Security‹ (Geheimniskrämerei und Sicherheit) als Leitartikel, ›Geheime Aktion: der Sumpf der amerikanischen Außenpolitik‹ von Senator Frank Church (mit einer Parodie auf die amerikanische Nationalhymne); ›Die Woche, in der wir beinahe einen Krieg angefangen hätten‹ (in diesem Artikel wird behauptet, daß die Kubakrise überflüssig und von den Vereinigten Staaten provoziert worden sei); ›Gefährliche Trends bei der Urananreicherung‹; eine vier Seiten lange Anzeige, die dazu aufrief, bei einem Protestmarsch quer durch den nordamerikanischen Kontinent mitzumachen oder ihn zumindest durch Spenden zu unterstützen, um für eine einseitige Abrüstung seitens der usa zu demonstrieren — und so weiter, bis hin zu dem obligatorischen Beitrag von Comey, der sich mit den Risiken befaßt, die der Menschheit in den nächsten 80 000 Jahren aufgrund der Rückstände beim Abbau von Uran entstehen.

Und das ist die Zeitschrift, die von den Atomkraftgegnern unablässig zitiert wird, um so den Anschein zu erwecken, daß ihre Argumente wissenschaftlich fundiert sind. Aus der Liste ihrer Abonnenten hat Nader auch die Namen ausgewählt, an die er seine Petition gegen die Atomenergie richtete, um sich dann rühmen zu können, es hätten »2300 Wissenschaftler« unterschrieben. Die Zitate von Lorna Salzman in diesem und anderen Kapiteln stammen natürlich auch aus dieser Zeitschrift.

Mit den bisher angeführten Beobachtungen wollte ich zeigen, daß es keine echte Diskussion über die Kernenergie gibt, sondern nur einen Monolog der Kernkraftgegner, die alle Laien sind. In Wirklichkeit bedürfte es jedoch in einer emotionsfreien und sachlichen Atmosphäre keiner besonderen Diskussion mehr, zumindest nicht zwischen Menschen, die sich über bestimmte Grundwerte einig sind, wie etwa die Unantastbarkeit menschlichen Lebens und die Notwendigkeit, die gesundheitlichen Risiken in einer Industriegesellschaft so niedrig wie möglich zu halten.

Denn Atomkraft ist nicht dasselbe wie Abtreibung, Inflation, Verbrechensbekämpfung oder Rechte von Minderheiten, wo die Probleme — ganz zu schweigen von den Lösungen — verschwommen, schwer definierbar und nicht in Zahlen darzustellen sind, wo man also durchaus unterschiedlicher Meinung sein kann. Die kritischen Punkte in der Kernenergie sind scharf umgrenzbar und meßbar. Und es gibt für jeden einzelnen praktikable Lösungen. Wenn Experten ein Problem diskutieren — zum Beispiel die Beseitigung von Atommüll —, dann nicht deshalb, weil es keine Lösung dafür gäbe, sondern vielmehr, weil eine Vielzahl von Möglichkeiten offensteht, sie auf befriedigende Art und Weise zu lösen.

Um dies deutlich zu machen, ist es jedoch nicht nötig, die Atomenergie mit Verbrechensbekämpfung zu vergleichen; es genügt vielmehr, sie der Energiegewinnung mittels fossiler Brennstoffe gegenüberzustellen. Es mag befremdlich erscheinen, aber man weiß heute über die Gesundheitsrisiken hinsichtlich der Atomenergie weit besser Bescheid als über diejenigen, die bei traditionellen Methoden zur Erzeugung von Energie auftreten. Wir wissen zum Beispiel nicht genau, inwieweit bestimmte Krankheiten durch Luftverschmutzung hervorgerufen werden. Wir kennen auch nicht den relativen Anteil der Industrie und der Autoabgase an der Luftverschmutzung. Wir wissen nicht, wie man eine Umweltverschmutzung durch Kohlekraftwerke völlig vermeiden könnte — außer durch Umstellung auf Kernenergie —, und abgesehen davon können wir sie noch nicht einmal genau messen. Untersuchungen des Blutes von Blutspendern in großen Städten, die sowohl an Wochentagen wie auch an Feiertagen vorgenommen wurden, haben sogar vor kurzem die bisher unbezweifelte Annahme in Frage gestellt, daß der Hauptteil der photochemischen Schadstoffe in der Atmosphäre von den Auspuffgasen herrührt und daß die natürliche Vegetation nicht wesentlich zu der Kohlenwasserstoffverseuchung beiträgt. Die Tatsache, daß dies noch nicht eindeutig bewiesen werden konnte und es diesbezüglich immer noch kontroverse Auffassungen gibt, zeigt, daß unser Wissen über Luftverschmutzung noch große Lücken aufweist.

Nicht so bei der Kernenergie. Das Hauptrisiko für die Bevölkerung ist die mögliche Freisetzung von radioaktiver Strahlung; deren Auswirkung auf den menschlichen Organismus ist heute sehr genau bekannt. Im Gegensatz zu chemischen Schadstoffen, die Krebs und viele andere Krankheiten hervorrufen, kann Radioaktivität, die bei einem Unfall in einem Atomkraftwerk freigesetzt wird, lediglich zwei Krankheiten verursachen: Krebs und Strahlenkrankheit (genetische Mutationen sind so unwahrscheinlich, daß sie in dieser kurzen Einführung außer acht gelassen werden können); außerdem ist das Verhältnis zwischen der Dauer der Strahleneinwirkung und dem Auftreten dieser Krankheiten — im Gegensatz zur Schädigung bei Kohlekraftwerken — genau bekannt, und zwar nicht einfach in Form von groben Schätzungen, sondern in konkreten Zahlenangaben.

Wenn man diese konkreten Zahlen bezüglich der Gefährdung der Umwelt und der Gesundheit bei der Verwendung von Kernkraft mit den viel ungenaueren, aber unzweifelhaft höheren Werten bei anderen Formen der Energiegewinnung vergleicht, dann zeigt sich, daß die Atomkraft eindeutig die sicherste Form der Erzeugung von Energie ist.

Vor allem ist die Kernenergie nicht nur in *mancher*, sondern in *jeder* Hinsicht sicherer als die übrigen Methoden: Selbst wenn man Terrorismus, Sabotage und natürlich auch mögliche Unfälle sowie die Beseitigung des Atommülls mit in Betracht zieht, schneidet die Atomkraft bei einem Vergleich mit der Energiegewinnung aus fossilen Brennstoffen am besten ab.

Aus diesem Grund gäbe es, selbst wenn anstelle des Monologs eine echte Diskussion stattfände, über diesen Punkt gar nichts zu diskutieren.

In dem Lärm, der um die ganze Sache gemacht wird, ist es außerdem schwierig, die Pro-Kernkraft-Stimmen zu hören, die, wenn auch nicht zahlreich, so doch immerhin vorhanden sind. Doch nur wenige von ihnen beziehen sich auf einen Vergleich der verschiedenen Risiken und Gefahren; viel häufiger werden die Gefahren den Vorteilen gegenübergestellt.

Das war vielleicht ein Fehler. Wenn ein großer Teil der Bevölkerung gegen Atomkraft ist, dann kann dies natürlich nicht einzig und allein an Shepherd und Konsorten liegen. Freilich haben es Leute wie er leicht: Man würde nie die Bäcker verdächtigen, daß sie ihre Brötchen vergiften, denn man weiß so ungefähr, wie diese gebacken werden; wenn es aber um Neutronen, Isotopen, Plutonium und Spaltprodukte geht, dann kommt die Furcht vor dem Unbekannten ins Spiel, und es fällt Menschen wie Shepherd nicht schwer, die absurde Assoziation von Atombomben mit Kernenergie wachzurufen. Andere große Gefahrenquellen wie Ölraffinerien und das Flugkontrollsystem, von denen man im allgemeinen auch nur sehr wenig weiß, hat man längst akzeptiert, ohne sich viel Gedanken darüber zu machen. Und die breit angelegte Kampagne gegen den Fluorzusatz im Wasser konnte niemanden ernsthaft erschrecken. Es muß also an etwas anderem liegen.

Es ist durchaus möglich, daß die Taktik der Atomkraftbefürworter, nämlich deren Gefahren gegen die Vorteile abzuwägen, falsch war. An sich ist diese Taktik nicht schlecht, denn solche Analysen sind häufig durchgeführt worden, und die Kernenergie hat dabei immer glänzend abgeschnitten. Nur haben die Untersuchungen eben nicht alle Leute überzeugt.

Das ist allerdings nicht weiter verwunderlich: Die Behauptung, das Risiko eines größeren Reaktorunfalls pro 10 Millionen Jahre werde durch die Vorteile, die wir heute durch die auf diese Weise erzeugte Energie genießen, bei weitem aufgewogen, ist nicht etwa eine objektive Tatsache, sondern eine Frage der persönlichen Einstellung, ein subjektives Werturteil. Sie läßt sich nicht in Zahlen fassen und man kann sich durchaus darüber streiten; dies gilt vor allem für Leute, die nicht wissen, worum es sonst noch geht.

Die Behauptung »Jeder wägt, ob bewußt oder unbewußt, jedesmal, wenn er in ein Auto oder ein Flugzeug steigt, die Risiken und Vorteile gegeneinander ab« ist zweifellos richtig, doch sie läßt auch allen möglichen Einwänden Raum:

»Ja, aber ich gehe diese Risiken bewußt ein, während mir die Atomkraft aufgezwungen wird.«

Oder: »Ja, aber ein Flugzeugzusammenstoß fordert nur einige hundert Todesopfer, eine Atomkatastrophe hingegen Tausende.«

Leider sind diese beiden Einwände falsch. Dazu ein Beispiel: Wenn eine Frau ein Baby bekommt, hat sie dann — in Amerika — *wirklich* die Wahl, zu Fuß in die Klinik zu gehen oder in ein Auto zu steigen, das Benzin schluckt und Abgase produziert? Und zu den Flugzeugunfällen: Fast jedes Jahr passiert ein Flugzeugunglück, bei dem mehr als hundert Menschen umkommen; ein Kernkraftunfall *könnte* an die hundert Todesopfer fordern, aber die Wahrscheinlichkeit einer solchen Kernkraftkatastrophe ist ungleich geringer.

Diese ›Ja, aber...‹-Einwände werden auch weiterhin vorgebracht werden: »Ja, aber wenn man nur lange genug wartet, wird schließlich doch eine Katastrophe passieren, bei der Tausende umkommen.« Das ist wahr, aber nicht sehr beeindrukkend: Wenn man lange genug wartet, wird auch ein einäugiger Nobelpreisträger von einer Elefantenkuh zu Tode getrampelt werden. Und so kann man immer weiter argumentieren.

Obwohl meiner Meinung nach die Vorteile der Kernkraft ihre Risiken bei weitem überwiegen, soll dieser Punkt hier nicht im Vordergrund stehen. Wenn ich im folgenden dennoch darauf zu sprechen komme, dann immer nur nebenbei: Diese Ansicht wurde schon zu oft mit allem Nachdruck vertreten, aber der Erfolg ließ jedesmal zu wünschen übrig.

Ich will hier also nicht die Gefahren der Kernkraft gegen ihre Vorteile abwägen, sondern vielmehr ihre Risiken mit denen vergleichen, die alle anderen Methoden der Energiegewinnung mit sich bringen.

»Pro einer Milliarde Megawattstunden elektrischer Energie, die mit den entsprechenden Brennstoffen erzeugt werden, sterben 1036 Kohlebergbauleute, aber nur 20 im Uranbergbau[13].« Diese Feststellung ist keine Meinungsäußerung oder ein subjektives Werturteil, sondern eine Aussage, deren Gültigkeit mittels allgemein anerkannter statistischer Methoden nachgewiesen werden kann. Sie stützt sich auf nüchterne Zahlen, die sich messen, nachprüfen und vergleichen lassen. Ich bezweifle nicht, daß Ralph Nader auch hierzu einen Einwand auf Lager hat, aber ich bin sicher, daß dieser nicht sehr überzeugend wäre, vor allem, wenn man noch andere Aussagen ähnlichen Inhalts über den Vergleich der Risiken mit in Betracht zieht.

Ein solcher Vergleich hat mindestens zwei Vorteile: Erstens geht es dabei tatsächlich um vergleichbare Größen. Bei einer Abwägung der Risiken gegenüber den Vorteilen hingegen wird man früher oder später vor die Frage gestellt werden, wieviel Geld ein Menschenleben letztlich wert ist. Beschränkt man sich jedoch auf den Vergleich der Risiken, dann stellt man verschiedene Wahrscheinlichkeitswerte einander gegenüber und vergleicht konkrete Zahlen von Todesopfern, Verletzten und Krankheitsfällen miteinander. Man kommt also nie in die Verlegenheit, Birnen mit Pflaumen vergleichen zu müssen.

Zum zweiten macht es ein solcher Vergleich überflüssig, auf bestimmte irrelevante Probleme einzugehen. Mit der Frage der

Erhaltung der Energie brauchen wir uns zum Beispiel überhaupt nicht zu befassen. Nader behauptet, Atomkraft sei überflüssig, weil wir nicht noch mehr Energie brauchen, wenn wir den Verbrauch entsprechend einschränken. Dieses Argument ist falsch, aber wir werden hier nicht näher darauf eingehen, weil es nicht nur falsch, sondern auch völlig irrelevant ist. Denn selbst wenn man davon ausgeht, daß die USA ihren Energieverbrauch um 50 Prozent verringern könnten — was ich für absolut unmöglich halte —, sollten wir uns dann nicht trotzdem bemühen, die übrigen 50 Prozent auf die sicherste Art und Weise zu erzeugen?

Einige Grundlagen

»Plutonium wurde nach Pluto benannt,
dem Gott der Hölle. Man kann sagen,
daß es die giftigste Substanz ist, die wir
kennen.«

*Dr. Elise Jerard, Vorsitzende der ›Unab-
hängigen Phi Beta Kappa Umweltfor-
schungsgruppe‹*

»Als im Reaktor Enrico Fermi bei Detroit etwas nicht in Ordnung war, gingen
vier Millionen Menschen wie gewohnt
ihrer Beschäftigung nach, während die
Techniker ganz behutsam an dem Innen-
leben des außer Kontrolle geratenen
Monsters herumbastelten. Ihnen war
klar, was der Öffentlichkeit verborgen
blieb: ein Fehler konnte eine Atomexplosion auslösen.«

*M. E. Gale in der ›New York Times Book
Review‹ am 30. November 1975*

Die tatsächlichen Gefahren eines Kernreaktors werden erst
dann deutlich, wenn etwas nicht nach Plan läuft; und ebenso
wie ein Medizinstudent zuerst den gesunden Körper kennen
muß, ehe er sich mit den verschiedenen Krankheiten beschäftigen kann, wollen wir uns zunächst ein reibungslos funktionie-
rendes Kernkraftwerk etwas genauer ansehen.

Man erzeugt Elektrizität meist auf die Weise, daß ein Leiter in
einem magnetischen Feld bewegt wird; das ist im wesentlichen
auch das, was in einem Stromgenerator passiert. Für unsere
Zwecke genügt es, wenn wir uns einen Generator als ein Gerät
vorstellen, das Elektrizität dadurch produziert, daß eine Welle
gedreht wird, und zwar mittels einer Turbine am Ende der
Welle; das Ganze nennt man einen Turbogenerator.

Die Turbine — wenn es eine hydraulische ist — wird mit Wasser angetrieben, das aus einem hinter einem Damm aufgestau-

ten Reservoir durch sie hindurchströmt. Aber nur 12 Prozent der Stromkapazität der Vereinigten Staaten werden mittels Wasserkraft erzeugt, und dieser Anteil wird immer geringer, je größer die gesamte elektrische Kapazität wird, denn die Zahl der staubaren Flüsse in unserem Land ist beschränkt. Die Mehrzahl der Kraftwerke arbeitet mit Wärme, das heißt, die Turbinen werden mit Dampf oder Gas betrieben. Dampf ist natürlich auch ein Gas, aber in der Fachsprache hat sich diese Unterscheidung nun einmal eingebürgert. Bei einer Gasturbine verwendet man das heiße Gas, das unmittelbar bei der Verbrennung von Brennstoffen entsteht; der Motor eines Düsenflugzeugs arbeitet in etwa nach diesem Prinzip. Gasturbinen haben natürlich ihre Vor- und Nachteile. Negativ sind vor allem ihre geringe Wirtschaftlichkeit und die hohen Kosten für die Brennstoffe. Hingegen haben sie den Vorteil, daß man sie sehr schnell ein- und ausschalten kann. Deshalb werden sie normalerweise nur in Zeiten der Spitzenbelastung eingesetzt, wenn der Energieverbrauch am größten ist.

Die Maschinen, die Tag und Nacht laufen, um den Grundbedarf an Strom zu liefern, sind Dampfturbinen. Sie sind für die Erzeugung elektrischer Energie am wichtigsten. Wasser wird erhitzt und verdampft; der überhitzte Dampf − bis zu 550° C − strömt in die Turbinen, wo er auf die Schaufeln drückt und auf die Weise die Turbine antreibt, an die der Stromgenerator angeschlossen ist. Der Dampf wird nicht nur in die Turbine hineingepreßt, sondern auch wieder abgesaugt; von der Turbine aus strömt er in einen Dampfkondensator, wo er wieder verflüssigt wird; damit ist der Kreislauf geschlossen: Es ist immer dasselbe Wasser, das − als Flüssigkeit oder als Dampf − durch den Kessel, die Turbine und den Kondensator läuft.

Der Kondensator besteht aus mehreren Röhren, die mittels eines besonderen Kühlwasserkreislaufs gekühlt werden, damit der Dampf sich an ihren Wänden niederschlägt.

Was mit dem Kühlwasser geschieht, wenn es dem Dampfkondensator die Hitze entzogen und sich dabei erwärmt hat, ist für uns eigentlich uninteressant, denn wir wollen ja nur die Gesundheitsrisiken von Atomenergie untersuchen. Aber da wir

54

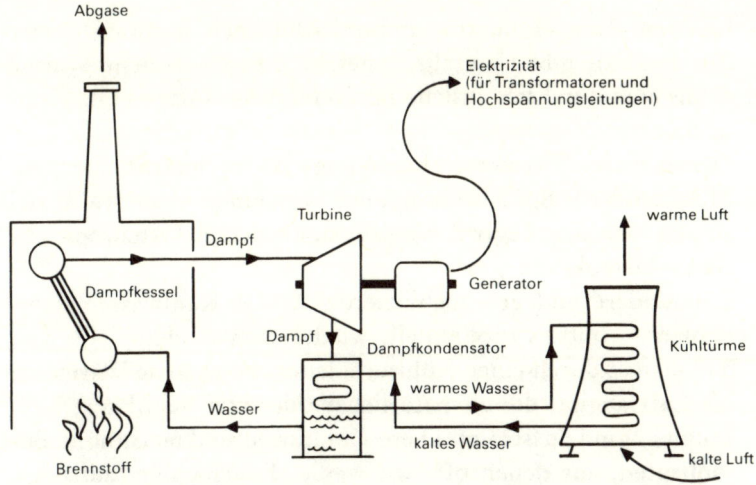

Abb. 1 Funktionsweise eines Kraftwerks. Die schematische Darstellung soll lediglich den prinzipiellen Ablauf verdeutlichen; auf Spezialelemente wie Überhitzer, Hoch- und Niederdruckturbinen und so weiter wurde verzichtet.

gerade dabei sind, wollen wir bei dieser Gelegenheit gleich einige weit verbreitete Irrtümer ausräumen.

Das Kühlwasser wird manchmal aus einem Fluß entnommen, und, nachdem es durch die Kühlbehälter geschleust und dabei erhitzt wurde, wieder dorthin zurückgeleitet. Dadurch steigt die Temperatur in dem Fluß in der Nähe des Kraftwerks unter Umständen um einige Grad an; man hat dies absurderweise als ›Wärmeverschmutzung‹ bezeichnet. Es trifft zwar zu, daß einige Lebewesen aus diesem Teil des Flusses vertrieben werden, aber dafür bietet er dann anderen, für die das Wasser vorher zu kalt war, günstigere Lebensbedingungen. Das warme Wasser zerstört keineswegs Leben – es verändert lediglich den Artenbestand an Pflanzen und Tieren, und auch das nur in geringem Ausmaß (vgl. Kapitel ›Ständige Immissionen‹).

Entgegen der allgemeinen Überzeugung entsteht in einem Atomkraftwerk nicht wesentlich mehr Abfallwärme als in jedem anderen Kraftwerk mit derselben Kapazität; die leistungsfähigsten Kernreaktoren produzieren etwa 2 Prozent mehr Abfallwärme als die größten mit fossilen Brennstoffen be-

55

feuerten Anlagen, und ein durchschnittlich leistungsfähiger Atomreaktor gibt ebenfalls ungefähr 2 Prozent mehr Wärme ab als eine durchschnittliche herkömmliche Anlage (vgl. Kapitel 5).

Der Begriff ›Wärmeverschmutzung‹ ist im wesentlichen ein Mißbrauch der Sprache; er hat mit Verschmutzung etwa so viel zu tun wie der Begriff ›Volksdemokratie‹ in Osteuropa mit echter Demokratie.

Eine andere und gebräuchlichere Art, das Kühlwasser abzukühlen – und es größtenteils wiederzuverwenden – ist die, daß man es durch einen Kühlturm leitet, wo es seine Wärme an die Luft abgibt, die als natürlicher oder von Ventilatoren erzeugter Wind ausströmt. Diese Kühltürme sind meist hohe Betonbauten, aus denen oft eine weiße ›Rauchwolke‹ aufsteigt.

An kalten, feuchten Tagen hebt sich dieser Dampf deutlich gegen den Himmel ab und kann recht bedrohlich aussehen, was dann die örtlichen Amateurökologen dazu veranlaßt, entrüstet gegen die Luftverschmutzung zu protestieren.

Aber diese ›Rauchwolke‹ ist nichts anderes als kondensierter Wasserdampf, also genau das, woraus die Wolken am Himmel bestehen. Die Schadstoffe eines mit fossilen Brennstoffen befeuerten Kraftwerks kommen nicht aus den Kühltürmen, sondern aus den Schornsteinen (ein Kernkraftwerk hat keine), und die Stoffe, die eine tödliche Wirkung haben können, sind völlig unsichtbar.

Zur Vervollständigung dieser kurzen Beschreibung eines Kernkraftwerkes bleibt noch der erste Abschnitt in diesem Kreislauf zu erwähnen: wo die Wärme herkommt, die das Wasser zum Verdampfen bringt. In einem herkömmlichen Kraftwerk werden fossile Brennstoffe unter dem Dampfkessel verheizt. Die heißen Verbrennungsgase erhitzen die Wasserrohre im Kessel – aber ein Großteil dieser Wärme entweicht durch den Schornstein.

In einem Kernkraftwerk wird die Wärme, durch die das Wasser verdampft wird, von einem Atomreaktor erzeugt. Der Dampf treibt die Turbogeneratoren genauso an wie in einem herkömmlichen Kraftwerk. Das ist das erste, was man bezüg-

56

lich Kernkraft beachten muß: Genaugenommen gibt es so etwas wie Atom-Elektrizität gar nicht — jedenfalls bis jetzt nicht. Es gibt nur Atomwärme, und die wird dazu verwendet, Elektrizität auf die gleiche Art zu erzeugen, wie in jedem anderen Kraftwerk auch. Der Strom, der dem Verbraucher geliefert wird, ist derselbe; er kann von beiden Typen von Anlagen produziert worden sein, und meist stammt er sowohl aus der einen als auch aus der anderen, denn meist bilden beide einzelne Elemente in einem größeren Versorgungsnetz, das den Verbrauchern die nötige Energie liefert.

Die Wärme, die im Atomreaktor entsteht, kann natürlich auch für andere Zwecke als zur Stromerzeugung verwendet werden, wie etwa zum Antrieb von Schiffen und U-Booten; dadurch, daß sie nicht immer wieder auftanken müssen, haben sie einen größeren Aktionsradius. Außerdem gibt es bereits Pläne für atomar betriebene Stahlhochöfen. Wir werden uns hier jedoch auf die kommerzielle Gewinnung elektrischer Energie für den privaten Gebrauch beschränken.

Um zu verstehen, wie ein Atomreaktor Wärme erzeugt, müssen wir uns kurz einige elementare physikalische Gesetze in Erinnerung rufen:

Die kleinste Einheit eines chemisch homogenen Stoffes, zum Beispiel destilliertes Wasser oder reines Kochsalz, die die gleichen physikalischen und chemischen Eigenschaften hat wie der Stoff insgesamt, nennt man Molekül. Außer in einigen wenigen Fällen ist ein Molekül eine Kombination aus Atomen, von denen 92 verschiedene in der Natur vorkommen: die Atome der Elemente. Das leichteste ist Wasserstoff, das schwerste — unter den natürlichen Atomen — ist Uran. Darüber hinaus gibt es noch die sogenannten Transurane, die in der Natur normalerweise nicht vorkommen, aber künstlich erzeugt werden können; eines davon ist Plutonium.

Jedes Atom besteht aus einem positiv geladenen Kern und einer Hülle aus negativ geladenen Elektronen. In den meisten graphischen Darstellungen — vom Comic strip bis zum Markenzeichen — wird das Atom als kleines Sonnensystem dargestellt, mit einem Kern in der Mitte, um den die Elektronen wie

Planeten auf ihren Umlaufbahnen kreisen. Das ist zwar kein völlig korrektes Modell, aber für unsere Zwecke genügt es. Der Kern eines Atoms ist viel schwerer als seine Elektronenschale – und zwar um ein Tausendfaches. Die negative Ladung der Schale ist jedoch in einem stabilen Atom genauso groß wie die positive Ladung des Kerns, so daß die beiden Ladungen sich gegenseitig aufheben und das Atom elektrisch neutral ist.

Ein Sauerstoffmolekül beispielsweise besteht aus zwei Sauerstoffatomen. Jedes hat acht Elektronen um den Kern, dessen positive Ladung der negativen Ladung der acht Elektronen entspricht, so daß das Atom insgesamt neutral ist.

Ein Atom zu ›spalten‹ ist leicht; wesentlich schwieriger ist es hingegen, den Kern zu spalten. Um ein Atom zu spalten, braucht man nur ein oder zwei Elektronen aus der Schale herauszulösen, und das ist ziemlich einfach; in einer Leuchtstoffröhre geschieht das zum Beispiel fortwährend. Aber die Spaltung eines Kerns, das ist etwas anderes.

Früher war man der Ansicht, daß der Kern nur aus Protonen bestehe, das heißt aus Elementarteilchen, die die gleiche Ladung haben wie ein Elektron (nur eben positiv), aber viel schwerer seien – etwa zweitausendmal schwerer. Im Jahre 1932 konnte man jedoch ein weiteres Elementarteilchen nachweisen: das Neutron, das genauso schwer ist wie ein Proton, aber keine elektrische Ladung hat. Die Neutronen im Kern machen zwar das Atom schwerer, stören aber nicht das elektrische Gleichgewicht zwischen Kern und Elektronenschale.

Alles wäre viel einfacher, wenn es dabei geblieben wäre. Aber im Lauf der Zeit wurden immer mehr Elementarteilchen entdeckt, und auch heute noch findet man ständig neue. Der ›Teilchenzoo‹ ist jetzt schon so groß und verwirrend, daß selbst die Physiker sich bereits Sorgen machen, und viele glauben, daß es einer neuen, fundamentalen Entdeckung bedarf, um wieder Ordnung in dieses gigantische Tohuwabohu zu bringen.

Zum Glück hat dieser Teilchenzoo so gut wie nichts mit der Kernenergie zu tun, und für unsere Zwecke genügt es, uns vorzustellen, es gäbe nur drei Arten von Elementarteilchen: Protonen, Elektronen und Neutronen. Die Elektronen schwirren um den Kern, der mindestens ein positiv geladenes Proton enthält und vielleicht noch ein oder mehrere elektrisch neutrale Neutronen.

Die Zahl der Elektronen, die in einem neutralen Atom der Anzahl der Protonen entspricht, nennt man die *Ordnungszahl.* Wasserstoff, der nur ein Proton im Kern hat, und ein einziges Elektron in der Schale, hat die Ordnungszahl 1. Uran hat 92 solche Elektronen und Protonen und daher die Ordnungszahl 92. Die Ordnungszahl bestimmt die chemischen — und auch die meisten physikalischen — Eigenschaften eines Elementes. Wenn man die Zahl der Protonen und Elektronen in einem Wasserstoffatom einfach verdoppeln könnte, hätten wir nicht mehr Wasserstoff, sondern Helium, ein Gas mit völlig anderen Eigenschaften. Wenn es möglich wäre, die Atome von Eisen (Ordnungszahl = 26) einfach zu halbieren, so daß die neuen Atome jeweils nur 13 Protonen und Elektronen hätten, dann wären es Aluminiumatome mit der Ordnungszahl 13 und nicht Eisenatome.

Die Ordnungszahl ist also unabhängig von den im Kern vorhandenen Neutronen, und man wird fragen, wozu sie dann eigentlich da sind. Chemisch haben sie keine Funktion. Ein Wasserstoffatom, dessen Kern außer dem Proton noch ein zusätzliches Neutron enthält, verbindet sich genauso mit Sauerstoff und bildet Wasser, oder mit Chlor und ergibt Salzsäure. Die Neutronen verändern nur einige Eigenschaften des Atomkerns: Ganz offensichtlich beeinflussen sie zunächst das Gewicht des Kerns, die *Massenzahl* des Atoms, das heißt die Zahl der Protonen und der Neutronen, oder einfacher gesagt: das Gewicht des Atomkerns, ausgedrückt in dem entsprechenden Vielfachen eines Protons, wächst mit jedem zusätzlichen Neutron um eins. (Die Massenzahl eines Atoms ist nicht ganz das gleiche wie das Atomgewicht, aber darauf brauchen wir hier nicht näher einzugehen.)

Uns interessiert hier lediglich, daß die Massenzahl es ermöglicht, die verschiedenen Typen von chemisch gleichwertigen

Atomen zu Gruppen zusammenzufassen. Verschiedene Typen chemisch gleichwertiger Atome nennt man *Isotope*. Isotope eines Elements sind Atome mit derselben Ordnungszahl (und daher den gleichen chemischen Eigenschaften), aber unterschiedlicher Massenzahl. Isotope desselben Elements haben die gleiche Anzahl von Protonen, aber unterschiedlich viele Neutronen im Kern.

Die Isotope von Wasserstoff (Ordnungszahl 1) sind: normaler Wasserstoff (1 Proton, Massenzahl 1), Deuterium (1 Proton + 1 Neutron, Massenzahl 2) und Tritium (1 Proton + 2 Neutronen, Massenzahl 3). Die Isotope von Wasserstoff haben eigene Namen; sie sind aber die einzigen, denen diese Ehre zuteil wird. Die Isotope anderer Elemente haben keine Namen; man fügt einfach die Massenzahl dem chemischen Symbol an. Einige Isotope von Kohlenstoff (C) sind C^{12}, C^{13} und C^{14}. Die Ordnungszahl von Kohlenstoff ist 6, folglich besteht beispielsweise der Kern von C^{14} aus 6 Protonen und 8 Neutronen.

Die verschiedenen Isotope desselben Elements sind chemisch nicht voneinander zu unterscheiden, weil die chemischen Eigenschaften von der Elektronenschale abhängen. Der Unterschied bezieht sich also lediglich auf die Eigenschaften des Kerns, genauer gesagt darauf, ob das Element radioaktiv oder stabil ist, und ob der Kern spaltbar ist oder nicht.

Radioaktivität ist ein Thema, das uns im folgenden besonders interessieren wird, vor allem hinsichtlich ihrer Wirkung auf den menschlichen Organismus. Hier genügt es jedoch festzustellen, daß es verschiedene Arten von Strahlung gibt, die frei wird, wenn ein Kern zerfällt. Bei einigen Elementen, etwa Uran oder Radium, ist dieser Zerfall natürlich und läuft ohne menschliches Zutun ab. In anderen Fällen kann Radioaktivität künstlich hervorgerufen werden, meist dadurch, daß man ein Neutron in den Kern schießt und ihn dadurch zum Zerfall bringt.

Letzteres ist für eine sich selbständig in Gang haltende Kernspaltung von Interesse. Wenn der Kern sich in zwei oder mehrere Teile spaltet, können dabei ein oder auch mehrere Neutronen frei werden. Wenn diese Neutronen wiederum in an-

dere Atomkerne eindringen, zerfallen diese ebenfalls und geben weitere Neutronen ab. Eine Kettenreaktion ist die Folge.
Und bei jeder Kernspaltung wird Energie frei – zumindest bei Atomen mit hohen Ordnungszahlen, am Ende des periodischen Systems der Elemente –, die vorher nötig war, um die Kerne zusammenzuhalten.

Es gibt nur vier Typen von Atomkernen, die man auf diese Weise spalten kann und nur einer davon taucht in der Natur häufiger auf, nämlich Uran 235, das heißt, das Isotop von Uran mit der Massenzahl 235 (92 Protonen + 143 Neutronen im Kern). Die durchschnittliche Zahl von Neutronen, die eine weitere Spaltung von U-235-Kernen bewirken können, liegt bei 2 bis 3 und hängt von der Energie der Neutronen ab. Die tatsächliche Zahl bei einer Spaltung ist natürlich eine ganze Zahl; der Durchschnittswert liegt jedoch bei 2,07; die Zahl hinter dem Komma ergibt sich daraus, daß sich aus den verschiedenen Möglichkeiten bei einer Spaltung ein Mittelwert berechnen läßt, der zwischen zwei und drei liegt.

Natürlich bewirken in der Praxis die beiden Neutronen, die bei einer Spaltung frei werden, nicht immer eine Spaltung von weiteren U-235-Kernen, auch nicht bei völlig reinem U 235. Mit dem Neutron kann auch etwas ganz anderes passieren: es kann beispielsweise einfach aus dem Material, das das Uran enthält, austreten und in die es umgebende Luft oder ein anderes Medium übergehen.

An dieser Stelle können wir kurz auf die A-Bombe eingehen, die aus U 235 oder Plutonium besteht, aber nicht etwa, weil sie etwas mit Kernenergie zu tun hätte, sondern um zu zeigen, warum eine Kernexplosion in einem Kernkraftwerk völlig ausgeschlossen ist.

Das Material in einer Uranbombe wird unter großem Kostenaufwand gereinigt – angereichert –, so daß es zu mehr als 90 Prozent aus U 235 besteht. In natürlichem Uranerz besteht nämlich fast das gesamte Uran aus U 238, das nicht spaltbar ist. Dieses Uran enthält nur etwa 0,7 Prozent spaltbares U 235, und dieser geringe Anteil muß zuerst auf 90 Prozent erhöht werden, das heißt, das Uran muß entsprechend angereichert werden.

Dennoch ergibt sich in einer geringen Menge von auf 90 Prozent angereichertem Uran keine Kettenreaktion, weil die meisten Neutronen, die bei jeder Spaltung aus den Kernen austreten, einfach frei werden und keinen anderen Urankern treffen. Damit man aber eine Kettenreaktion erhält, muß die durchschnittliche Zahl der bei einer Spaltung von anderen Kernen aufgenommenen Neutronen größer sein als eins. Man muß daher genügend Material in Form einer Kugel haben (wo das Verhältnis von Volumen zu Oberfläche am größten ist), um sicherzugehen, daß die meisten freien Neutronen von anderen Kernen eingefangen werden, bevor sie aus dem Material austreten. Eine Kernexplosion findet nur dann statt, wenn diese Kugel lange genug zusammengehalten werden kann – (etwa für den millionsten Teil einer Sekunde) – und nicht sofort wieder zerspringt, was eine Kettenreaktion verhindern würde. In einer Bombe wird die Explosion auf die Weise ausgelöst, daß zwei oder mehrere Stücke Uran oder Plutonium – die einzeln jeweils unterhalb der kritischen Grenze liegen – zu einer Kugel zusammengefügt werden, deren Masse die kritische Masse übersteigt. Dies geschieht durch ein ›Zusammenschießen‹ dieser einzelnen Stücke mittels hochexplosiver Stoffe, wie bei einer Kanone.

Da pro Spaltung weniger als drei Neutronen frei werden, die weitere Spaltungen hervorrufen könnten, und das nicht-spaltbare Material einige davon absorbiert, kann eine solche Bombe mit Sicherheit nicht explodieren, wenn das Material nur eine ungenügend hohe Konzentration von U-235-Isotopen enthält, unabhängig davon, wie groß die Kugel ist. In der Praxis enthält das Uran in einer Kernwaffe zu mehr als 90 Prozent U 235, das heißt, es ist auf mehr als 90 Prozent angereichert.

Der Uranbrennstoff in einem Kraftwerk enthält jedoch nur zu 3,5 Prozent spaltbares U 235; der Rest ist hauptsächlich U 238. Er liegt damit weit unterhalb selbst des theoretischen Minimums, es kann also auf keinen Fall eine Kettenreaktion entstehen, die zu einer Explosion führt.

In der Praxis gibt es noch viele andere Gründe, warum eine Kernexplosion in einem Kraftwerk völlig unmöglich ist, aber auf diese brauchen wir hier gar nicht einzugehen. Schließlich steht fest, daß jemand, der keine Beine mehr hat, nicht laufen kann — man braucht folglich nicht auch noch alle anderen Gründe zu erörtern, warum er nicht an den Olympischen Spielen teilnehmen kann.

Allerdings arbeitet auch ein Kernreaktor mit einer Kettenreaktion: die Neutronen, die bei einer Spaltung frei werden, lösen weitere Spaltungen aus. Es stellt sich also die Frage, ob es, wenn der Reaktor irgendwie außer Kontrolle gerät, nicht vielleicht doch zu einer Explosion kommen könnte.

Da ist jedoch ausgeschlossen, und zwar, weil die Kettenreaktion in einem Reaktor völlig anders abläuft, als die in einer Bombe. Selbst wenn der Reaktor außer Kontrolle geraten würde, könnten 100 Spaltungen nicht mehr als 101 Spaltungen bewirken. Aber noch wichtiger ist, daß die Zeit, die zwischen den Spaltungen der ersten und der zweiten Generation liegt, sogar in einem wildgewordenen Reaktor etwa 100 000mal länger ist als bei einer Atomexplosion. Dieser Unterschied ist gewaltiger als der zwischen einer Sintflut und einem Nieselregen. Man kann also nicht umhin einzusehen, daß es absolut unmöglich ist, bei auf 3 Prozent angereichertem Uran eine Kernexplosion auszulösen — das würde nämlich jeglichen physikalischen Gesetzen widersprechen.

Genauso unmöglich ist es, in mit Uranoxyd vermischtem Plutoniumoxyd (ein ›Oxydgemisch‹, das als Reaktorbrennstoff verwendet werden wird, wenn die Wiederaufarbeitung von bereits verbranntem Material rechtlich gestattet ist) eine Kernexplosion auszulösen. In diesem Fall wird die Reaktion nicht aufgrund des ›falschen Materials‹ verhindert (obwohl Plutoniumbomben aus reinem Plutonium hergestellt werden, und zwar aus einer anderen Isotopenmischung); schon allein die geometrische Anordnung, ganz zu schweigen von vielen anderen Gründen, macht eine Atomexplosion sogar in einem außer Kontrolle geratenen Reaktor unmöglich. Die Behauptung, eine Explosion sei in einem Oxydgemischreaktor wahrscheinlicher als in einem mit Uran betriebenen, wäre ebenso unsinnig wie die, daß heißes Wasser leichter Feuer fängt als kaltes. Und damit können wir die Bomben vergessen; sie haben mit Atomenergie reichlich wenig zu tun.

Von Dingen, die groß genug sind, daß wir sie sehen können, wissen wir: die Wahrscheinlichkeit, daß sie zerbrechen, ist um so größer, je fester man zuschlägt. Eine Nuß knackt man am leichtesten, indem man mit einem Hammer kräftig zuschlägt. Atomkerne sind aber keine Nüsse und sie unterliegen anderen Gesetzmäßigkeiten. Der Kern eines U 235 absorbiert eher ein langsames Neutron als ein schnelles, und er muß eines eingefangen haben, ehe er sich spalten kann. Wenn wir unbedingt nach einer Analogie suchen, so könnten wir ein Neutron am ehesten mit einem Protestler vergleichen, der die Bewohner einer Stadt gegeneinander aufwiegeln will. Wenn er dabei von Tür zu Tür geht und jeden einzeln anspricht, hat er eine Chance, die Leute mit Hilfe seiner Argumente zu entzweien. Wenn er jedoch mit einem Auto durch die Straßen fährt und dabei über einen Lautsprecher einige Slogans verkündet, wird er kaum großen Erfolg haben, und meistens erreicht er weder auf die eine noch auf die andere Weise sein Ziel.

Dasselbe gilt für Neutronen: Damit sie die Urankerne, von denen sowieso nur 3 Prozent spaltbar sind (nämlich die U-235-Isotope), spalten können, muß man zuerst die hohe Geschwindigkeit, mit der sie bei der ersten Spaltung abgestoßen wurden, vermindern. Dies geschieht mit Hilfe eines Stoffes, der als *Moderator* bezeichnet wird und die Neutronen nicht absorbiert, sondern mit verminderter Geschwindigkeit in das Uran zurückstößt. Als Moderatoren eignen sich besonders Kohlenwasserstoffe, Beryllium und Kohlenstoff, vor allem aber auch Wasser – oder vielmehr der Wasserstoff im Wasser, da die Reflexion von Neutronen kein chemischer, sondern ein Kernprozeß ist.

Wenn die Neutronen von dem Moderator abgestoßen werden, passiert zweierlei: Das Neutron wird abgebremst (das ist der Hauptzweck), und das Teilchen im Moderatorstoff, auf das das Neutron geprallt ist, gerät seinerseits ebenfalls in Bewegung. Bewegung eines Teilchens – bis zur Größenordnung eines Moleküls – bedeutet jedoch ganz schlicht und einfach

Wärme. Der Unterschied zwischen heißem und kalten Wasser besteht lediglich darin, daß sich die Moleküle im ersteren viel schneller bewegen. Der Moderatorstoff erwärmt sich also unter dem ständigen Beschuß der Neutronen, die aus dem Uran austreten (und außerdem durch die Hitze, die die Brennstäbe abgeben). Ein paar von diesen Neutronen werden bei diesem Vorgang in das Uran zurückgeschossen. Sie bewegen sich jetzt, da sie nun einen Teil ihrer Energie abgegeben haben, langsamer und werden von einem U-235-Kern leichter eingefangen. Wenn sich dieser Kern spaltet, was nicht immer der Fall ist, dann werden dabei − neben anderen Spaltprodukten − schnelle Neutronen freigesetzt, mit denen wiederum das gleiche passiert. Auch die übrigen Spaltprodukte kollidieren mit irgendwelchen Stoffen − dem Moderator, dem Brennstoff oder anderen Spaltprodukten −, und ihre kinetische oder Bewegungsenergie wird ebenfalls in Wärme umgewandelt. Dies ist im wesentlichen das Prinzip, wie Kernenergie (die Energie, die nötig ist, um die einzelnen Elementarteilchen in einem Atomkern zusammenzuhalten) durch Spaltung in Wärme umgewandelt wird.

Der Prozeß setzt sich nicht unbedingt immer weiter fort: er kann zum Stillstand kommen, sich selbständig erhalten oder auch intensiver werden. Ebenso wie eine Nation wächst, bei einer gewissen Bevölkerungszahl stehenbleibt oder ausstirbt, je nach der durchschnittlichen Geburtenrate (Zahl der Kinder pro 1000 Frauen im gebärfähigen Alter), so hängt auch der Spaltungsprozeß von der Anzahl der Neutronen ab, die bei der ersten Spaltung frei werden sowie davon, inwieweit sie fähig sind, weitere Spaltungen auszulösen. Wenn die Zahl der Neutronen in der zweiten Generation die gleiche ist, wie die in der ersten, dann wird in gleichbleibendem Ausmaß Wärme produziert. Diesen Zustand nennt man *kritisch*. Wenn in der nächsten Generation weniger Neutronen frei werden, wird der Prozeß langsam zu Ende gehen; dies wird als *unterkritischer* Zustand bezeichnet. Die Zunahme von Neutronen und damit die Steigerung der Wärmeerzeugung ist ein *überkritischer* Zustand.

Die Wärmeerzeugung kann also kontrolliert werden, indem

man die Zahl der Neutronen, die die neue Generation von Spaltungen erzeugen sollen, reguliert. Dies geschieht mit Hilfe von Stoffen, die Neutronen absorbieren und sich nicht spalten. Davon gibt es ziemlich viele, zum Beispiel Bor, Kadmium oder Hafnium.

Wenn man einen neutronenabsorbierenden Stoff zwischen das Uran und den Moderator bringt, werden die Neutronen, die aus dem Uran austreten, nicht nur abgebremst, sondern dem Kreislauf ganz entzogen. In der Praxis hat das neutronenabsorbierende Material die Form von *Regelstäben*, die so bewegt werden können, daß jeweils mehr oder weniger Neutronen aus dem Brennstoff den Moderator erreichen. Dadurch wird die Energieerzeugung regulierbar, vom völligen Stillstand bis zur Produktion mit voller Kapazität. In jeder Position der Regelstäbe ist der Prozeß völlig stabil und voraussagbar.

Wie werden nun diese physikalischen Theorien in die Praxis umgesetzt? Der Brennstoff, Uranoxyd, wird in Form von Tabletten in Rohre aus rostfreiem Stahl oder Zirkonium gefüllt. Diese *Brennstäbe* werden senkrecht und parallel zueinander in einem exakten Muster in den Reaktorkern eingebaut. Die Regelstäbe können dazwischengeschoben beziehungsweise wieder herausgenommen werden. Der übrige Raum wird mit dem Moderator aufgefüllt, und das Ganze ist umgeben von dem Reaktorbehälter, der 6 Meter Durchmesser hat, 14 Meter hoch ist und mehrere hundert Tonnen wiegt.
Es gibt viele unterschiedliche Reaktortypen; die beiden in den Vereinigten Staaten zur Zeit am häufigsten verwendeten sind der Siedewasserreaktor und der Druckwasserreaktor. Beide verwenden Wasser zu zwei verschiedenen Zwecken: als Moderator und als Kühlmittel. Das Wasser, das den Brennstoff umgibt, erwärmt sich mehr oder weniger schnell, je nachdem, wie weit die Regelstäbe in den Reaktor hineinreichen, und das heiße Wasser erzeugt Dampf, der den Turbogenerator antreibt. In einem Siedewasserreaktor wird das Wasser im Reaktor zum Kochen gebracht und der Dampf direkt in die Turbinen geleitet. In einem Druckwasserreaktor steht das Wasser in einem

geschlossenen Kreislauf ständig unter Druck, so daß es nicht verdampfen kann. Es gibt seine Wärme in einem Wärmeaustauscher (Dampfgenerator) an einen anderen Wasserkreislauf ab, und erst dieses Wasser wird verdampft, um die Generatoren anzutreiben.

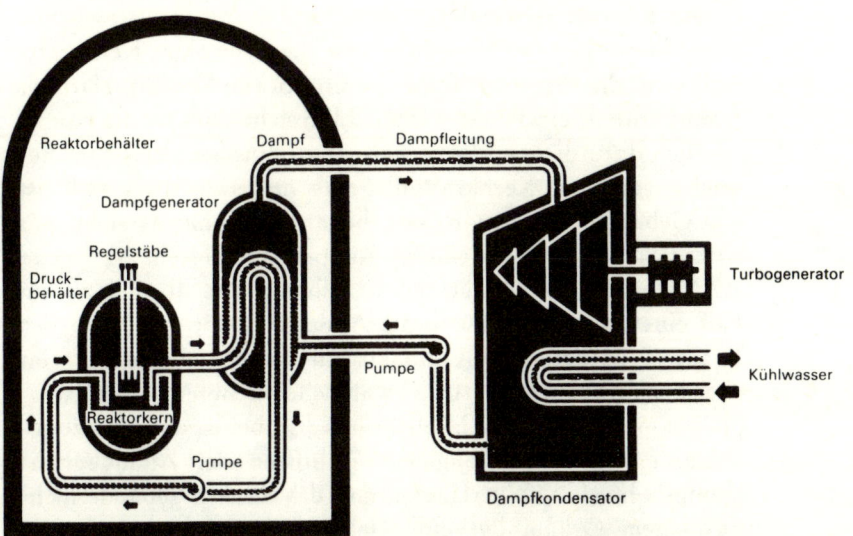

Abb. 2 Druckwasserreaktor (PWR = pressurized water reactor). Das Wasser im Druckbehälter steht ständig unter Druck, so daß es bei hohen Temperaturen nicht verdampfen kann. Bei einem Siedewasserreaktor (BWR = boiling water reactor) entfällt der Wärmeaustauscher (›Dampfgenerator‹); in diesem Fall strömt der Dampf direkt aus dem Druckbehälter in die Turbine, und das Wasser aus dem Dampfkondensator fließt unmittelbar in den Druckbehälter zurück.

Sobald einmal Dampf erzeugt ist, ist die Energieerzeugung die gleiche wie in einem mit fossilen Brennstoffen befeuerten Kraftwerk.

Es gibt auch andere Arten von Reaktoren, beispielsweise gasgekühlte Hochtemperaturreaktoren, in denen Gas, meist Helium verwendet wird; sie sind leistungsfähiger und auch sicherer als die Leichtwasserreaktoren und könnten die Reaktoren der Zukunft sein. Bisher werden jedoch in den Vereinigten

Staaten nur wenige solcher Reaktoren kommerziell eingesetzt, also wollen wir vorsichtshalber diese und andere Reaktortypen außer acht lassen. Mit Ausnahme des *Schnellen Brüters* arbeiten sie alle nach demselben Prinzip wie die Leichtwasserreaktoren (›leichtes Wasser‹ ist normales Wasser; ›schweres Wasser‹ enthält mehr Deuterium als Wasserstoff und wird in Kanada im CANDU-Reaktor verwendet).

Diese kurze Beschreibung führt nur die Teile eines Kernkraftwerks an, die für sein Funktionieren notwendig sind. Darüber hinaus enthält ein Reaktor noch zahlreiche andere, die hauptsächlich dazu dienen, die Sicherheit zu erhöhen. Was dem Betrachter an einer Kernkraftanlage als erstes ins Auge fällt, ist das Gebäude, das den Reaktorbehälter umgibt: es sieht von weitem aus wie eine riesige Kuppel. Es besteht aus etwa 1,2 Meter dickem verstärktem Stahlbeton und dient dazu, im Fall eines Kernschmelzens die Außenwelt vor innerhalb des Reaktors freigesetzter Radioaktivität zu schützen; es schirmt aber auch den Reaktor vor — wahrscheinlicheren — Katastrophen von außen, wie Wirbelstürmen, Erdbeben und Flugzeugabstürzen ab. Die strengen Vorschriften der Atomüberwachungsbehörde NRC verlangen, daß das Reaktorgebäude nicht nur einem Orkan, der eine Geschwindigkeit von mehr als 280 Stundenkilometern hat, sondern auch einem Düsenflugzeug, das mit Landegeschwindigkeit aufprallt, standhalten kann.

Hinsichtlich Material und Bauweise gleicht das Gebäude den U-Boot-Bunkern, die die Deutschen während des zweiten Weltkrieges an der Küste Frankreichs gebaut haben. Trotz stärkster Bombardierungen rund um die Uhr und Einsatz spezieller Minenbomben ist es den Alliierten nicht gelungen, sie zu durchbrechen, geschweige denn zu zerstören. Daran muß ich denken, wenn ich die neuesten Schreckensmeldungen der Atomkraftgegner höre: Was würde passieren, wenn in Amerika ein Bürgerkrieg ausbräche? Man kann bezweifeln, daß die AEC an diese Möglichkeit gedacht hat, als sie die Vorschriften aufstellte, aber es ist nun einmal so, daß man selbst in diesem Fall in einem Reaktor am sichersten wäre — ganz bestimmt jedoch sicherer als beispielsweise in der Nähe eines großen Öl- und Erdgaslagers. Es gibt nur eine Möglichkeit eines größeren Unfalls in einem Kernkraftwerk, und das ist die Freisetzung von radioaktiver Strahlung. Natürlich könnte zufällig eine Dampfturbine beschädigt werden — ebenso könnte aber auch ein Postauto den Wächter am Tor überfahren. Dies sind jedoch keine Unfälle, die für eine Kernkraftanlage charakteristisch wären. Die einzige wirkliche Gefahr ist, daß Radioaktivität frei wird; eine Explosion kommt, wie bereits gesagt, nur in Horrorgeschichten vor. Der gefährlichste Unfall ist ein Kühlmittelverlust, der *möglicherweise* zu einem Kernschmelzen führen könnte, das wiederum *möglicherweise* zur Folge haben könnte, daß radioaktive Strahlung aus dem Reaktorgebäude entweicht, und dies könnte wiederum nur *möglicherweise* Todesopfer fordern. Doch selbst dann gäbe es nicht etwa Berge von Leichen, wie es uns die Panikmacher vorgaukeln, denn in einem solchen Fall dauert es lange, bis der Tod tatsächlich eintritt: Wochen bis Monate bei Strahlenkrankheit und 10 bis 45 Jahre bei Krebs.

Diese schlimmen Einzelheiten wollen wir jedoch erst später genauer betrachten und sie mit den weit schlimmeren Details von Unfällen in Kraftwerken, die mit fossilen Brennstoffen betrieben werden, vergleichen. In diesem kurzen Überblick über eine intakte Kernenergiegewinnungsanlage wollen wir nur erwähnen, daß in den Reaktorbehälter, der 15 bis 28 Zentimeter dicke Stahlwände hat und 450 Tonnen wiegt, nicht nur Rohre für den Zu- und Abfluß des Kühlwassers eingelassen sind, sondern auch das Notkühlsystem. Dieses hat eigene Rohre, eine eigene Wasserversorgung mit den dazugehörigen Pumpen und sogar eine unabhängige Stromversorgung, so daß das Kühlwasser in den Reaktorbehälter geleitet werden kann, wenn aus irgendeinem Grund die normale Kühlung versagen sollte, zum Beispiel, wenn ein Rohr des Wasserkreislaufs bricht. Das Notkühlsystem wird von Monitoren, die den Reaktor ständig überwachen, automatisch in Gang gesetzt, und wenn diese automatische Überwachung ausfällt, kann das Notkühlsystem immer noch von Hand eingeschaltet werden.

Wenn es hier um die Sicherheit der Kernenergie ganz allgemein ginge — und nicht darum, ihre Gefahren mit denen von anderen Formen der Energiegewinnung zu vergleichen —, dann würde man an dieser Stelle eine lange Liste der anderen Sicherheitsmaßnahmen, -vorrichtungen und -vorschriften finden und dazu eine Beschreibung des Sicherheitsprinzips, auf das sich das alles gründet: die ›gestaffelte Abwehr‹, die Tatsache, daß die verschiedenen Bauteile in mehrfacher Ausfertigung vorhanden sind und vieles mehr, so daß letzten Endes für den Menschen kaum eine Notwendigkeit besteht, selbst einzugreifen; und auch dies ist noch entsprechend abgesichert, für den Fall, daß jemandem ein Irrtum unterläuft. Aber da dies kein Buch über die Sicherheit der Atomenergie ist, verzichten wir auf eine solche Aufzählung, nicht zuletzt deshalb, weil solche Listen schon so oft aufgestellt wurden, die Öffentlichkeit sich aber kaum davon beeindrucken ließ.

Doch um dem Leser eine Vorstellung zu vermitteln, um was es hier geht, wollen wir kurz einen Blick darauf werfen, wie die Regelstäbe den Reaktor automatisch stoppen, wenn etwas schiefläuft. Dies ist eigentlich ein relativ unwichtiger Faktor in dem ganzen Netz von Sicherheitsvorkehrungen, aber man kann daran sehr deutlich das Prinzip erkennen, auf das sich die Sicherheitsmaßnahmen stützen. Dieses Prinzip wird auch bei einem gewöhnlichen Personenaufzug angewendet.

Etwa 120 000 Amerikaner pro Jahr sterben bei Unfällen. An erster Stelle stehen natürlich Verkehrsunfälle, die etwa 50 000 Todesopfer fordern. Bis zu 20 000 Menschen im Jahr — und das ist weniger bekannt — sterben infolge eines Sturzes. Der Rest verteilt sich auf Flugzeug- und Eisenbahnunglücke, Vergiftungen, Brände, Explosionen, den Gebrauch von Schußwaffen und Schlangenbisse.

Einige der Todesursachen sind nachgerade grotesk: Jemand wird versehentlich in einen Kühlschrank eingeschlossen und erfriert, ein Flugzeug stürzt ausgerechnet über einem Wohnhaus ab und so weiter. Es fällt jedoch auf, daß eine Art von Unfalltod hier fehlt: daß jemand in einem Aufzug abstürzt. Nur sehr wenige Amerikaner gehen mit Schußwaffen um, und trotzdem sterben etwa 3000 Menschen im Jahr durch versehentlich ausgelöste Schüsse – Mord und Selbstmord nicht mitgerechnet. Aber jeder von uns hat schon einmal einen Aufzug benutzt und Millionen Menschen fahren mehrmals am Tag mit dem Lift. Warum stürzen dabei nicht Tausende ab? Etwa, weil das Gesetz regelmäßige Kontrollen vorschreibt? Das kann jedoch kaum der Grund sein, denn wenn es so einfach wäre, dürfte es auch keine ›Konstruktionsfehler‹ bei Autos geben. Der Grund ist vielmehr, daß jeder Aufzug eine Vorrichtung hat, die verhindert, daß die Kabine abstürzt: feste Klemmbacken, die die Leitschiene blockieren und so einen Absturz verhindern. Man muß sich natürlich fragen, warum diese Vorrichtung so gut wie immer funktioniert. Das liegt ganz einfach daran, daß sie nicht erst dann eingesetzt wird, wenn etwas falsch läuft, sondern nur dann außer Funktion bleibt, wenn alles in Ordnung ist. Beispielsweise sind diese Klemmen direkt am Kabel befestigt, an dem die Kabine hängt; solange dieses Kabel gespannt ist, bleiben sie offen. Wenn das Kabel reißt, oder auch nur die Spannung nachläßt, dann schnappt die Klammer sofort in ihre ›normale Position‹ und die Kabine wird zwischen den Leitschienen eingeklemmt, noch bevor sie eine größere Fallgeschwindigkeit erreicht.

»Sicherheitsvorrichtungen sollen nicht erst dann eingesetzt werden, wenn etwas nicht funktioniert, sondern nur dann außer Betrieb sein, wenn alles normal läuft.« Dieses Prinzip wird auch bei Kernreaktoren angewendet. Die Regelstäbe stehen normalerweise senkrecht im Reaktorbehälter und werden herausgezogen, wenn Energie erzeugt werden soll; ihre ›normale‹ Position ist die bei abgeschaltetem Reaktor, in die sie von selbst aufgrund ihres Gewichtes zurückfallen. Wenn der Reaktor arbeiten soll, werden sie von Elektromagneten teilweise herausgezogen; diese werden direkt von der Elektrizität, die der Reaktor produziert, gespeist. Wenn also aus irgendeinem Grund kein Strom mehr erzeugt wird, dann schalten sich die Magneten auch ab, und die Kontrollstäbe fallen in ihre Ruhestellung zurück und stoppen dadurch den Neutronenstrom. Dies ist nur ein Beispiel für das Prinzip, nach dem die Sicherheitseinrichtungen eines Atomkraftwerkes arbeiten. In den wenigen Fällen, in denen ein Abschalten des Reaktors nötig war, hat sich diese Konstruktion sehr bewährt.

Als beispielsweise im Oktober 1966 im Reaktor Fermi I eine Metallplatte brach, wurde dadurch der Zustrom des Kühlwassers zu 2 der 100 Brennstoffeinheiten teilweise blockiert, so daß diese überhitzt wurden und ein Teil des Brennstoffs schmolz. Der Reaktor konnte ohne jegliche Schwierigkeiten sofort abgeschaltet werden, und alle Sicherheitssysteme funktionierten wie geplant. Der Reaktor wurde repariert und man konnte den Betrieb später wieder aufnehmen.

Es klingt vielleicht unglaublich — und es fällt tatsächlich schwer, es zu glauben —, aber genau dieser Vorfall ist das Thema des Buches ›We Almost Lost Detroit[1]‹ (Detroit am Rande des Abgrunds). In diesem Machwerk werden die Tatsachen auf haarsträubende Weise verdreht, von Experten erhielt es eine vernichtende Kritik[2].

Fermi I war ein Versuchsreaktor vom Typ ›Schneller Brüter‹, bei dem flüssiges Natrium und nicht Wasser als Kühlmittel verwendet wird. Deshalb sahen die Sicherheitseinrichtungen (zum Beispiel das Ersatzkühlsystem) etwas anders aus als bei einem herkömmlichen Leichtwasserreaktor.

Einer der Gründe, warum Detroit doch nicht unterging gilt jedoch für alle Kernreaktoren, nämlich das Prinzip der ›gestaffelten Abwehr‹: Wäre das normale Kühlsystem ausgefallen, dann wäre automatisch das Notkühlsystem in Funktion getreten. Wenn auch das ausgesetzt hätte, dann wäre die radioaktive Strahlung immer noch im Reaktor eingeschlossen geblieben. Wenn dies nicht der Fall gewesen wäre — was allerdings nur sehr schwer vorstellbar ist —, wäre sie in die Atmosphäre entwichen und hätte dabei keinerlei Schaden angerichtet. Im ungünstigsten aller Fälle hätte eine Temperaturinversion die radioaktiven Teilchen dicht über dem Erdboden gehalten; ein leichter Wind aus einer ganz bestimmten Richtung hätte sie dann 50 Kilometer weit bis nach Detroit tragen müssen, ehe sie dort auch nur einer einzigen Fliege etwas zuleide tun hätten können.

Doch das ist reine Theorie. In bezug auf Fermi I hätte – wie wir im folgenden Kapitel sehen werden – selbst im schlimmsten aller Fälle nicht einmal einer Fliege etwas passieren können, und das macht jenes Buch noch unsinniger. In der Einleitung ist von einer ›gnadenlosen Technik‹ die Rede; damit wird indirekt behauptet, daß Kernenergie für menschlichen Irrtum keinen ›Freiraum‹ bietet. In Wirklichkeit ist Atomkraft die einzige Form der Energiegewinnung, die mit ihren verschiedenen Stufen der Absicherung beträchtlich viel Spielraum für menschliches Versagen läßt.

Dies zeigte ein anderer Vorfall, der später auch als abschreckendes Beispiel hingestellt wurde, der Brand im Kernkraftwerk Browns Ferry im März 1975. Damals häuften sich die Fälle von menschlichem Versagen. Es begann damit, daß ein Facharbeiter, der die elektrischen Kabel kontrollieren sollte, dabei eine Kerze verwendete – und das Ende des zwanzigsten Jahrhunderts! Aber es entwich damals trotz allem keine Strahlung und es wäre auch keine entwichen, wenn noch mehr Irrtümer passiert wären, denn es war nicht einmal die erste Verteidigungslinie durchbrochen worden – es bestand nicht einmal die geringste Gefahr, daß dies geschehen könnte.

Was aber wäre passiert, wenn irgendein Einfaltspinsel eine Ölraffinerie oder einen Flüssiggastank mit einer Kerze inspiziert hätte? Er könnte es uns heute nicht mehr sagen, denn andere Energieanlagen haben keine ›gestaffelte Abwehr‹. Es hätte eine Explosion gegeben, wie so oft. Im Umgang mit größeren Mengen von Öl, Benzin oder Gas gibt es keinen Pardon für Fehler; und wenn diese Energie freigesetzt wird, dann kommen tatsächlich – nicht nur möglicherweise – Menschen um, und zwar weit mehr als bei einem Atomunglück.

Noch einen kurzen Abstecher zum Begriff der Energie:
Energie ist die Fähigkeit, Arbeit zu leisten. Arbeit und Energie sind daher zwei ähnliche Begriffe und werden in gleichen Einheiten gemessen. Der Unterschied besteht nur in den algebraischen Zeichen Plus und Minus, wie bei Soll und Haben oder Aktiva und Passiva. Was also ist Arbeit?

Die einfachste Art von Arbeit ist wohl die mechanische, sie entspricht Kraft × Weg. Gewicht zum Beispiel ist eine Kraft, die der Schwerkraft; wenn jemand 5 Kilogramm Kartoffeln 3 Meter hochhebt, dann beträgt die gegen die Schwerkraft aufgebrachte Arbeit 15 Meterkilogramm.

Das Meterkilogramm ist nicht die einzige Maßeinheit für Energie; andere Einheiten sind Kalorie, Erg, Joule, Kilowattstunde, Elektronenvolt und andere. Da sie alle dasselbe messen, kann man sie auch ineinander umrechnen: 1 Kalorie = 4,18 Joule. Aber warum gibt es so viele verschiedene Größen? Dafür gibt es eine ganze Reihe von Gründen, und die meisten davon sind historischer Art; der wichtigste aber ist, daß es einfach praktischer ist. Eine Kalorie (*1 cal*) ist die Wärme, die nötig ist, um 1 Gramm Wasser um 1 Grad Celsius zu erwärmen. Diese Maßeinheit ist für einen Wärmetechniker sicherlich sehr nützlich; für einen Kernphysiker ist sie jedoch äußerst unpraktisch: er würde eher Elektronenvolt benutzen, die Energie, die ein Elektron braucht, um eine Spannung von 1 Volt zu durchlaufen.

Aber lassen wir uns von all diesen verschiedenen physikalischen Einheiten nicht verwirren. Wir werden hier nur eine verwenden: die Kilowattstunde (*kWh*), und alle, die lieber mit Joule, Kalorie oder einer anderen Größe rechnen, können dazu jeweils auf einer Umrechnungstabelle nachsehen: 1 kWh = 3 600 000 Joule.

Um eine Vorstellung von der Größe einer kWh zu bekommen, betrachten wir zuerst das Watt. Das ist keine Maßeinheit für Energie, sondern für Leistung; wenn man dasselbe Gewicht auf dieselbe Höhe hebt, braucht man dazu immer die gleiche Energie, egal ob man es schnell oder langsam hebt. Die Einheit, bei der die Geschwindigkeit miteinbezogen wird, ist die Leistung. Sie ist das Maß für die Arbeit (Energieverbrauch), die pro Zeiteinheit verrichtet wird.

Wenn die Arbeit von 15 Meterkilogramm (also 5 Kilogramm Kartoffeln 3 Meter hochzuheben) von einem Gabelstapler in 1 Sekunde ausgeführt wird, dann ist die von ihm aufgewendete Leistung 15 Meterkilogramm pro Sekunde; wenn hingegen dieselbe Arbeit von einem kleinen Kind durchgeführt wird, das eine Kartoffel nach der anderen aufhebt und 100 Sekunden dazu braucht, dann beträgt die Leistung nur etwa 0,15 Meterkilogramm pro Sekunde. Auch für Leistung gibt es verschiedene Maßeinheiten, zum Beispiel die Pferdestärke, die nach James Watt der Leistung entspricht, die ein Pferd aufbringt. Tatsächlich kann aber kein Pferd eine Leistung in der Höhe von 1 PS über längere Zeit hinweg erbringen; viele wären gar nicht in der Lage, 1 PS auch nur für kurze Zeit durchzuhalten. Wir werden die Maße *Watt* und die entsprechenden Vielfachen *Kilowatt* (1000 Watt = 1 kW) und *Megawatt* (1 Million Watt = 1 MW) verwenden. Die genaue Definition von Watt interessiert uns hier nicht; wir wollen nur ein paar Beispiele nennen, damit wir uns eine Vorstellung von der Größe machen können. Ein Watt ist eine sehr kleine Leistung; ein Licht, das 1 Watt verbraucht, kann man im Dunkeln zwar sehen, aber um irgend etwas zu lesen, wäre dieses Licht zu schwach. Die normalen Glühbirnen, die wir im Haushalt verwenden, verbrauchen 60 Watt — davon werden nur etwa 5 Prozent in Licht verwandelt, der Rest ist Wärme. Ein elektrisches Bügeleisen verbraucht etwa 1 kW und eine Waschmaschine etwa 3 kW. Ein elektrischer Küchenherd verbraucht ungefähr 6 kW, wenn der Backofen und alle vier Herdplatten eingeschaltet sind. In der Industrie wird die Leistung natürlich in ganz anderen Größen verwendet. Die Motoren zum Beispiel, die Wind durch einen Windkanal blasen, um Flugzeugmodelle zu testen, verbrauchen mehrere Megawatt, also ebensoviel wie tausend Waschmaschinen oder Küchenherde.

Daraus folgt, daß selbst eine kleine Wohnsiedlung ein Kraftwerk braucht, das mehrere Hundert Kilowatt Leistung aufbringt. Für eine Stadt wären mehrere Megawatt nötig. Als einfache Faustregel gilt, daß eine Stadt von 1 Million Einwohner ein Kraftwerk mit einer Kapazität von 1000 MW braucht. Die Kapazität ist dabei das erreichbare Maximum, das oft selbst in den Morgen- und Abendstunden, wenn der Verbrauch am höchsten ist, nur annähernd erreicht wird. Die Leistung, die während des ganzen Tages durchschnittlich geliefert wird, ist natürlich beträchtlich geringer.

Die Grundbelastung beziehungsweise der Bedarf, der den ganzen Tag über besteht, wird von den Hauptkraftwerken gedeckt, von den großen, verläßlichen Anlagen, die wenig Umweltverschmutzung – deren Ausmaß an der Tagesmenge gemessen wird – verursachen. Wenn der Bedarf steigt, werden mehrere Generatoren angeschlossen, zum Beispiel mit Gasturbinen betriebene. Die Zusatzgeneratoren, die nur während eines Teils des Tages arbeiten – einige davon nur ein oder zwei Stunden lang –, sind normalerweise nicht so stark und meistens auch weniger wirtschaftlich, weniger verläßlich und verursachen mehr Umweltverschmutzung. Der Grund dafür liegt darin, daß die meisten Energieversorgungsunternehmen zwar zum Teil ausgezeichnete, zum Teil aber auch weniger gute Anlagen zur Verfügung haben, und natürlich die besseren für die Deckung des Grundbedarfs und die weniger verläßlichen nur im Notfall einsetzen.

Atomkraftwerke haben heute eine Kapazität von mehreren Hundert bis zu einigen Tausend Megawatt. Sie werden verwendet, um die Grundversorgung zu gewährleisten. Jeder Energieversorgungsbetrieb, der einen Kernreaktor besitzt, wird die anderen Anlagen, die im Vergleich dazu wenig taugen, nur dann einschalten, wenn sie unbedingt gebraucht werden.

Zu guter Letzt wollen wir noch kurz auf radioaktive Strahlung und ihre Auswirkungen auf den menschlichen Organismus eingehen.

Gleich zu Anfang ist festzuhalten, daß Radioaktivität ein ganz natürliches Phänomen ist: der Boden ist radioaktiv, ebenso wie unser Blut; die Nahrungsmittel, die wir zu uns nehmen, ebenso wie die Luft, die wir atmen.

Viele würden nun sicherlich einwenden, daß es sich dabei doch nur um verschwindend geringe Mengen handelt im Vergleich zu denen, die ein Kraftwerk abgibt.

Falsch. Es ist im Gegenteil die Radioaktivität, die Kernkraftwerke abstrahlen, die verschwindend klein ist. Die normale Strahlung, der ein US-Bürger ausgesetzt ist, beläuft sich auf durchschnittlich 250 mrem pro Jahr. Mehr als die Hälfte ist natürlichen Ursprungs und der Rest stammt hauptsächlich von medizinischen Geräten. Zu diesen 250 mrem tragen die Kernkraftwerke lächerliche 0,003 mrem bei.

Aber beginnen wir am Anfang: Radioaktivität ist die Strahlung, die beim Zerfall eines Atomkerns frei wird. Der Kern spaltet sich spontan, sendet dabei Elementarteilchen aus und diese machen die Radioaktivität aus. Die übrigen, schweren Teile — wenn überhaupt welche übrigbleiben — sind neue Atome, die selbst entweder stabil oder aber auch radioaktiv sein können, das heißt, auch sie zerfallen später und heißen ›Zerfallsprodukte‹ der ursprünglichen Substanz. In der Natur machen radioaktive Elemente mehrere Stadien des Zerfalls durch, das heißt, die Zerfallsprodukte einer Substanz werden wieder zu Zerfallsprodukten der Zerfallsprodukte usw. und werden schließlich alle zu Blei, das stabil ist.

Es gibt vier Typen radioaktiver Strahlung: Alpha-, Beta-, Gamma- und Neutronenstrahlen, je nachdem, welche Elementarteilchen beim Zerfall des Kerns freigesetzt werden. Alphateilchen sind Heliumkerne (2 Protonen + 2 Neutronen), Betateilchen sind Elektronen, und ein Gammateilchen ist ein kurzer Ausbruch elektromagnetischer Strahlung, ein Photon mit extrem großer Energie, das heißt ein Lichtquant (das wegen seiner extrem kurzen Wellenlänge nicht sichtbar ist).

Nur Gammastrahlen und Neutronen dringen einigermaßen tief in Materie ein. Nur eine meterdicke Erd- oder Betonschicht kann ihre intensive Strahlung dämpfen. Betateilchen hingegen können nur einige Meter Luft durchdringen, bevor sie absorbiert werden, Alphateilchen sogar nur ein paar Zentimeter: schon ein Blatt Papier würde sie ›schlucken‹.

Ein radioaktives Element kann jede dieser Strahlungen oder auch nur eine einzige abgeben, aber ein bestimmtes Isotop sendet immer dieselben Arten von Strahlung aus. Plutonium zum Beispiel gibt hauptsächlich Alphateilchen ab, und das bedeutet, daß es in einer bestimmten Entfernung überhaupt nicht gefährlich ist, und selbst dicht daneben würde schon eine Zeitung genügen, um die Strahlung abzuschirmen. Plutonium ist nur dann sehr gefährlich, wenn es eingeatmet wird, und auch relativ schädlich, wenn es durch die Haut oder in Nahrungsmitteln enthalten in den Körper gelangt. Dennoch ist die Behauptung, es wäre die »giftigste Substanz, die wir kennen«, wie wir sehen werden, nichts weiter als melodramatischer Unsinn.

Der Zeitpunkt, zu dem ein bestimmter Atomkern zerfällt, ist völlig zufällig und kann nicht bestimmt werden, obwohl wir die Wahrscheinlichkeitsgesetze für dieses Verhalten genau kennen. Wenn man eine bestimmte Menge von Atomen einer Materie hat, weiß man beispielsweise genau, wie lange es dauert, bis die Hälfte der ursprünglichen Menge zerfallen ist. Diesen Zeitraum bezeichnet man als *Halbwertzeit* des entsprechenden radioaktiven Isotops. Danach ist nur noch die Hälfte der zunächst vorhandenen Atome in der Form der Ausgangssubstanz übrig, nach einer weiteren Halbwertszeit bleibt nur noch die Hälfte dieser Hälfte, also ein Viertel, nach noch einer Halbwertszeit nur ein Achtel und so fort.

Verschiedene Isotopen haben unterschiedliche Halbwertszeiten: Die von Polonium 213 beträgt nur den viermillionsten Teil einer Sekunde, die von Uran 238 hingegen 4,5 Milliarden Jahre (glücklicherweise, denn sonst wäre heute nichts mehr davon übrig!).

Eigentlich müßte es auch jedem einleuchten, daß bei einer bestimmten Menge von Atomen die Intensität der Strahlung um so geringer ist, je länger die Halbwertszeit ist — wie ja auch dieselbe Wassermenge in einem Reservoir plötzlich als eine reißende Flut losbrechen kann oder aber gemächlich dahinfließt, wenn man das Wasser nur langsam entweichen läßt. Dieser Umstand hat jedoch die Umweltschützer nicht sonderlich beeindruckt, denn ihr Zetern wird immer lauter und aufgeregter, je länger die Halbwertszeit verschiedener radioaktiver Isotope ist. Sie haben sich offensichtlich noch nie überlegt, wie lange die Halbwertszeit von stabilen Substanzen wie Arsen oder Zyanid ist, nämlich unendlich.

Wenn ein Mensch radioaktiver Strahlung ausgesetzt ist, kann man die Menge, das heißt, die Intensität der Strahlung mal Dauer der Einwirkung als sogenannte *Dosis* messen. Sie wurde früher in Röntgen ausgedrückt, eine Einheit, die sich auf die insgesamt abgegebene Energie bezieht. Der biologische Schaden, den das Gewebe dabei nimmt, hängt jedoch nicht allein von der Energie ab (die sowieso äußerst gering ist). Als Maßeinheit, mit der man die relative biologische Wirksamkeit verschiedener Arten von Strahlung ausdrückt, verwendet man das *rem* (röntgen equivalent men) beziehungsweise den tausendsten Teil eines rem, das *Millirem.*

Die folgenden Zahlen sollen eine Vorstellung von der Größe eines Millirem vermitteln. Der Internationale Ausschuß für Strahlenschutz (International Commission on Radiological Protection) hat als vertretbares Maximum eine jährliche Dosis von 500 mrem pro Person festgesetzt. Diese Zahl ist sehr vorsichtig bemessen, das heißt so, daß noch genügend Spielraum bleibt (wie es bei derartigen Normen ja immer der Fall ist). Es gibt Landstriche in Indien und Brasilien, wo es große Vorkommen von Monazitsand gibt, der beachtliche Mengen von Thorium und Uran enthält; die Bevölkerung dort ist einer Dosis von durchschnittlich 1500 mrem pro Jahr ausgesetzt, ein Wert, der das Dreifache dessen beträgt, was die internationalen Richtlinien zulassen. Untersuchungen haben jedoch ergeben, daß sich keinerlei besondere Auswirkungen feststellen lassen[3].

Eine einzige Röntgenaufnahme setzt den Patienten einer Dosis von 50 mrem aus und ein Flug über den Atlantik bedeutet für den Passagier weitere 5 mrem. Die Gesamtmenge all dieser Radioaktivität ist jedoch niedriger als die durchschnittliche natürliche Radioaktivität, der ein amerikanischer Staatsbürger ausgesetzt ist, nämlich 130 mrem jährlich. Ein Großteil davon kommt aus kosmischen Strahlen oder wird vom Erdboden und Baumaterial ausgestrahlt.

Kosmische Strahlen sind Strahlen aus dem All. Die Erdatmosphäre hält sie nur teilweise zurück, so daß in großen Höhen, in Colorado oder Wyoming beispielsweise, dieser Anteil größer ist als auf der Höhe des Meeresspiegels, wo die kosmische

Strahlung jährlich etwa 35 mrem beträgt; pro 1,5 Kilometer Höhenunterschied verdoppelt sich, grob gerechnet, diese Dosis. Dies ist auch der Hauptgrund — wenn auch nicht der einzige — dafür, daß die natürliche Strahlenbelastung von Ort zu Ort variiert. In Denver, Colorado, zum Beispiel beträgt sie etwa 157 mrem, in Aiken, Südcarolina, dagegen nur 52 mrem. Den zweitgrößten Anteil liefern Baumaterialien wie etwa Granit. Der Grand Central Bahnhof in Manhatten würde als Kernreaktor nicht genehmigt werden, weil die Radioaktivität seiner Granitmauern die von der NRC festgesetzte oberste Grenze der zulässigen Strahlung übersteigt. Auch der Erdboden gibt jährlich etwa 10 mrem ab, und weitere 5 mrem pro Jahr nehmen wir aus der Luft auf.

Auch Nahrungsmittel sind radioaktiv und belasten den amerikanischen Staatsbürger mit durchschnittlich 25 mrem pro Jahr. Durch sie entsteht ein normaler Kalium-40-Spiegel im Blut, und das wiederum bedeutet eine ›innere‹ Dosis von nicht weniger als 20 mrem pro Jahr, die in den erwähnten 130 mrem jährlich noch nicht enthalten sind. Ein geringer Teil von Radioaktivität wird auch vom menschlichen Körper abgestrahlt, so daß die Kernkraftgegner bei einer ihrer Versammlungen einander wesentlich mehr Strahlung verabreichen als ein Kernkraftwerk. Um dies mit den Worten Dr. Edward Tellers auszudrücken: »Wenn man mit einer Frau schläft, setzt man sich einer Strahlungsdosis aus, die nur ein wenig geringer ist als die von einem Kernreaktor abgestrahlte, aber mit zwei Frauen zu schlafen ist sehr, sehr gefährlich!«

Zu der natürlichen (130 mrem pro Jahr) kommt noch die Strahlenbelastung durch Geräte, die wir selbst gebaut haben. Dieser Wert liegt bei etwa 120 mrem pro Jahr für den durchschnittlichen amerikanischen Staatsbürger; die Gesamtmenge der Strahlungsbelastung beträgt also ungefähr 250 mrem pro Jahr. Die meiste von Menschen verursachte Strahlung rührt von Röntgenuntersuchungen her (103 mrem pro Jahr), und das übrige stammt größtenteils ebenfalls aus dem medizinischen Bereich (Bestrahlungen: 6 mrem, Arzneimittel: 2 mrem).

Niederschläge, das heißt Regen, der radioaktive Isotope enthält, die durch menschliches Zutun in die Atmosphäre entwichen sind (früher meist bei Atombombentests, heute hauptsächlich von der Industrie), bringen etwa 4 mrem pro Jahr. Farbfernsehapparate strahlen durchschnittlich 1 mrem pro Jahr ab, und der Rest kommt aus kleinen Quellen, deren radioaktive Strahlung fast gleich Null ist, wie etwa vom Leuchtzifferblatt einer Uhr – und tatsächlich von Kernkraftwerken.

Die Dosis, die von allen Atomkraftwerken in den Vereinigten Staaten zusammen zusätzlich zu den durchschnittlichen 250 mrem/Jahr an den Durchschnittsbürger abgegeben wird, beläuft sich auf etwa 0,003 mrem/Jahr. Und dieser Wert ist es, gegen den die Atomkraftgegner protestieren: 0,003 mrem zu den 250 mrem hinzu, denen sowieso jedermann ausgesetzt ist[4]. Diese beiden Zahlen sind Durchschnittswerte. In den einzelnen Fällen können sie auch höher liegen: In Colorado beispielsweise ist die natürliche Strahlenbelastung größer, und in der unmittelbaren Nähe eines Kernkraftwerkes macht die normale Strahlenbelastung durch den Reaktor etwas mehr aus. Die Richtlinien der NRC setzen für eine Atomkraftanlage ein Maximum von 5 mrem pro Jahr an, obwohl die tatsächliche Strahlung wesentlich geringer ist. Doch selbst wenn jemand in einem bestimmten Jahr einmal die vollen 5 mrem von einem Kernreaktor abbekommt, ist das Risiko, daß er deshalb an Krebs erkrankt, ebensogroß wie in dem Fall, daß er in diesem Jahr eine einzige Zigarette raucht. Andererseits sind die Menschen in Colorado pro Jahr 35 mrem mehr ausgesetzt – einfach dadurch, daß sie in den Bergen wohnen. Außerdem werden die 5 mrem, wenn überhaupt, nur in der direkten Umgebung eines Reaktors abgestrahlt und nur von wenigen Menschen aufgenommen, während in Colorado *jeder* Einwohner in *jedem* Jahr den zusätzlichen 35 mrem ausgesetzt ist.

Auf die Frage, ob man umziehen sollte, wenn man in der Nähe eines Kernkraftwerkes wohnt, um so das Risiko zu verringern, hat Professor Bernard L. Cohen von der Universität Pittsburgh, ehemaliger Vorsitzender der American Physical Society Nuclear Division, der Kernphysikabteilung der Amerikanischen Gesellschaft für Physik, folgende Antwort bereit: Wenn man dies tut, dann sollte man es so einrichten, daß der tägliche Anfahrtsweg zum Arbeitsplatz höchstens um 160 Meter länger ist als vorher; laut Statistik wird sonst nämlich die Gefahr größer, daß man bei einem Autounfall ums Leben kommt[5].

Welche gesundheitlichen Risiken bestehen nun im einzelnen, wenn wir einer größeren Dosis radioaktiver Strahlung ausgesetzt werden, etwa im Fall eines größeren atomaren Störfalls? Es gibt drei verschiedene Auswirkungen: Strahlenkrankheit, Krebs und genetische Veränderungen. Ich möchte darauf hinweisen, daß im folgenden nicht mehr von Millirem, sondern von rem die Rede ist, von Werten also, die tausendmal größer sind.

Strahlenkrankheit ist die Folge einer Einwirkung von mehr als 100 rem auf den Organismus (also 20 000mal mehr, als im Laufe eines Jahres in der Nähe eines Atomkraftwerks erreicht werden darf). Es handelt sich dabei um eine Fehlfunktion des Knochenmarks, das weiße Blutkörperchen produziert. Der Kranke stirbt, wenn überhaupt, innerhalb weniger Tage oder Wochen nach der Straßeneinwirkung. Wenn der Tod jedoch nicht eintritt (bei 400 rem stirbt etwa die Hälfte der Betroffenen), dann erholt sich der Patient innerhalb weniger Wochen, und die Symptome verschwinden. Strahlenkrankheit wäre der Grund für die ›unmittelbaren Todesfälle‹ bei einem größeren Atomunglück. Die ›späteren Todesfälle‹ wären auf Krebskrankheiten zurückzuführen, die erst später diagnostiziert werden können. Eine Dosis von 100 rem ist sehr unwahrscheinlich, und Todesfälle durch Strahlenkrankheit könnten nur bei einem äußerst unwahrscheinlichen Zusammentreffen von Umständen auftreten, die eine Verseuchung eines Wohngebietes durch größere Mengen von konzentriertem, stark radioaktivem Material zur Folge hätten (vgl. Kapitel 3). Die größere Bedrohung stellt jedoch der Krebs dar.

Genetische Fehlbildungen in der Nachkommenschaft, die durch Strahlungseinwirkung auf die Eltern entstehen, sind von Tierexperimenten her bekannt. Beim Menschen konnten sie jedoch, trotz äußerst intensiver und genauer Untersuchungen, nicht einmal in Hiroshima und Nagasaki beobachtet werden[6]. Der Grund dafür ist wahrscheinlich nicht, daß solche Auswirkungen nicht auftreten – in bezug auf gesundheitliche Schäden unterscheidet sich der Mensch nicht sonderlich von anderen Säugetieren – sondern eher, daß sie zu geringfügig sind, als daß man sie feststellen könnte. Genetische Schäden durch plötzliche Mutationen in den Geschlechtszellen sind überall auf der Welt weit verbreitet, auch dort, wo es keine vom Menschen hervorgerufene Radioaktivität gibt. In den Vereinigten Staaten weisen nicht weniger als 3 Prozent aller Lebendgeborenen genetische Schäden auf, und die Symptome reichen dabei von einem zusätzlichen Finger oder einer Zehe zu ernsteren Folgeerscheinungen wie beispielshalber Krankheiten, die erst später ausbrechen. Es ist also ganz offensichtlich sehr schwierig, angesichts der zahlreichen ›normalen‹ genetischen Schäden zusätzliche aufzuspüren, selbst wenn man die Fakten im einzelnen alle kennt und über die besten Methoden der Statistik verfügt. Auf jeden Fall wurden – aus welchem Grund auch immer – bisher beim Menschen noch keine genetischen Schäden als Folge von Radioaktivität beobachtet, und das nicht etwa, weil man nicht danach gesucht hätte.

Die größte Bedrohung durch starke radioaktive Strahlung stellt also nach wie vor der Krebs dar. Im Gegensatz zu weit verbreiteten Vorurteilen ist dieses Gebiet aufgrund der intensiven, weltweiten Bemühungen im Lauf der letzten 40 Jahre besonders gut erforscht. (Bei einem Versuch am Oak Ridge Nationallabor wurden beispielsweise 50 000 Mäuse radioaktiver Strahlung ausgesetzt und anschließend mikroskopiert)[7].

Neben der detaillierten Erforschung allgemeiner Gesetzmäßigkeiten und Tendenzen haben wir auch noch eine beträchtliche Menge empirischer Daten aus unmittelbarer Beobachtung der Auswirkungen größerer Strahlendosen auf den menschlichen Körper. Da sind beispielsweise die 24 000 Japaner, die bei den Bombenexplosionen im Jahre 1945 durchschnittlich 130 rem ausgesetzt waren, unter denen es in den Jahren danach mehr als 100 zusätzliche Krebstote gab. ›Zusätzlich‹ heißt hier: mehr Todesfälle als es ohne die Strahlung gegeben hätte; dadurch, daß es sich um eine große Zahl von Betroffenen handelte, sind die statistischen Angaben über die ›normalen‹ Todesfälle sehr exakt.

In Großbritannien wurden 15 000 Menschen bei der Behandlung von Rückgratarthritis starken Dosen von Röntgenstrahlen (annähernd 400 rem) ausgesetzt, bevor deren Gefährlichkeit genau bekannt war; auch damals wurden über 100 zusätzliche Todesfälle durch Krebs registriert. In den Vereinigten Staaten atmeten Tausende von Bergarbeitern (hauptsächlich im Uranbergbau) Radon ein, ein radioaktives Gas, und bei einigen von ihnen betrug die Dosis, die in die Lunge gelangte, bis zu 5000 rem. Zwischen 1915 und 1935 waren 775 Amerikanerinnen damit beschäftigt, mit radiumhaltigen Farben die Zifferblätter von Uhren zu malen. Sie spitzten dabei die Pinsel mit der Zunge. In anderen Ländern gab es ähnliche Zustände. Sorgfältige Analysen der Berichte über all diese und weitere Fälle haben Gesetzmäßigkeiten über den Zusammenhang zwischen der Strahlendosis und dem vermehrten Auftreten von Krebskrankheiten erkennen lassen, die heute von niemanden mehr bezweifelt werden[8].

Jedoch muß nicht jeder, der mit großen Mengen von Radioaktivität in Berührung kommt, Krebs bekommen oder gar daran sterben. Bei einer bestimmten Dosis wird ein gewisser Teil der ihr ausgesetzten Bevölkerung an Krebs erkranken oder genauer gesagt, eine bestimmte Anzahl derer, die sonst nicht an Krebs erkrankt wären, bekommt ihn deshalb. Man drückt daher die Gefährlichkeit von Strahlung durch die entsprechend größere Wahrscheinlichkeit des Krebstodes aus. Normalerweise beträgt die Wahrscheinlichkeit für einen Amerikaner, an Krebs zu sterben, 16,8 Prozent. Diese Zahl erhöht sich um 0,018 Prozent für jedes rem, das vom Körper aufgenommen wird. Dies ist das Ergebnis des Berichts des Committee on Biological Effects of Ionizing Radiation (BEIR, der Ausschuß für biologische Auswirkungen von ionisierender Strahlung) der National Academy of Sciences (Amerikanische Akademie der Wissenschaften) und des National Research Council (Bundesforschungsrat) aus dem Jahre 1972, das mit den Zahlen übereinstimmt, die das UN Scientific Committee on Effects of Atomic Radiation (UNSCEAR, der wissenschaftliche Rat der UNO für die Auswirkung atomarer Strahlung) veröffentlicht hat. Diese beiden Gremien unterstehen der Aufsicht von anderen Institutionen, beispielsweise des International Committee on Radiological Protection (ICRP, das Internationale Komitee für Strahlenschutz), die die Grenzwerte für die zulässige Strahlungsbelastung festlegen.

Es sei hier noch einmal daran erinnert, daß die Menge der Strahlung in den vorhergehenden Ausführungen über natürliche Strahlenbelastung, zulässige Strahlung von Atomkraftwerken und so weiter in *Millirem* ausgedrückt wurde, das heißt, in Werten von einem Tausendstel rem. Hier jedoch, wo es sich um Krebs handelt, sprechen wir von rem, einem Wert der tausendmal größer ist. 1 rem, also 1000 Millirem, trägt zu dem ohnehin relativ großen Risiko, aufgrund nichtatomarer Einflüsse an Krebs zu erkranken, nur sehr wenig bei. In Amerika erhöht es sich durch ein rem von 16,8 Prozent auf 16,818 Prozent. Dies trifft aber nur dann zu, wenn der gesamte Körper 1 rem Strahlung ausgesetzt ist. Wenn diese Dosis sich auf ein bestimmtes Organ konzentriert, zum Beispiel auf die Lunge, wenn radioaktive Elementarteilchen eingeatmet werden, kann die Gefahr größer sein. Bezüglich der Einzelheiten hierzu sei auf den Bericht des BEIR hingewiesen. Die Steigerung des Risikos bei 1 rem ist jedoch auch in solchen Fällen minimal. Nur bei Mengen von Hunderten von rem ist das Risiko, an Krebs zu erkranken, bedeutend größer.

Das alles sind nüchterne Tatsachen, doch sie werden hier nicht zu dem Zweck erwähnt, die Gefährlichkeit von Radioaktivität herunterzuspielen. Starke radioaktive Strahlung kann viele Menschen umbringen und hat dies auch bereits getan, selbst wenn bisher noch niemand in einem Kernkraftwerk den Tod gefunden hat. Im übrigen ist es gar nicht nötig, die Gefahr von beim Freiwerden von Radioaktivität möglicherweise auftretenden Krebserkrankungen herunterzuspielen, denn im folgenden werden wir zeigen, daß herkömmliche Kraftwerke auch Krebs hervorrufen, und zwar nicht nur möglicherweise, sondern hier und heute, und daß es sich dabei nicht um Krebstote handelt, die nur in Speichern von Rechenanlagen herumgeistern, sondern um Menschen, die gestern noch am Leben waren.

Allem, was bisher gesagt wurde, lag die Annahme zugrunde, daß die Häufigkeit der Krebserkrankungen linear proportional mit der Strahlungsdosis steigt, das heißt, wenn diese Dosis um einen bestimmten Faktor größer wird, dann wächst die Wahrscheinlichkeit, daß Krebs auftritt, um denselben Faktor. Diese Hypothese steht in Einklang mit den Beobachtungswerten in dem Bereich von Strahlung, wo uns die meisten Daten zur Verfügung stehen, also zwischen 0,1 und 100 rem. Auf einem sehr niedrigen Niveau haben wir jedoch nur einen Punkt, wo wir uns des Resultats sicher sind: den Nullpunkt. Null Strahlung bewirkt auch null strahlungsbedingte Krebserkrankungen. Was aber passiert bei ganz geringen Dosen, etwa 1 mrem? Das ist die Menge, die die meisten von uns einfach dadurch abbekommen, daß wir ein paar Tage hier auf der Erde verbringen. Wie soll man die Auswirkungen solch geringer Mengen mit einer verwirrenden Anzahl von anderen Faktoren vergleichen? Obwohl direkte Messungen schwierig, wenn nicht sogar unmöglich sind, weisen viele Anhaltspunkte darauf hin, daß es einen *Schwellenwert* gibt, unterhalb dessen jede Strahlung harmlos ist. Es gibt mindestens drei Hinweise dafür: erstens die Beispiele aus Tierversuchen unter streng kontrollierten Bedingungen, zweitens die allgemein bekannte Tatsache, daß Gewebe, das von Strahlung nur leicht beschädigt wurde, wieder heilen kann, wenn es Zeit dazu hat — und das ist bei niedrigen Dosen der Fall; und drittens könnte die Strahlentherapie bei Krebsgeschwüren nicht erfolgreich sein, wenn es diesen Schwellenwert nicht gäbe, denn die Strahlung schädigt normalerweise sowohl gesundes Gewebe als auch die Krebszellen, die sich schnell vermehren[9].

Die Atomkraftgegner haben sich lange über die Existenz eines solchen Schwellenwerts gestritten. Gofman und Tamplin beispielsweise widmen in ihrem Werk ›Poisoned Power‹ (Vergiftete Energie), das voller Vorurteile steckt, der Argumentation gegen einen solchen Wert sehr viel Raum, ohne jedoch Beweise zu liefern.

Diese Argumentation ist jedoch nicht nur aller Wahrscheinlichkeit nach falsch, sondern vor allem völlig irrelevant. Denn die Richtlinien zum Strahlenschutz und die Risikoberechnungen gehen, zumindest in den Vereinigten Staaten, von der Hypothese eines linearen Verhältnisses auf der ganzen Skala bis hin zum Nullpunkt aus und geben damit denjenigen recht, die bezweifeln, daß es einen solchen Schwellenwert gibt. Bei der Bestimmung von Richtlinien in den USA werden eventuelle Irrtümer immer mit einberechnet, um ganz sicher zu gehen. Andere Institutionen, die auch solche Richtlinien aufstellen, die UNSCEAR beispielshalber, gehen bei geringer Strahlung nicht nach der linearen Hypothese vor, aber auch dort hat man noch keine Alternative gefunden. Der National Council on Radiation Protection (Nationale Strahlenschutzbehörde), der die Grenze für die maximal zulässige Strahlungsmenge festlegt, richtet sich nach dieser Hypothese in dem Bewußtsein, daß sich der eventuelle Fehler dabei nur zugunsten noch höherer Sicherheit auswirken könnte. Da die lineare Hypothese also offiziell akzeptiert wird, ist das Problem der Existenz eines Schwellenwertes völlig irrelevant.

Probleme der Sicherheit

»Ein Reaktorunfall hätte bis zu 100 000 Todesfälle und die Zerstörung eines Gebiets so groß wie Pennsylvania zur Folge.«

Ralph Nader in einer Ansprache in der Sitzung der gesetzgebenden Körperschaft von Massachusetts am 21. März 1974

Aufgrund der weitverbreiteten Anti-Atomkraft-Propaganda sind sich viele der Tatsache nicht bewußt, daß Kernenergie sicherer ist als andere Methoden der Energiegewinnung. Doch sogar die, die dies erkannt haben, lehnen sie dennoch oft ab und zögern zumindest, sie zu befürworten, weil sie eine Atomkatastrophe befürchten.

»Ganz gleich, wie gering die Wahrscheinlichkeit einer solchen Katastrophe ist, möglich ist sie«, sagen sie, »und wenn etwas Derartiges passiert, sind die Folgen so verheerend, daß man das Risiko erst gar nicht eingehen sollte.«

Doch auch diese Einstellung gründet sich auf Fehlinformationen, denn die Gefahr einer Katastrophe ist bei der Energiegewinnung mit Kohle, Öl, Gas und Wasserkraft viel höher als bei Atomenergie. *Bei fossilen Brennstoffen und Wasserkraft sind Unfälle nicht nur viel wahrscheinlicher, sondern ihre Folgen können weit schlimmer sein als bei einem Atomunglück.*

Die verschiedenen Möglichkeiten des Ablaufs eines Atomunfalls, der eine beträchtliche Anzahl von Todesopfern fordern würde, bestehen jeweils aus einer Reihe von Ereignissen, von denen jedes einzelne nur mit äußerst geringer Wahrscheinlichkeit eintritt. Wenn man dieselben Hypothesen auf fossile Brennstoffe übertragen würde, müßte man auch die Gefahr in Betracht ziehen, daß ein Düsenflugzeug über einem Öllager abstürzt, bei dessen Explosion eine ganze Stadt zerstört wird. Es ist jedoch gar nicht nötig, solchen Phantasien nachzuhängen, denn Explosionen von Öl- oder Gastanks haben bisher schon Hunderte von Menschenleben gekostet und können ohne weiteres zu einer Katastrophe führen, die Zehntausende von Todesopfern fordert.

Wir wollen zunächst einmal einen größeren atomaren Störfall betrachten. Eine Atomexplosion im Reaktor ist, wie wir bereits gezeigt haben, unmöglich. Die einzige wirkliche Gefahr für die Öffentlichkeit ist das Entweichen großer Mengen radioaktiver Strahlung innerhalb kürzester Zeit. Es gibt aber tatsächlich nur eine Art Unfall, die zu einer Katastrophe führen könnte, und das ist ein Kühlmittelverlust. Dies kann in den heute verwendeten Leichtwasserreaktoren passieren; in den gasgekühlten Hochtemperaturreaktoren jedoch, die trotz der finanzellen Belastungen für die Herstellerfirma die Reaktoren der Zukunft sein könnten, ist sogar diese Möglichkeit sehr begrenzt.

Ein Kühlverlust droht dann, wenn das Wasser, an das die von den Brennstäben erzeugte Hitze abgegeben wird, durch ein Leck austritt. Am Reaktorbehälter selbst, mit seinem Gewicht von mehreren Hundert Tonnen und den mehrere Zentimeter dicken Stahlwänden, die vor Inbetriebnahme strengsten Kontrollen unterzogen werden, kann kein solches Leck entstehen. Doch die Rohre, durch die das Wasser zu- und wieder abgeführt wird, könnten undicht werden, obwohl sie von Monitoren ständig auf Lecks überwacht werden und so konstruiert sind, daß sie selbst einem Erdbeben standhalten. Die Sicherheitsmaßnahmen gehen aber nicht nur von einem einfachen Leck aus, etwa aufgrund eines kleinen Risses, sondern von einem sogenannten Guillotine-Bruch, bei dem ein Rohr tatsächlich bricht und die beiden Teile auseinanderklaffen, so daß das Wasser völlig ungehindert ausströmen kann.

Wenn das Wasser entweicht und keine Sicherheitsvorkehrungen getroffen werden, um es wieder nachzufüllen, dann fallen die Regelstäbe wie bei jeder anderen Funktionsstörung durch ihr eigenes Gewicht in ihre Grundstellung zurück und stoppen damit sofort die Kettenreaktion im Uranbrennstoff. Bei der nicht unterbrochenen Radioaktivität der Spaltprodukte, dem verbrauchten Brennstoff der Brennstäbe, entsteht jedoch weiterhin Wärme, und wenn keine Gegenmaßnahmen getroffen werden, könnte die Temperatur der Brennstäbe bis zu dem Punkt ansteigen, an dem der Mantel der Brennstäbe zu schmelzen beginnt.

Um diese Gefahr zu bannen, hat jeder Reaktor ein Notkühlsystem (ECCS = Emergency Core Cooling System) mit eigenen Rohren, Pumpen und einem Wasservorrat, der in den Kernbehälter gepumpt werden kann, wenn das primäre Kühlwasser ausfließt.

Das Notkühlsystem ist für äußerst pessimistische Hypothesen eines Notfalls, so wie den eben erwähnten Guillotine-Bruch konzipiert. Beim Auftreten eines Lecks muß es sofort automatisch in Funktion treten; es kann aber auch von Hand eingeschaltet werden, falls die automatische Auslösung versagt.

Um zu sehen, ob das Notkühlsystem tatsächlich funktionieren würde, hat die US-Atomenergiekommission in Idaho für viele Millionen Dollar eine Testanlage gebaut — man könnte dies damit vergleichen, daß ein Schiff versenkt wird, um auszuprobieren, ob die Rettungsboote in Ordnung sind. Doch die Kernkraftgegner behaupten, die Anlage sei zu klein und bei der Simulierung eines solchen Falles müsse viel weniger Energie unter Kontrolle gebracht werden als in einem 1000-MW-Kernreaktor; das bedeutet, daß man nicht wissen kann, ob die Rettungsboote funktionieren, wenn man den Test nur an einem kleinen Frachter vornimmt. Um sicherzugehen, müßte man die Queen Elizabeth II versenken*.

---

* Der erste von einer ganzen Reihe von Versuchen wurde am 4. März 1976 durchgeführt und war erfolgreich. »Der erfolgreiche erste Test bestand in einem simulierten Bruch des unter Druck stehenden Hauptkühlsystems ... Das Wasser, das plötzlich ausströmte, wurde sofort durch Wasser aus dem Notkühlsystem ersetzt, so daß der simulierte Reaktorkern weiterhin gekühlt werden konnte ... Die Ergebnisse zeigten, daß der Druckabfall und der Verlust an Kühlwasser mit den Werten übereinstimmte, die sich aus eigens entwickelten Computerprogrammen zur Vorhersage des Verhaltens von kommerziell genutzten Reaktoren unter ähnlichen Unfallbedingungen

All das sind jedoch nebensächliche Überlegungen, denn was passiert wirklich, wenn ein Kühlmittelverlust eintritt und dann auch noch das Notkühlsystem ausfällt? Das, so glauben wohl die meisten, hätte eine Katastrophe und den Verlust unzähliger Menschenleben zur Folge.

Das stimmt jedoch nicht. Der Rasmussen-Bericht setzt die Zahl von Todesfällen bei einem Ausfall des Kühlsystems auf einen Durchschnittswert von weniger als 1 an. Es entstünde dabei zwar ein riesiger Sachschaden, aber es wären keine Toten in der Bevölkerung zu beklagen und wahrscheinlich ebensowenig bei den im Kernkraftwerk Beschäftigten. Was passieren würde, ist folgendes: Die Spaltprodukte würden, im Gegensatz zum Uran, das ohne weiteres zu kontrollieren ist, in den Brennstäben weiterhin ohne die nötige Kühlung Wärme produzieren, bis der Metallmantel der Brennstäbe schließlich schmilzt und als rotglühende, flüssige Masse aus Metall und Spaltprodukten schließlich die Stahlwand des Druckbehälters durchschmelzen könnte. Dieser ist jedoch etliche Zentimeter dick und wiegt mehrere hundert Tonnen, so daß es wohl einige Zeit dauern würde, bis er geschmolzen ist. In dieser Hinsicht besteht ein wesentlicher Unterschied zu anderen Unfällen wie Explosionen und Flugzeugabstürzen, wo keine Zeit zu einem Alarm oder für das Einleiten von Gegenmaßnahmen bleibt. Das Gefährliche wäre jedoch auch nicht die rotglühende, radioaktive Masse, die den Druckbehälter schmelzen und sich auf den Betonboden ergießen könnte. Sie würde nämlich auch den Beton schmelzen und in den Erdboden eindringen. Dabei würde sie dann jedoch ihre Wärme abgeben und könnte schließlich ohne größere Schwierigkeiten entfernt werden.

Dr. R. Philip Hammond, ein sehr angesehener Kernphysiker mit mehr als dreißig Jahren Erfahrung auf diesem Gebiet, sagte: »Wenn ich mit solchem Material zu tun hätte — und ich

---

ergeben hatten . . .« (Presseveröffentlichung des NRC vom 16. März 1976). Wenn auch das den Kernkraftgegnern nicht genügt, lege ich dennoch keinen Wert darauf, noch eine Fußnote zu dieser Fußnote zu verfassen . . .

habe einige Erfahrung im Beseitigen radioaktiver Überreste —, ich wüßte nicht, wo es besser aufgehoben wäre als unter der Erde. Dort wäre es durch die darüber liegenden Erdmassen und den Beton völlig abgeschirmt und wäre in eine dichte Umhüllung verschmolzenen Gesteins eingeschlossen... Bei einem Radius von etwa 6 Metern würde die Masse sich stabilisieren und nicht mehr schmelzen; damit wäre sie völlig sicher, bis die Aufräumungsarbeiten beginnen können[1].«

Es ist also nicht der geschmolzene Brennstoff, der bei einer solchen Katastrophe gefährlich wäre. Die eigentliche Bedrohung stellt vielmehr das radioaktive Material dar, das als Gas entweichen würde, wenn der Brennstoff den Kernbehälter durchschmilzt. Doch selbst dann wäre in den meisten Fällen die Bevölkerung nicht gefährdet; das massive Reaktorgebäude mit seinen 1,2 Meter dicken Wänden aus stärkstem Stahlbeton dient vor allem dazu, diese schnell verdampfenden Stoffe und Gase einzuschließen und so das Freiwerden radioaktiver Strahlung zu verhindern: eines der wirksamsten Hindernisse im Rahmen der ›gestaffelten Abwehr‹, eines Sicherheitskonzepts, das bei Staudämmen, Gastanks, Öltankern und Hunderten von anderen Gefahrenherden nicht angewendet wird. Hier muß nur eine einzige Verteidigungsschwelle überschritten werden — und die Katastrophe ist da.

Aber könnte es nicht sein, daß die radioaktive Strahlung dennoch aus dem Reaktorgebäude entweicht? Das ist zwar äußerst unwahrscheinlich, aber nicht ausgeschlossen. Kein Mensch kann mit Sicherheit vorhersagen, was bei einem solchen Unfall alles geschehen könnte. Folglich müßte man auch weitere Möglichkeiten in Betracht ziehen, beispielsweise, daß sich im Boden ein Abzugsloch bildet, durch das radioaktiver Dampf ausströmt. (Das Gebäude selbst kann ohne weiteres Flugzeugabstürzen und wahrscheinlich sogar starken Explosionen standhalten.)

Kommt es also, wenn all diese äußerst unwahrscheinlichen Ereignisse stattfinden, zu einer Katastrophe?

Nein. Normalerweise gelangt die freigesetzte Radioaktivität in die Atmosphäre — was allerdings in der Tat gegen die NRC-

Vorschriften verstößt −, im übrigen würde sie sich jedoch in der Luft verteilen, ohne größeren Schaden anzurichten. Nur ein völlig unabhängiges Ereignis könnte dazu führen, daß die radioaktiven Teilchen sich nicht in der Luft verteilen: ausgerechnet am Tag des Unfalls müßte genau über dem Kernkraftwerk eine Temperaturinversion stattfinden, und zwar eine von der Art, daß in den Städten Smogalarm gegeben wird, denn Schmutzstoffe verteilen sich nicht in der Luft. Wird es jetzt Massen von Toten geben? Nein, immer noch nicht. Es müßte noch ein weiterer unabhängiger Faktor hinzukommen, um eine Katastrophe auszulösen: Ein Wind müßte wehen, der zwar so stark bläst, daß die radioaktiven Teilchen bewegt werden, aber doch nicht so kräftig, daß er die Inversion auflösen könnte; noch dazu müßte er genau in Richtung eines nahe gelegenen großen, dichtbesiedelten Gebiets blasen − aber nur wenige Reaktoren liegen in Gegenden mit hoher Bevölkerungsdichte oder sind dort geplant. In den USA leben etwa 15 Millionen Menschen in einem Umkreis von etwa 40 Kilometer um die bereits vorhandenen oder noch in Planung befindlichen Reaktoren, also etwas mehr als 7 Prozent der Gesamtbevölkerung.

Die Zahlen, die im folgenden genannt werden, stammen aus der Reactor Safety Study Wash-1400 (Untersuchung zur Reaktorsicherheit), genauer gesagt, aus deren endgültigen Fassung vom Oktober 1975, die allgemein als Rasmussen-Bericht bezeichnet wird, da sie von Professor Norman C. Rasmussen von der Technischen Universität Massachusetts geleitet wurde. Die Frage ist, wie weit man sich auf diesen Rasmussen-Bericht verlassen kann. 60 Forscher und verschiedene Berater waren an seinem Zustandekommen beteiligt, und der Kostenaufwand lag bei vier Millionen Dollar. Obwohl die Untersuchung von der Atomenergiekommission gefördert wurde, kamen die Wissenschaftler und Techniker, die den Bericht ausarbeiteten, aus den verschiedensten Organisationen, einschließlich der Atomenergiekommission, aus privaten Laboratorien und von Universitäten. Riesige Rechenanlagen verarbeiteten Unmengen von Informationen; beispielsweise wurden 140 000 mögliche Kombinationen — Menge der freigesetzten radioaktiven Strahlung, Witterungsbedingungen und Anzahl der Menschen, die der Strahlung ausgesetzt wären — ausgewertet, um Ausmaß und Wahrscheinlichkeit von Gesundheitsschäden im Fall eines Atomstörfalls zu berechnen. Die beiden grundlegenden Methoden, das Aufstellen von ›Fehlerketten‹ und ›Ereignisketten‹, die dabei angewandt wurden, haben sich bei der Berechnung der Betriebssicherheit einzelner Systeme bei der NASA und im Verteidigungsministerium als brauchbar erwiesen. Auch in Großbritannien hat man seit Jahrzehnten damit gearbeitet; dort stellte man fest, daß die Vorhersagen bezüglich der Verläßlichkeit von Systemen den tatsächlich beobachteten Werten sehr nahe kamen, und daß bei solchen Berechnungen das Risiko von Fehlschlägen eher über- als unterschätzt wird.

1974 wurde ein vorläufiger Bericht veröffentlicht, so daß die Kritiker ein ganzes Jahr lang Gelegenheit hatten, Änderungsvorschläge zu äußern — denn es gab durchaus kritische Stimmen. In Fällen, wo die Kritik sich auf konkrete Punkte bezog und Daten vorgelegt wurden, die sie als berechtigt erscheinen ließen, wurde der vorläufige Bericht abgeändert und die Kritik mit einbezogen. Eine Studiengruppe der American Physical Society behauptete beispielsweise, Rasmussen habe die Zahl der erst später eintretenden Todesfälle und Krankheiten, die durch eine Schädigung der Schilddrüse entstehen können, unterschätzt. In der Endversion wurde diese Zahl entsprechend höher angesetzt, obwohl das Risiko immer noch minimal war. Ähnliche Veränderungen wurden aufgrund von Einwänden der Umweltschutzbehörde und einiger anderer Institutionen vorgenommen, aber die korrigierten Werte änderten die Aussage der ursprünglichen Version im wesentlichen nicht.

Interessanterweise wurden die Schlußfolgerungen in Rasmussens vorläufigem Bericht von Kritikern aus dem Lager Naders niemals ernstlich angegriffen. Sie brachten natürlich alle möglichen Einwände vor, die aber alle abstrakt und vage oder ganz schlicht und einfach lächerlich waren. So behaupteten sie, die Studie lasse das Problem des Terrorismus außer acht. Das trifft zwar zu, aber einerseits war das nicht Aufgabe des Berichts, andererseits hatte die Gruppe auch Kombinationen durchgespielt, wie Terroristen oder Saboteure sie niemals schaffen könnten. Ralph Nader wandte ein, daß man seinerzeit behauptet habe, die ›Titanic‹ könne nicht sinken, daß sie dann aber doch untergegangen sei. Auf diese Art stellte er sich selbst ein Bein: Kein verantwortungsbewußter Wissenschaftler – und schon gar nicht ein Mitglied der Rasmussen-Gruppe – hat je behauptet, daß Kernenergie hundertprozentig sicher sei. Die ›Union of Concerned Scientists‹ beklagte sich bitter darüber, daß ihr im Gegensatz zur Rasmussen-Gruppe keine vier Millionen Dollar zur Verfügung standen; damit hätten sie die Ergebnisse dieses Berichts ohne weiteres widerlegen können. David Dinsmore Comey, sogar unter den Anti-Kernkraft-Hetzern eine Witzfigur, wartete mit einer Zahl auf, die von der im Rasmussen-Bericht genannten um den Faktor 3000 differierte. »Comeys Berechnung der Wahrscheinlichkeit«, so schreibt Comey selbst, »eines größeren Unfalls in einem Leichtwasserreaktor liegt bei $1:1000$ pro Jahr und pro Reaktor[2]«. Damit fegte er das Ergebnis von siebzig Expertenarbeitsjahren einfach beiseite. Warum es gerade $1:1000$ sein soll, das weiß nur David Dinsmore Comey ganz allein.

Wir wollen trotzdem einmal annehmen, die ganze Aufeinanderfolge voneinander unabhängiger und äußerst unwahrscheinlicher Ereignisse, wie wir sie weiter vorn beschrieben haben, würde eintreffen – was hätte das für Konsequenzen, das heißt, wie viele Menschen würden dabei ums Leben kommen?
Man kann diese Frage – wie bei allen anderen Unfällen auch – nicht einfach auf die Weise beantworten, daß man eine fixe Zahl nennt. Der Mittelwert, mit dem man rechnen müßte, ist so gering (zwei Todesfälle), daß die Vermutung naheliegt, auch hier würde das Spiel mit den Halbwahrheiten gespielt. Derselbe Verdacht muß aufkommen, wenn wir die Zahl von Todesfällen nennen, die bei einem Kernschmelzen am wahrscheinlichsten ist: Null.

Die einzige Möglichkeit, diese Frage umfassend zu beantworten, ist, die Anzahl der Todesfälle in Beziehung zu der Wahrscheinlichkeit zu setzen, daß sie überhaupt auftreten. Die Wahrscheinlichkeit, daß ein Atomstörfall, *wenn er tatsächlich passiert*, mehr als 10 Menschenleben fordert, ist beispielsweise geringer als 1 Prozent! (Das bedeutet, daß — wenn man von einer Vielzahl von Kernschmelzungen ausgeht — nur in 1 Prozent der Fälle 10 oder mehr Bürger sterben würden, während bei den übrigen 99 Prozent weniger als 10 Personen, unter Umständen sogar niemand ums Leben käme.) Dies ist die Zahl für den Fall, daß tatsächlich ein Kernschmelzen stattfindet, und keineswegs die unbedingte Wahrscheinlichkeit für einen Meltdown, der 10 oder mehr Todesopfer fordern würde (diese liegt bei 1:3 Millionen pro Reaktorjahr, ist also lächerlich gering im Vergleich zu den Gefahren, denen jedermann schon allein aufgrund der Tatsache ausgesetzt ist, daß er in Amerika lebt!).

Die Wahrscheinlichkeit, daß mehr als 100 Menschen ums Leben kommen (dies gilt wiederum nur für Personen, die in der Nähe eines Kernkraftwerks leben) beträgt 0,002 — *falls* tatsächlich ein Kernschmelzen stattfindet. Anders gesagt: Wenn man von einer sehr großen Anzahl von Kernschmelzungen ausgeht, (wobei in den meisten Fällen keine Todesopfer zu beklagen wären, bei einigen nur 2, bei anderen mehr als 50 und so weiter), würden nur bei 0,002 aller Unfälle mehr als 100 Menschen umkommen.

Ich möchte nochmals betonen: Diese Zahlen gelten nur für den Fall, daß tatsächlich ein schwerer Reaktorunfall stattgefunden hat, ein Meltdown, ein Kernschmelzen also. Eine andere Frage haben wir dabei noch ganz außer acht gelassen, nämlich die, wie groß die Wahrscheinlichkeit ist, daß ein solcher Störfall tatsächlich eintritt. Mit anderen Worten: Wir haben uns mit den möglichen Folgen eines Unfalls befaßt, nicht aber mit der Wahrscheinlichkeit, daß dieser Unfall überhaupt passiert.

Wie groß ist also die Wahrscheinlichkeit, daß ein Reaktorkern schmilzt? 1:20000 pro Reaktorjahr. Und selbst wenn dieser

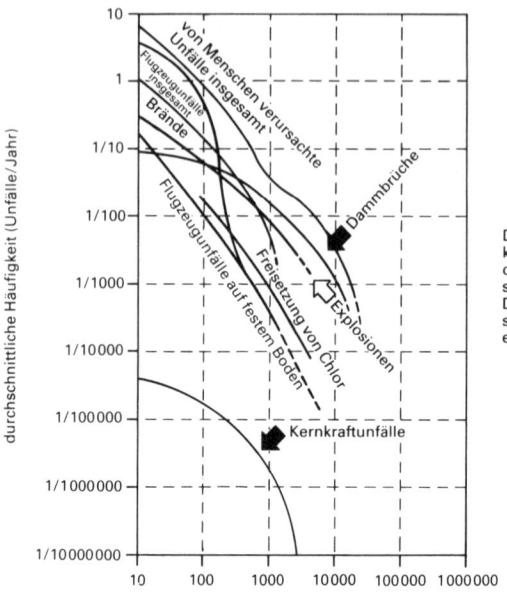

Die Häufigkeit größerer Kernkraftunfälle im Vergleich zu anderen, von Menschen verursachten Unfällen. Die graphische Darstellung wurde der Endfassung des Rasmussen-Berichts entnommen.

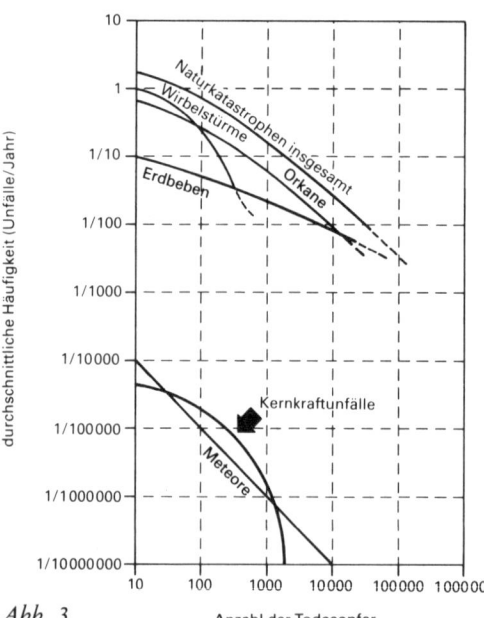

Die Häufigkeit größerer Kernkraftunfälle im Vergleich zu Naturkatastrophen. Diese Darstellung stammt ebenfalls aus dem Rasmussen-Bericht.

Abb. 3

98

äußerst unwahrscheinliche Fall eintritt, wird dabei wahrscheinlich kein einziger Mensch ums Leben kommen. Damit sind wir allerdings auch nicht viel klüger als vorher. Um die tatsächliche Gefahr abschätzen zu können, müssen wir das mathematische Risiko — den Durchschnitts- oder Erwartungswert der Todesfälle pro Jahr — im Vergleich zu dem bei anderen Unfällen betrachten. Und damit die Atomenergie nicht allzu gut abschneidet — das hat sie nämlich gar nicht nötig —, werden wir nicht die Durchschnittswerte bezüglich der Gesamtbevölkerung der Vereinigten Staaten ansetzen, sondern nur die für die 15 Millionen Amerikaner, die 40 Kilometer im Umkreis der Kernkraftwerke, die entweder schon in Betrieb oder aber geplant sind, wohnen.

Voraussichtliche Todesfälle pro Jahr bei 15 Millionen Amerikanern, die 40 Kilometer im Umkreis eines Atomreaktors leben

Unfälle:	Tote:
Autounfälle	4200
Stürze	1500
Brände	560
Stromschläge	90
Blitzschläge	8
Reaktorunfälle	2

An dieser Stelle wie auch im folgenden betrachten wir lediglich die Todesfälle innerhalb relativ kurzer Zeit (bis 12 Monate) nach dem Unglück. In keinem Fall tritt der Tod sofort ein (die schon erwähnten Leichenberge auf den Straßen . . .). Die Fälle, in denen der Tod erst 10 bis 40 Jahre nach dem Unfall eintritt, haben wir bereits erörtert. Es geht hier also ausschließlich um die Opfer der Strahlenkrankheit, die bei einigen Betroffenen tödlich verläuft; bei den Überlebenden verschwinden die Symptome der Krankheit relativ schnell.

Ist es überhaupt möglich, daß bei einem Reaktorunfall 1000 Menschen ums Leben kommen? Es ist möglich, genauso wie es möglich ist, daß ein riesiger Meteor auf ein dicht besiedeltes Gebiet in den USA abstürzt und dabei 1000 Menschen ihr Leben lassen müssen: Zufälligerweise ist die Wahrscheinlichkeit beider Ereignisse gleich groß. Ich weiß von zwei Meteoren dieser Größe, und alle beide trafen sozusagen daneben: Einer liegt in der Wüste von Arizona, der andere in Sibirien. Die Wahrscheinlichkeit, daß bei einem Störfall in einem von 100 Atomkraftwerken (oder beim Abstürzen eines Meteors) mehr als 1000 Menschen umkommen, liegt bei 1:1000000 pro Jahr, und das heißt ganz schlicht und einfach, daß ein solcher Unfall durchschnittlich einmal im Verlauf von einer Million Jahren passiert.

Alles in allem ist die Wahrscheinlichkeit eines schweren Reaktorunfalls — eines Kernschmelzens — minimal (etwa zehntausendmal geringer als bei allen anderen Unfällen oder Naturkatastrophen, die viele Todesopfer fordern), und die Folgen sind — wenn wirklich einer passiert — unbedeutend im Vergleich zu anderen Unfällen.

Vielleicht sind dem Leser inzwischen Zweifel gekommen, ob man dieses Buch überhaupt ernstnehmen kann. Was ist mit dem Brand im Kernkraftwerk Browns Ferry oder mit Detroit, wo doch beinahe eine ganze Stadt zerstört worden wäre? Warum weigern sich private Versicherungsgesellschaften, Atomkraftwerke zu versichern, obwohl doch die Kernkraft angeblich so sicher ist? Und was ist mit den Schlagzeilen und Meldungen in Presse und Fernsehen?
Im März 1975 brach im Kernkraftwerk in Browns Ferry, Alabama, tatsächlich ein Brand aus, und er wurde tatsächlich durch eine Kerze ausgelöst, mit deren Hilfe ein etwas naiver Elektriker nachsehen wollte, ob bestimmte Kabel auch wirklich luftdicht seien. Mittlerweile gibt es eine NRC-Vorschrift, daß alle elektrischen Kabel feuerfest isoliert sein müssen. Dieser Elektriker, der bei Kerzenschein arbeitete, war jedoch nicht der einzige, der einen Fehler machte: Feuerwehr und Sicherheitstruppen wurden erst gerufen, als der Wächter zehn Minuten später den Alarm auslöste; und dann wählte er zunächst einmal die falsche Nummer. Der Direktor des Kraftwerks weigerte sich mehrere Stunden lang beharrlich, das Feuer mit Wasser anstatt mit Chemikalien löschen zu lassen.

Erst als es schon sieben Stunden lang gewütet hatte, gab er die Erlaubnis, es einmal mit Wasser zu versuchen – und dann war innerhalb von zwanzig Minuten der Brand gelöscht. All dies zeigt andeutungsweise, wieviel menschliches Versagen ein Kernkraftwerk verkraften kann (in Wirklichkeit sogar noch viel mehr). Was passierte nun tatsächlich im Browns Ferry-Werk? Einige Kontrollvorrichtungen funktionierten nicht mehr, weil die Elektrokabel kaputt waren. Zu keinem Zeitpunkt jedoch gab es ein Leck in den Rohren; auch die Stromversorgung fiel nicht aus und der Kühlmittelverlust war kein Unfall, sondern Absicht. Nachdem man den Reaktor abgeschaltet hatte, wurden die Ventile geöffnet, um den überschüssigen Dampf zu kondensieren. Die Kontrollvorrichtungen an einem der Notkühlsysteme fielen bei dem Unfall aus; aber der Einsatz eines Notkühlsystems war bei dem ganzen Vorfall überhaupt nicht notwendig. Das eine dieser beiden Systeme konnte die geringe Wassermenge, die verloren ging, ohne weiteres ersetzen. Das andere hatte zwar mehr Wasser verloren, wurde aber mit Hilfe der Pumpen des ersten Systems wieder aufgefüllt. Es gab jederzeit mehrere Möglichkeiten, das ausgeströmte Kühlwasser zu ersetzen.*

Kurz nach dem Brand in Browns Ferry machte die NRC die Auflage, daß alle elektrischen Isolierungen in Kernkraftwerken feuerfest sein müssen; jetzt kann nicht einmal mehr dann etwas passieren, wenn Leute mit brennenden Kerzen in der Hand im Werk herumlaufen. Genaugenommen wurde bei dem Brand jedoch nicht einmal die erste der Verteidigungslinien durchbrochen, die ein Freiwerden von radioaktiver Strahlung verhindern sollen.

Dem Leser fällt vermutlich auf, daß die Atomkraftgegner be-

---

* Diese Ausführungen wurden durch den im März 1976 veröffentlichten Bericht des von der NRC eingesetzten Untersuchungsausschusses bestätigt (NUREG – 0050 – Bericht, zu erhalten beim Technischen Informationsdienst in Springfield, Virginia. Die Zusammenfassung und die Empfehlungen findet man auch in der Ausgabe vom 2. März 1976 der Zeitschrift der Kernenergiebehörde).

züglich dieser Details keinerlei Einwände äußern – nicht einmal David Dinsmore Comey, dessen Berichte ansonsten von allen möglichen sensationsträchtigen Einzelheiten überquellen. Comey ist eben auch einer von denen, die immer nur Halbwahrheiten schreiben. Eindeutigen Fakten widerspricht er nicht – er ignoriert sie einfach.

Von Comeys Bericht waren viele, die von der ganzen Sache nichts verstehen, äußerst beeindruckt, und die Massenmedien hatten ihren großen Tag. Unter den Zeitschriften, die fälschlicherweise als verläßlich gelten, schoß ›Business Week‹ den Vogel ab; hier hieß es, ein Angestellter hätte im letzten Augenblick die Ventile repariert (eine völlig falsche Behauptung). »Wenn ihm das nicht gelungen wäre«, so die Zeitschrift, die einen heiligen Krieg gegen die Atomkraft führt, »dann hätte der Reaktorkern schmelzen können. Als Folge davon wäre wahrscheinlich das Reaktorgebäude geborsten und die nahegelegene Stadt Decatur, Alabama, hätte völlig vernichtet werden können.« Wer heute die wirtschaftlichen Prognosen, die Investitionsratschläge oder auch nur die Werbeanzeigen in ›Business Week‹ liest, der sollte daran denken, daß diese Zeitschrift auch geschrieben hat: »Decatur, Alabama, hätte völlig vernichtet werden können.«

Nun, Detroit wäre ja auch um ein Haar zerstört worden, oder? J. G. Fullers miserables Buch geht wiederum nach der Methode vor, die Wahrheit, aber eben nicht die ganze Wahrheit zu sagen; auch er hat eben mehr als eine Woche lang keine Frau vergewaltigt, jedenfalls nicht am hellichten Tage. Auf Seite 72 haben wir einige Tatsachen aufgezählt, denen gegenüber Fuller keinerlei Widerspruch anmeldet – er erwähnt sie ganz schlicht und einfach nicht. Aber wie soll die breite Öffentlichkeit diese Fakten je erfahren!

Dabei gelten die auf Seite 72 beschriebenen Sicherheitsvorkehrungen für *jedes* Atomkraftwerk. In Detroit hätte noch eine absolut unwahrscheinliche Kombination von vielen anderen Faktoren hinzukommen müssen, bevor dort auch nur einer Fliege etwas zuleide geschehen wäre.

Zum Zeitpunkt des Störfalls wäre selbst das unmöglich gewesen. Bekanntlich wird ein Schmelzen des Reaktorkerns nicht durch die Kettenreaktion hervorgerufen, die in einem Kernkraftwerk eine enorme Energie freisetzt, sondern erst durch die Spaltprodukte (Seite 91). Fermi I war jedoch im Oktober 1966, wie Professor W. Meyer von der Universität Missouri betont, noch nicht lange in Betrieb gewesen; es wären als unter keinen Umständen genügend Spaltprodukte vorhanden gewesen, um ein Kernschmelzen auszulösen, nachdem der Reaktor abgeschaltet worden war.

Und das bedeutet nicht nur, daß die Rezensenten des Buches hinsichtlich Atomexplosionen und radioaktiver Strahlung absoluten Unsinn verbreiten; hätte man sie mit Metallsägen, Schweißbrennern und Preßluftbohrern auf Fermi I losgelassen, dann wären auch sie — selbst wenn sie etwas von Technik verstünden — nicht in der Lage gewesen, ein Kernschmelzen zu verursachen.

Das Buch von Fuller erschien im Verlag Reader's Digest, der für die Werbung 30 000 Dollar flüssig machte. Und das Buch erfüllt auch alle Erwartungen. Der Titel allein bringt die Leser soweit, daß sie aus schierer Angst gegen die Atomkraft protestieren. Die Besprechung in der ›New York Times‹ vom 30. November 1975 warb für das Werk mit einer Kritik, in der behauptet wurde, es handle sich um »einen ernüchternden und notwendigen Beitrag, der die Menschen daran erinnert, daß die Demokratie immer noch die Technologie überwachen muß«. Die Autorin dieses Artikels, die im Beratungsausschuß der ›American Civil Liberties Union‹ (Vereinigung für bürgerliche Freiheitsrechte) sitzt, stellt ihre Fachkenntnisse mit folgender Äußerung unter Beweis: »Sie (die Ingenieure) wußten, was der Öffentlichkeit verborgen blieb: ein einziger Fehler hätte eine Kernexplosion auslösen können.«

Was die Versicherungsklausel über den Ausschluß von Kernkraftwerken betrifft, so gibt es dafür einen einfachen Grund: Jeder US-Bürger ist aufgrund der Price-Anderson-Verfügung gegen von Kernkraftwerken verursachte Schäden versichert, und zwar nach einem Modus, bei dem die Schuldfrage nicht gestellt wird. Die Behauptung, daß private Versicherungen

Kernkraftwerke nicht versichern wollen, ist daher ganz schlicht und einfach falsch. Zwei Kartelle privater Versicherungsanstalten kommen für Versicherungsleistungen bis zu 120 Millionen Dollar pro Störfall auf. Die amerikanische Regierung zieht Beiträge von den Energieversorgungsunternehmen ein, um darüber hinaus eine zusätzliche Haftung bis zu 560 Millionen Dollar übernehmen zu können. Bisher haben nur die privaten Versicherungen bezahlt (400 000 Dollar, und zwar lediglich für 26 kleinere Forderungen, die in keinem unmittelbaren Zusammenhang mit Reaktorunfällen standen). Auf diese Weise hat die Regierung bisher Beiträge in Höhe von 8 Millionen Dollar eingenommen und wird möglicherweise niemals zur Kasse gebeten werden, da ein Haftschadensfall, der 120 Millionen Dollar übersteigt, höchst unwahrscheinlich ist. (Der Rasmussen-Bericht setzt die wahrscheinliche Höhe des Sachschadens, der der Öffentlichkeit bei einem Kernschmelzen entstehen könnte, auf 1 Million Dollar an). Außerdem wurde durch eine Zusatzklausel zu der Price-Anderson-Verfügung von 1975 mit Gesetzeswirkung ein Zeitplan festgelegt, wonach der Anteil der privaten Versicherungen weiter steigen soll, so daß die Regierung schließlich überhaupt nichts mehr mit dieser Versicherungsgeschichte zu tun haben wird. Selbst wenn die Versicherungsfähigkeit ein Indiz für die Sicherheit eines Kraftwerks wäre (was nicht der Fall ist), hätten die Atomkraftgegner keineswegs recht, denn ihre Argumente sind ganz einfach falsch.

Dem wäre noch hinzuzufügen, daß im Fall irgendwelcher anderer Katastrophen die Schadensersatzgrenze für eine solche Vollkaskoversicherung nicht etwa bei 560 Millionen Dollar liegt — es existiert überhaupt keine Vollkaskoversicherung für solche Fälle.

Es gibt natürlich noch eine Unmenge solcher in Windeseile aufgestellter Behauptungen seitens der Atomkraftgegner, die vollends zu widerlegen jeweils ein halbstündiger Vortrag nötig wäre; wir hoffen aber, daß die drei angeführten Beispiele den Leser überzeugt haben und daß die Aussagen über die Wahrscheinlichkeit und die Folgen eines Atomunglücks, so wie sie oben beschrieben wurden, trotz der wilden Behauptungen der Kritiker glaubhaft sind. Die Meinungsverschiedenheiten sind nämlich nur selten darauf zurückzuführen, daß die Kernkraftgegner in bestimmten Punkten ihren Widerspruch anmelden, sondern vielmehr darauf, daß sie, anstatt gerade solche Tatsachen zu diskutieren, sich wohlweislich darüber ausschweigen. Nichts liegt uns ferner, als in diesem Buch die Schnellschußbehauptungen der Kernkraftgegner widerlegen zu wollen. Es geht vielmehr um die Gefahren, die drohen, wenn die Kernenergie *nicht* weiter ausgebaut wird; wir wenden uns also den Unfällen und Katastrophen zu, die auf fossile Brennstoffe und Wasserkraft zurückzuführen sind.

Ehe wir uns im einzelnen mit den möglichen — und tatsächlichen — Katastrophen befassen, die auf die Verwendung von fossilen Brennstoffen zurückzuführen sind, wollen wir zunächst einige Mißverständnisse klären, die oft Verwirrung stiften. Die Zahl der Todesopfer bei Autounfällen, Flugzeugabstürzen, Eisenbahnunglücken und so weiter hat normalerweise nichts mit Energiegewinnung zu tun, und die Tabelle auf Seite 99 dient lediglich dazu, dem Leser eine ungefähre Vorstellung davon zu vermitteln, wie groß das Risiko bei einem Atomkraftunfall ist. Denn man hat nie die Wahl zwischen Tod durch Blitzschlag und dem Tod bei einer Atomkatastrophe. Man kann Maßnahmen ergreifen, um in beiden Fällen das Risiko zu verringern, aber dabei muß man auf jeweils verschiedene Art und Weise vorgehen, indem man beispielsweise einen Blitzableiter installiert und gleichzeitig für eine Bürgerinitiative eintritt, die die Schließung von Atomkraftwerken fordert. Dabei werden jeweils Entscheidungen gefordert, die unabhängig voneinander getroffen werden müssen und einander keineswegs ausschließen.
Die Atomkraftgegner haben daher meiner Meinung nach völlig recht, wenn sie behaupten, es sei unfair, das Risiko beim Autofahren mit dem einer Atomkatastrophe zu vergleichen. Bedauerlicherweise sind sie jedoch solche Wirrköpfe, daß sie nur aufgrund falscher Überlegungen zu einem richtigen

Schluß kommen: »Sich den Gefahren eines Autounfalls auszusetzen«, meint der Direktor des ›Sierra Club‹, McCloskey, »ist eine ganz persönliche Entscheidung, und das Risiko muß von all jenen in Kauf genommen werden, die sich freiwillig in ein Auto setzen. Es wird nicht insgeheim der ganzen Bevölkerung aufgezwungen, ohne daß man sie nach ihrer Meinung fragt[3].« Das ist natürlich ein Trugschluß: Wenn beispielshalber McCloskeys Frau ein Kind bekommt, hat sie dann heute in den USA wirklich noch die Wahl, ob sie in die nächstgelegene Klinik gefahren werden oder lieber zu Fuß dorthin gehen will? Der eigentliche, tiefere Grund dafür, daß der Vergleich unfair ist, ist Mr. McCloskey leider entgangen: daß nämlich die Entscheidung, ob wir Kernenergie verwenden oder nicht, auf die Zahl der Todesopfer auf den Straßen keinen nennenswerten Einfluß hat.

Im Kohlebergbau und hinsichtlich der Katastrophen allerdings, bei denen Öl- und Gastanks, Ölraffinerien und Öltanker explodieren, wird die Entscheidung für oder gegen Atomkraft erheblichen Einfluß auf die Todesrate haben, und zwar ganz einfach aus dem Grund, weil ein beträchtlicher Teil dieser fossilen Brennstoffe *in Kraftwerken* verwendet wird. Wenn soundsoviel Prozent der Energieerzeugung in den Vereinigten Staaten auf Kernkraft umgestellt werden, dann wird man etwa ebensoviel Prozent der Bodenschätze, die man heute einfach verbrennt, um Energie zu gewinnen, nicht mehr brauchen, und die Zahl der Todesopfer bei Unfällen, die bei der Erzeugung und Lagerung dieser Brennstoffe passieren, würde sich durchschnittlich um den gleichen Prozentsatz verringern.

Wir wollen daher auf unfaire Vergleiche verzichten. Es ist wahr, das Risiko bei einem Flug mit einer kommerziellen Luftfahrtgesellschaft ist nicht nur sehr hoch, sondern zum Teil unnötig: Es ist sehr hoch, weil es pro Passagierstunde noch größer ist als beim Autofahren (die Luftfahrtgesellschaften geben das Risiko wohlweislich nicht in Passagierstunden an, sondern in Passagiermeilen; bei dieser Methode der Risikoberechnung wäre die sicherste Art zu reisen ein NASA-Flug zum Mond). Darüber hinaus ist das Risiko unnötig hoch, weil die Linienmaschinen bis heute noch nicht über serienmäßig eingebaute Radargeräte verfügen, um Zusammenstöße zu vermeiden, und weil der politische Einfluß der Umweltschützer die Piloten dazu zwingt, die Motoren gleich nach dem Start gefährlich stark zu drosseln. Doch das ist im Augenblick nicht unsere Sache; uns interessieren lediglich die Gefahren, die mit den Alternativen zur Kernenergie verbunden sind, und die Luftfahrt hat damit nichts zu tun.

Dennoch müssen wir noch ein letztes Mal auf die Flugzeuge zurückkommen, denn Flugzeugabstürze haben mit Grubenunglücken und Explosionen in Ölraffinerien etwas gemeinsam, das für unseren Zweck hier wichtig ist: Die Gleichgültigkeit — man möchte fast sagen: die Gefühllosigkeit — mit der die Öffentlichkeit auf solche Katastrophen reagiert. Es vergeht kein Jahr, in dem nicht ein größeres Flugzeugunglück passiert: 10 Tote beim Absturz einer Privatmaschine in den Rocky Mountains, 83 Tote bei einem Flugzeugabsturz in Florida, 102 in New York, 132 im Libanon; diese Nachrichten sind inzwischen so alltäglich, daß sich niemand mehr darüber aufregt. In den Vereinigten Staaten ist es sogar schon so weit, daß in einem Jahr, wo kein solches Unglück geschah, 1974 nämlich, aus dieser Tatsache eine Schlagzeile gemacht wurde.
Natürlich liefern Flugzeugabstürze auch Stoff für Nachrichtensendungen. Auf dem Fernsehschirm werden die in einem Wald verstreuten Trümmer gezeigt, Rettungstrupps, die mit Schweißgeräten den Rumpf der Maschine aufschneiden, und zugedeckte Leichen, die auf Tragbahren weggetragen werden. Aber die Zuschauer haben das alles schon allzu oft gesehen, und der Schreck wird mit einem Schluck aus der Bierflasche hinuntergespült.
Auch die 400 Kohlebergleute, die im Dezember 1975 in Indien bei einem Minenunglück umkamen, sind längst vergessen. Freilich, Indien ist weit weg; aber was ist mit West-Virginia? Bei dem 1968er Grubenunglück in Mannington kamen 78 Bergleute ums Leben; wir betonen das 1968er, um diese Katastrophe von dem Unglück am gleichen Ort im Jahre 1907 zu

unterscheiden, bei dem 359 Menschen starben. 1971 starben bei der Explosion einer Kohlenzeche in der Nähe von Hayden, Kentucky, 38 Bergleute, und es wird nicht mehr lange dauern, bis in den Vereinigten Staaten das nächste Grubenunglück geschieht und der unerbittlichen Gesetzmäßigkeit der Wahrscheinlichkeit folgend, Dutzende von Menschenleben fordert. Und der Fernsehzuschauer wird dann eben wieder einen Schluck Bier trinken.

Doch wie sieht es aus, wenn es sich um Kernenergie handelt? Der Brand in Browns Ferry, bei dem es kein einziges Todesopfer gab, war selbst ein Jahr später in den Nachrichtenspalten so mancher Zeitung immer noch lebendig. Die 2 der 100 Brennstäbe von Fermi I, die bewiesen, daß die Sicherheitseinrichtungen genau wie geplant funktionieren, werden 10 Jahre nach dem Unfall zu der albernen Horrorgeschichte von der Beinahe-Vernichtung Detroits ausgewalzt. Die beiden Haarrisse in den Rohren des Notkühlsystems von Dresden 2 in Illinois, zu winzig, um Flüssigkeit durchsickern zu lassen, wurden von einer verantwortungslosen und uninformierten Presse zu einem erheblichen Störfall hochgespielt.

Hunderte von Reaktorjahren haben in den Vereinigten Staaten kein einziges Menschenleben gekostet. Doch aufgrund des gleichen unerbittlichen Gesetzes der Wahrscheinlichkeit wird dies eines Tages doch passieren — vielleicht noch bevor dieses Buch veröffentlicht ist. Dabei werden die Todesopfer mit Sicherheit mehr Staub aufwirbeln, als man mit einem Schluck Bier hinunterspülen könnte. Man kann nur hoffen, daß die Amerikaner in diesem Fall sich nicht von einer kleinen Gruppe wortgewandter Hexenjäger in blinde Panik versetzen lassen, sondern ihr Gefühl für die richtigen Proportionen behalten. Und die richtigen Proportionen sind der Gegenstand dieses Buches.

Wenn man die Katastrophen, die durch den Brennstoffkreislauf der Öl- und Kohlekraftwerke ausgelöst werden, mit möglichen Unfällen in Atomkraftwerken vergleicht, dann springt ein Unterschied sofort ins Auge: Die Unfallstatistiken für

Kraftwerke, die mit fossilen Brennstoffen arbeiten, stammen keineswegs aus computergesteuerten Simulationen hypothetischer Katastrophen und auch nicht aus der Berechnung von Wahrscheinlichkeiten, sondern aus den Berichten der Untersuchungsrichter.

Wir kennen hauptsächlich eine Art von Kernkraftunfall: den hypothetischen. Bei allen anderen Katastrophen gibt es zwei Arten: die hypothetischen und die realen. Beginnen wir mit letzteren.

Kohlebergbau ist, wie wir alle wissen, eine gefährliche Angelegenheit. Aber nur wenige von den Leuten, die uns Vorträge über die Gefahren der Atomenergie halten, sind jemals in einer Kohlengrube gewesen, und noch weniger von ihnen sind sich dessen bewußt, daß ein Bergmann, der dem gewaltsamen Tod durch Methanexplosionen, Wassereinbrüche oder Einsturz eines Stolles entronnen ist, einer noch viel größeren Gefahr ausgesetzt ist, nämlich, daß er sich eine Berufskrankheit wie Staublunge zuzieht.

Seit 1907 sind in den Kohlengruben Amerikas nicht weniger als 88 000 Bergleute ums Leben gekommen, und auch heute passieren noch etwa 200 tödliche Unfälle im Jahr und weitere 100 beim Transport der Kohle zu den Kraftwerken[4]. Die durchschnittliche Zahl der tödlichen Grubenunfälle in den Jahren von 1965 bis 1969 lag bei 246 pro Jahr. Für denselben Zeitraum zählte man beim Uranbergbau nur 8 Todesopfer pro Jahr. Das ist allerdings lediglich darauf zurückzuführen, daß weit mehr Kohle als Uran gefördert wird. Was die Unfallquote betrifft, so sind beide etwa gleich gefährlich (die Zahl der Verletzungen pro 1 Million Arbeitsstunden liegt für Kohle bei 43,5 und für Uran bei 39,8. Die Tage der Arbeitsunfähigkeit pro 1 Million Arbeitsstunden belaufen sich auf 8441 bei Kohle beziehungsweise 8702 bei Uran[5].

Was hier interessiert ist jedoch folgende Frage: Wie hoch ist der Preis an Unfalltoten und Verletzungen im Bergbau für die Gewinnung einer bestimmten Menge von Energie? Die Antwort hängt natürlich von vielen Faktoren ab, aber ein bestimmter Aspekt sticht dabei deutlich hervor: die Konzentra-

tion von Energie in einer bestimmten Menge von Brennstoff.
Ein Kilogramm unverarbeitetes Uranerz enthält etwa hundertmal mehr Energie als ein Kilogramm Kohle, so daß ungefähr
hundertmal mehr Kohle abgebaut werden muß, um die gleiche
Menge Energie zu erzeugen; man kann also davon ausgehen,
daß die Zahl der Todesopfer und Verletzungen um die gleiche
Größenordnung steigt.

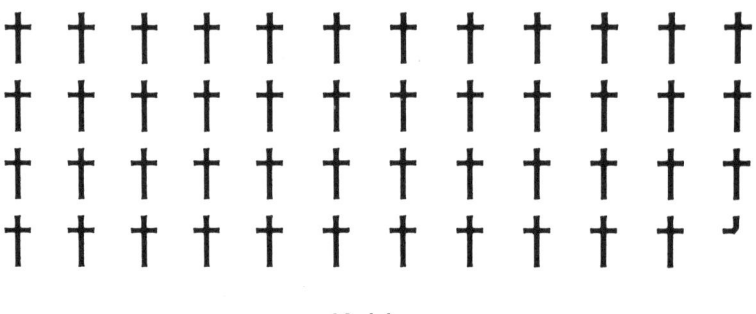

Kohle

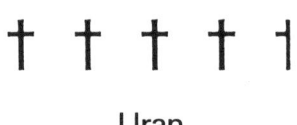

Uran

Abb. 4 Tödliche Unfälle im Bergbau. Für die Produktion derselben
Menge Energie ist die Zahl fast 100mal höher als bei Uran. Bei einer
Stromgewinnung von 1 Milliarde MWh steht jedes Kreuz für 4 Tote.

Bei gleicher Menge an gewonnener Energie sind die tödlichen
Unfälle bei Kohle etwa zehnmal so häufig wie bei Uran. Lave
und Freeburg haben die Daten für das Jahr 1969 untersucht:
Aus 54,3 Prozent der insgesamt abgebauten Kohle wurden
705 Millionen MWh elektrischer Energie gewonnen; die etwa
3,06 Prozent des insgesamt abgebauten Urans ergaben 14 Millionen MWh Atomenergie. Beim Uranbergbau gab es 8 Unfälle
mit Todesfolge (dazu kommt noch durchschnittlich ein Todes-
fall in fünf Jahren bei der Aufbereitung von Uran; hierzu gibt

es bei Kohle keine Entsprechung). Und auf folgende Zahlen kommt es nun an:

Pro Milliarde MWh verbrauchter Energie beträgt die Zahl der To-desopfer bei Grubenunglücken

189 Menschenleben im Kohlebergbau für Energie aus Kohle

18 Menschenleben im Uranbergbau für Atomenergie.

Das entspricht einem Verhältnis von etwa 1:10 zugunsten der Atomenergie. Die exakte Zahl für den Uranbergbau ist 17,92; doch aufgrund der Atomwaffenproduktion, der Lagerung, des nichtlinearen Verbrauchs von Uran in den Brennstäben und anderer Faktoren ist die Berechnung, wieviel von dem abgebauten Uranerz zur Energieerzeugung verwendet wird, nicht ganz so genau wie bei Kohle.

Das Verhältnis 1:10 gilt auch für die Zahl der Verletzungen:

Auf 1 Million (nicht Milliarde wie oben) MWh verbrauchte Energie kommen

1545 Tage Arbeitsunfähigkeit bei Kohlebergleuten für Energie aus Kohle und

157 Tage Arbeitsunfähigkeit bei Uranbergleuten für Atomenergie.

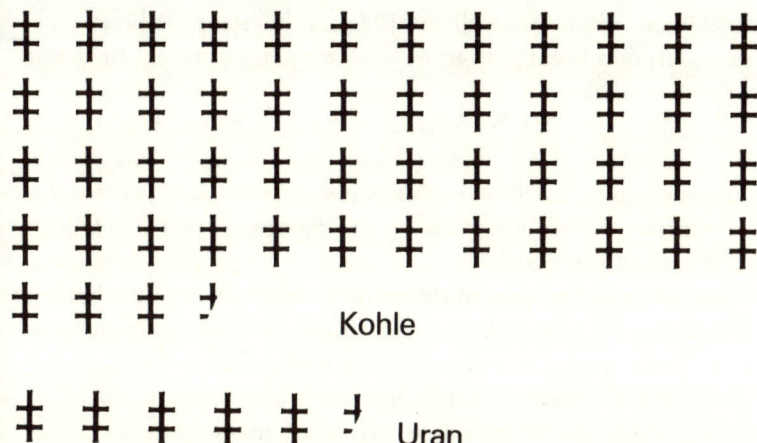

Kohle

Uran

Abb. 5 Zahl der Verletzungen im Bergbau. Bei 1 Million MWh aus dem jeweiligen Brennstoff gewonnener Energie steht jedes ‡ für 30 Tage Arbeitsunfähigkeit.

111

Dies ist jedoch nur die Anzahl der Unfälle. Grubenarbeiter sind darüber hinaus von bestimmten Berufskrankheiten bedroht: beim Kohlebergbau ist es vor allem die Staublunge; beim Uranbergbau ist die Häufigkeit von Krebserkrankungen — im Vergleich zur Durchschnittsbevölkerung — unverhältnismäßig hoch, da die Arbeiter ständig einer Strahlung ausgesetzt sind (Uran selbst ist aufgrund seiner langen Halbwertzeit nicht schädlich; die Spaltprodukte hingegen, vor allem Radon, sind gefährlich). Die Todesrate infolge dieser Krankheiten ist viel größer als Tod bei einem Unfall: etwa 4000 Kohlegrubenarbeiter pro Jahr sterben an der Staublunge und bei Uranbergleuten gibt es jährlich etwa 20 zusätzliche Krebstote. Es ist jedoch äußerst schwierig, diese Zahlen in Beziehung zu den Einheiten an gewonnener Energie zu setzen, und so gut wie unmöglich, die Quote der Todesfälle infolge von Berufskrankheiten pro Energieeinheit bei Kohle und im Vergleich dazu bei Uran festzulegen. Einer der Gründe dafür ist der Zeitfaktor: Verletzungen und Tod durch Unfall treten zu einem bestimmten Zeitpunkt ein, während die genannten Krankheiten sich lange hinziehen können. Wir wollen uns mit der Schätzung von Professor Richard Wilson[6] von der Harvard Universität begnügen, einem Spezialisten für Krankheiten, die beim Umgang mit den Brennstoffen in Kraftwerken auftreten. Er nennt folgende Zahlen:

Auf 1 Milliarde MWh elektrischer Energie kommen 1000 Fälle von Staublunge bei Kohlebergleuten und zusätzlich 20 Fälle (im Vergleich zur Durchschnittsbevölkerung) von Lungenkrebs bei Uranbergleuten, je nachdem, ob die Energie mittels Kohle oder Uran gewonnen wurde.

Fairerweise sollte man an dieser Stelle betonen, daß die beiden Zahlen zum Teil von Annahmen ausgehen, über die es sich aus den bereits genannten Gründen streiten ließe; sie sind nicht so exakt wie die Zahlen hinsichtlich Toten und Verletzten bei Unfällen. Andererseits beziehen sich die Unterschiede zwischen den verschiedenen Untersuchungsergebnissen nur auf den Grad des größeren Risikos bei Kohle im Vergleich zu Uran, denn niemand bestreitet, daß Kohle wesentlich gefährlicher ist.

(Die Schätzung von Wilson ergibt ein Verhältnis von 50:1. Die niedrigste mir bekannte Schätzung ist die von Lave und Freeburg[7], nämlich 18:1).

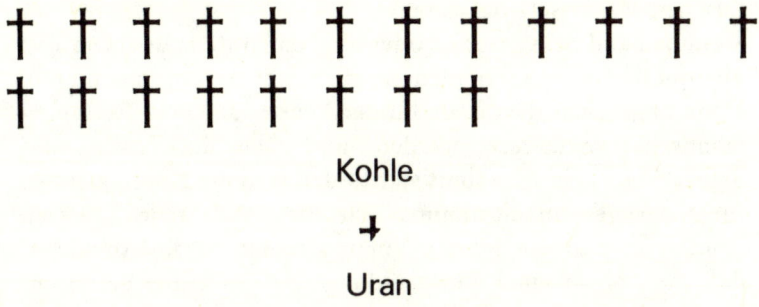

Kohle

✚

Uran

Abb. 6 Berufskrankheiten: Staublunge bei Grubenarbeitern im Vergleich zu den zusätzlichen Krebserkrankungen bei Uranbergleuten. Bei 1 Milliarde MWh Energie entspricht jedes Kreuz 50 Toten.

Ehe wir auf die Unfälle eingehen, die sich beim Transport von Brennstoffen ereignen können, bei denen möglicherweise auch Außenstehende umkommen, also nicht nur diejenigen, die sich den Beruf des Bergmanns oder des Bahnarbeiters ausgesucht haben, wollen wir uns erst einmal folgenden Einwand näher ansehen:
»Es ist zwar bedauerlich, daß der Bergbau so gefährlich ist; aber jeder, der diesen Beruf ergreift, ist sich der Risiken voll bewußt. Niemand ist gezwungen, Bergmann zu werden, zumindest nicht in den USA, und wenn jemand lieber Grubenarbeiter wird als Schafhirte, dann ist das seine ganz persönliche Entscheidung. Er tut es auf eigene Verantwortung und muß auch bereit sein, die entsprechenden Konsequenzen zu tragen.«
Dieser Argumentationsweise bedienen sich in hundert verschiedenen Variationen die sogenannen Liberalen unterschiedlichster Schattierung (von denen, die an die freie persönliche

113

Entscheidung und die Eigenverantwortlichkeit des Individuums glauben bis hin zu solchen, die die Gesellschaft für den einzelnen verantwortlich machen wollen) bei ihren Diskussionen. Sie streiten sich oft stundenlang darüber und merken nicht, daß die ganze Diskussion sinnlos ist, weil sie von einer falschen Voraussetzung ausgeht.

Wenn jemand Seiltänzer ist oder die Niagarafälle in einem Faß überqueren will, kann man meinetwegen so argumentieren. Denn abgesehen davon, daß unter Umständen eine Rettungsmannschaft eingesetzt werden muß oder auf Kosten des Steuerzahlers ein Begräbnis stattfindet, sind die Konsequenzen für die Allgemeinheit minimal. Ein Bergmann ist jedoch kein Seiltänzer, und die falsche Voraussetzung ist die Annahme, daß die Folgen einer Entscheidung nur ihn selbst betreffen. Das ist eben nicht der Fall. Wir können dabei den moralischen und philosophischen Aspekt ruhig beiseite lassen. Es genügt, sich folgende Tatsache vor Augen zu halten: Die Regierung der Vereinigten Staaten zahlt heute etwa 1 Milliarde Dollar pro Jahr zur Unterstützung der an Staublunge Erkrankten, deren Zahl konstant bei etwa 50 000 liegt. »Die Regierung zahlt« – das bedeutet natürlich, daß der Steuerzahler und damit jeder einzelne von uns zahlt.

(Ganz nebenbei bemerkt, obwohl dies eigentlich nicht zum Thema gehört: daß es seitens der Regierung Subventionen für die Atomindustrie geben soll, ist auch nur ein Märchen. Doch nicht einmal ein Nader würde behaupten, die angeblichen Subventionen beliefen sich auf 1 Milliarde Dollar pro Jahr.)

Wenn jährlich 1 Milliarde aus Steuergeldern an Seiltänzer verteilt würde, dann würde der amerikanische Steuerzahler – hoffentlich – protestieren. Was die Aufwendungen für die an Staublunge Erkrankten betrifft, ist ihm hingegen offensichtlich nicht bewußt, daß es sich dabei um eine Krankheit handelt, die eingedämmt werden könnte: Jedes einzelne Prozent Energie, das mit Uran anstatt mit Kohle erzeugt wird, rettet das Leben von bis zu 20 Menschen, die sonst an Staublunge sterben müssen – und zwar nicht dadurch, daß die Krankheit geheilt wird, sondern dadurch, daß sie gar nicht erst auftritt. Zusätzlich können dadurch eine bestimmte Anzahl von Todesfällen und Verletzungen bei schweren Unfällen und schließlich noch all die Verluste an Menschenleben vermieden werden, deren Ursachen wir im folgenden untersuchen werden. Für alle, die nicht den Schutzengel für Bergleute spielen wollen, bleibt immer noch die 1 Milliarde Dollar pro Jahr (und wenn der jetzige Anteil an Atomenergie wieder auf Kohle zurückverlagert würde, wären es noch 80 Milliarden Dollar mehr).

›Menschenfreunde‹ vom Schlag Ralph Naders kümmern sich nicht einen Deut um Kohlebergleute, die sich die Lunge aus dem Leib husten. Ich will jetzt auch keineswegs Moralpredigten halten, doch wenn bestimmte Leute so abgebrüht sind, dann sollten sie doch zumindest an ihren Geldbeutel denken, oder?

Wenn es jedoch um den Transport von Brennstoff geht, wird die Angelegenheit brisant. Denn dabei sind auch Außenstehende gefährdet, wenn auch nicht in dem Maße wie die Kraftfahrer und Bahnarbeiter. Das Argument mit der persönlichen Entscheidung zieht hier nicht mehr. Der Transport der Kohle von der Grube zum Kraftwerk fordert 100 Unfalltote jährlich[8]. Die Zahl der Todesopfer beim Transport von Uranerz zwischen Bergwerk und Aufbereitungsanlage und von dort aus zu dem Werk, in dem es angereichert wird, konnte ich leider nicht feststellen, und ich vermute, daß sie so gering ist, daß sie von der Statistik überhaupt nicht erfaßt wird. Beim Transport des fertigen Brennstoffs zum Kraftwerk sind die Zahlen jedoch äußerst verblüffend; vor allem geht deutlich daraus hervor, woher die 100 Todesfälle beim Transportieren der Kohle zu den Kraftwerken kommen: Um 1000 MW-Jahre Energie zu gewinnen — und das entspricht in der Praxis der jährlichen Produktion von zwei 1000 MW-Werken mit einem Effizienzquotienten von 50 Prozent —, ist die Brennstoffmenge, die zu dem Kraftwerk transportiert werden muß: *entweder 6 Lkw-Ladungen Atombrennstoff oder 38 000 Eisenbahnwaggons Kohle*[9]. Hierzu erübrigt sich jeglicher Kommentar, denn es wäre eine

Beleidigung, dem Leser einen so niedrigen Intelligenzquotienten zu unterstellen, daß er nicht in der Lage wäre, seine eigenen Schlüsse aus diesen Angaben zu ziehen. Die 4300 Menschen, die bei Unfällen während der Förderung und dem Transport von Kohle umkommen (von den Opfern der Staublunge einmal abgesehen), sind jedoch wenig im Vergleich zu der weit größeren Anzahl derjenigen, deren Tod eine unmittelbare Folge der Luftverschmutzung durch Verbrennungsprodukte der Kohle ist. Ein Argument, das für die Sicherheit von Kohle spricht, muß allerdings noch erwähnt werden: außer als in der Luft schwebender Staub kann Kohle nicht

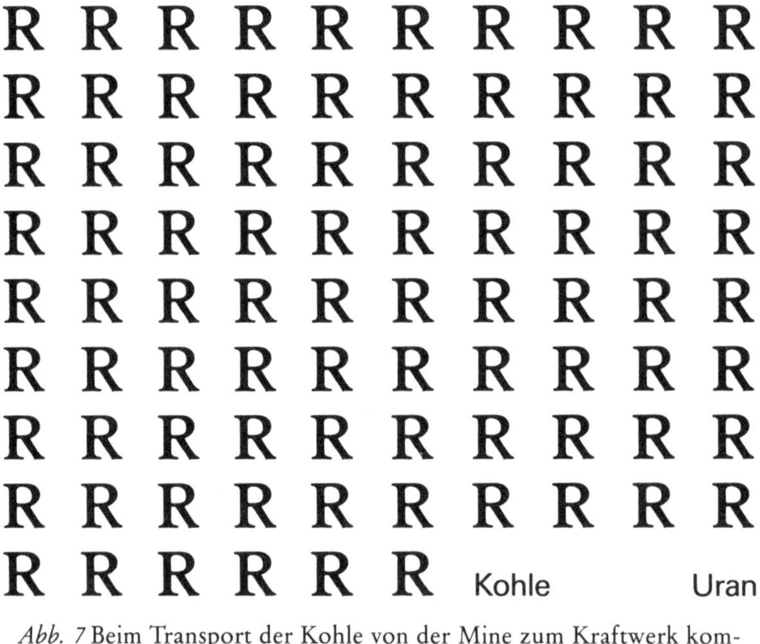

R R R R R R R R R R
R R R R R R R R R R
R R R R R R R R R R
R R R R R R R R R R
R R R R R R R R R R
R R R R R R R R R R
R R R R R R R R R R
R R R R R R R R R R
R R R R R R   Kohle   Uran

Abb. 7 Beim Transport der Kohle von der Mine zum Kraftwerk kommen pro Jahr etwa 100 Menschen ums Leben (auch nicht unmittelbar Beteiligte). Die entsprechende Zahl bei Uran ist nicht bekannt, dürfte jedoch kaum über Null liegen. Der Grund für diese Diskrepanz ist die unterschiedliche Konzentration der Energie; um eine 1000-MW-Anlage ein Jahr lang mit Brennstoff zu versorgen, braucht man etwa 38 000 Waggonladungen Kohle, aber nur sechs Lkw-Fuhren Uranbrennstoff. Jedes R steht für 500 Waggon Kohle.

explodieren, und sie wird, wenn man von einigen wenigen Bränden absieht, auch nicht die Ursache für einen gewaltsamen Tod großer Teile der Bevölkerung sein.

Von Gas oder Öl kann man dies allerdings kaum behaupten: bei der Förderung gibt es zwar nicht viele Tote, aber Transport und Lagerung sind dafür um so gefährlicher.

Pro Einheit durch Verbrennung von Öl gewonnener Energie ist die Zahl von Toten und Verletzten relativ niedrig; die Werte sind sogar etwas geringer als die entsprechenden Zahlen bei Abbau und Verarbeitung von Uran. Lave und Freeburg stellten beispielshalber 135 Tage Arbeitsunfähigkeit pro 1 Milliarde MWh aus Öl gewonnener Energie im Vergleich zu 157 beim Uranabbau fest[10]. Doch die Gefahren bei der Lagerung sind wesentlich größer.

In einem Ölkraftwerk mit einer Kapazität von 1000 MW werden pro Tag 40 000 Barrel Öl verbrannt. Normalerweise ist im Kraftwerk immer der Bedarf für 6 Wochen, das heißt 2 Millionen Barrel oder 300 000 Tonnen Öl, vorhanden. Was passieren würde, wenn eine so riesige Menge Öl Feuer fängt, hat, in einer bestimmten Hinsicht, eine bemerkenswerte Ähnlichkeit mit einem Atomunglück, nämlich insofern, als die Folgen von den meteorologischen Bedingungen abhängen: Wenn der Rauch aufgrund einer Temperaturinversion unmittelbar über dem Erdboden hängen bleibt und ein leichter Wind ihn zu einem dicht besiedelten Gebiet trägt, sind die Folgen verheerend. In diesem Fall können Tausende an Erstickung oder an Lungen- oder Bronchialkrankheiten sterben, die durch den Rauch hervorgerufen werden beziehungsweise sich verschlimmern — eventuelles Auftreten von Lungenkrebs gar nicht mitgerechnet.

Ein solcher Alptraum wäre am 6. Januar 1973 beinahe Wirklichkeit geworden, als in Bayonne, New Jersey, infolge eines Zusammenstoßes von zwei Schiffen ein Ölbrand ausbrach, und einige Öltanks Feuer fingen.

Der schwarze Rauch war viel konzentrierter als der berüchtigte Smog in London im Dezember 1952, der 3900 Todesopfer forderte. Glücklicherweise trieb der Wind den Rauch von Manhattan ab und es war so stürmisch, daß die Rauchwolke sich schnell verteilte. Damals schrieb allerdings niemand ein Buch mit dem Titel ›New York am Rande des Abgrunds‹ . . . Wenn Ralph Nader und seine Anhänger, denen doch das Wohl der Menschheit so sehr am Herzen liegt, auch nur einen Funken von Interesse daran hätten, tatsächlich Menschenleben zu retten, hätten sie sich eigentlich auf diese Beinahe-Katastrophe stürzen müssen. Schließlich sind sie doch so rührend besorgt über diese Art von Unglück, wenn es in einem Atomkraftwerk passieren würde – und das mit einer Wahrscheinlichkeit von einmal in einer Million Jahre.

Es dauerte jedoch nicht eine Million Jahre, bis New York noch einmal nur um Haaresbreite einer solchen Katastrophe entging: Es waren fast auf den Tag genau drei Jahre. Am 3. Januar 1976 fing ein Tanklager im Süden von Brooklyn Feuer und explodierte. Diesmal war die Lage sogar noch ernster: Es gelang nicht, das Feuer unter Kontrolle zu bringen, und am nächsten Tag spie der brennende Tank bei einer zweiten Explosion einen riesigen orangeroten Feuerball aus, wobei ein zweiter Tank in Brand geriet und ein dritter barst. Obwohl die drei Tanks nicht ganz voll waren, enthielten sie doch insgesamt 13,6 Millionen Liter Öl. Das Feuer wütete mehrere Tage lang und konnte erst am 7. Januar unter Kontrolle gebracht werden. Einige Personen, hauptsächlich Feuerwehrleute, die gegen das Feuer ankämpften, kamen dabei ums Leben. Uns interessieren hier jedoch größere Verluste von Menschenleben in der Gesamtbevölkerung. Wiederum war es nur der günstigen Wetterlage zu verdanken, daß es nicht zur Katastrophe kam: Die gigantische schwarze Rauchwolke konnte aufsteigen und sich auflösen. Wenn eine Temperaturinversion bestanden und den Qualm dicht über dem Erdboden festgehalten hätte und wenn nicht ein leichter Wind ihn aufs offene Meer hinaus abgetrieben hätte, wären mehrere tausend Menschen umgekommen, ähnlich wie in London im Jahr 1952, wo der Grad der Luftverschmutzung wesentlich geringer war. Und wieder schrieb niemand ein Buch mit dem Titel ›New York am Rande des Abgrunds‹. Und wieder fiel nur wenigen Leuten die Ähnlichkeit mit einer Atomkatastrophe auf.

Bezeichnenderweise hielt es ›Time‹ für überflüssig, diesen Unfall auch nur zu erwähnen. Zwei Monate später allerdings ritt die gleiche Zeitschrift wieder einmal auf dem Brand in Browns Ferry[11] herum und brachte eine Reihe von Abbildungen unter dem Titel ›Die drei Stadien eines Meltdown‹ heraus: 1. Ausfall des Kühlsystems, 2. Nicht-Funktionieren des Notkühlsystems, 3. Schmelzen des Reaktorkerns. Das dritte Diagramm zeigt ein geborstenes Reaktorgebäude, aus dem radioaktive Strahlung entweicht; es fehlt jedoch eine Erklärung, warum das passieren sollte. In Wirklichkeit stellt das Bersten des Reaktorgebäudes ein viertes und von den anderen unabhängiges Stadium dar. Die Herausgeber von ›Time‹ irrten sich jedoch nicht nur in bezug auf die vier Stadien, sondern vergaßen auch, das Wetter mit einzukalkulieren, das bestimmte Voraussetzungen hätte erfüllen müssen, um die radioaktive Wolke zu einem dichtbesiedelten Gebiet treiben zu lassen. Noch bezeichnender ist, daß sie kein Wort darüber verloren, daß zwei Monate vorher bei dem Ölbrand eine dem fünften und letzten Stadium bei einem Reaktorunfall in etwa vergleichbare Situation eingetreten war, und das inmitten eines dichtbevölkerten Gebiets, nämlich in Brooklyn, also nur einige Meilen von den Redaktionsbüros der Zeitschrift entfernt. (Ich glaube nicht, daß die Redakteure der ›Time‹ dies absichtlich verschwiegen; ich glaube, daß sie ganz schlicht und einfach unfähig sind.)
Hinsichtlich der Tatsache, daß beide unter Umständen viele Menschenleben kosten, sind sich ein Ölbrand und das Entweichen radioaktiver Strahlung zwar ähnlich; auffälliger sind jedoch die Unterschiede, und sie machen die Gefahren eines Ölbrandes besonders deutlich. Erstens gibt es in einem Öltanklager keine ›gestaffelte Abwehr‹, kein Gegenstück zu einem Notkühlsystem, keinen Druckbehälter aus Stahl und kein massives Reaktorgebäude aus Stahlbeton. Eine Winzigkeit genügt, um ein Öllager in Brand zu setzen, und schon ist das Unglück passiert.
Zweitens ist die Wahrscheinlichkeit, daß ein Ölbrand ausbricht, nicht einfach ›größer‹ als die, daß ein Reaktorunfall passiert, der ebensoviele Menschenleben kosten würde (ob nun

3 oder 300), sondern die Wahrscheinlichkeit ist um einen Faktor von mehreren Zehntausend größer.

Drittens hat man nicht einfach ein Kernkraftwerk mitten ins Zentrum von New York gepflanzt; es ist gesetzlich verboten, direkt in oder in der Nähe von dichtbesiedelten Gebieten Atomkraftwerke zu bauen. Die Grand Central Station in Manhattan würde gegen das Gesetz verstoßen, wenn es sich dabei um ein Atomkraftwerk handeln würde; allein die radioaktive Strahlung der Granitmauern des Bahnhofsgebäudes liegt über den Normen der NRC. Ich will damit keineswegs für oder gegen die Verbannung von Öltanklagern (von der Grand Central Station ganz zu schweigen) aus New York City plädieren; ich messe lediglich die Dinge mit dem gleichen Maß.

Doch selbst wenn Ralph Nader wundersamerweise plötzlich mehr Sicherheit für die Bevölkerung fordern und seine Anti-Atomkraft-Lobby dafür einsetzen würde, daß Öltanklager aus New York City und anderen städtischen Ballungsgebieten verlagert werden – wäre dann die Gefahr eines Ölbrandes tatsächlich geringer als die eines Reaktorstörfalls?

Nein. Schon die Gefahren bei einem Brand im Öldepot eines Kraftwerks – ganz abgesehen von den Tankern und den Zwischendepots – sind größer als bei einem Reaktorunfall. Genauer gesagt: Die Folgen eines solchen Unfalls sind bei weitem schlimmer als die einer Atomkatastrophe mit derselben Wahrscheinlichkeit. Aus der Statistik des American Petroleum Institute (Institut für Erdölfragen) geht laut Starr und seinen Mitarbeitern hervor, daß die Wahrscheinlichkeit eines Ölbrandes, bei dem 10 oder mehr Menschen umkommen, bei 1 : 10000 liegt und damit doppelt so groß ist, wie die für einen vergleichbar schweren Unfall in einem Atomkraftwerk, selbst dann, wenn bereits mehr als 100 in Betrieb wären[12].

Bisher haben wir nur von dem Öl gesprochen, das auf dem Gelände von Kraftwerken gelagert wird. Was ist aber mit den riesigen Depots in Häfen, Raffinerien und an anderen Stellen, wo das Öl gelagert werden muß, ehe es beim Kraftwerk ankommt?

An der Ostküste Amerikas sind beispielsweise über einer Stadt mit 37 000 Einwohnern — ich möchte den Namen hier nicht ins Spiel bringen; alle kennen ihn, die sich mit dem Thema beschäftigen — 665 Millionen Liter Öl gelagert. Was würde passieren, wenn das Depot Feuer fängt und die Tanks explodieren? Ein Saboteur mit einer selbstgebastelten Plutoniumbombe könnte höchstwahrscheinlich nicht so viel Schaden anrichten; jedenfalls garantiert nicht so schnell und ohne dabei so wenig für sich selbst zu riskieren.

Ich möchte noch einmal darauf hinweisen, daß Explosionen und Brände von Öltanks nicht hypothetisch sind, so wie Atomkatastrophen; sie passieren laufend. Aber wenn wir weiter spekulieren wollen, was *vielleicht* passieren könnte, dann brauchen wir nur an die potentielle Energie zu denken, die ein Öltanker transportiert. Ein voll beladener 200 000-Tonnen-Tanker trägt so viel Energie wie eine Zwei-Megatonnen Wasserstoffbombe. Schon 1976 gab es etwa 60 solcher Tanker, und es werden immer mehr gebaut, auch solche mit einem Fassungsvermögen von 500 000 Tonnen[13]. In den USA gibt es noch keinen Tiefwasserhafen, in dem soche Supertanker vor Anker gehen könnten, und die Energie würde auch nicht, wie bei einer Atombombe, im Bruchteil einer Sekunde freigesetzt werden. Wenn also in Seattle oder Baltimore ein ganz normaler Tanker explodiert, wären die Folgen nicht so tragisch wie bei einer Explosion von zwei Megatonnen TNT. Wir können also wieder ruhig schlafen: die Energie, die dabei frei würde, entspricht lediglich der von ein paar Atombomben vom Typ der Hiroshimabombe ...

Erdgas ist besonders in der Form, wie es heute im allgemeinen gelagert wird, nämlich in flüssigem Zustand, noch viel gefährlicher: Schiffe mit 27 Millionen Kubikmeter flüssigem Methangas legen regelmäßig in Gegenden mit hoher Einwohnerzahl an, beispielsweise Everett, Massachusetts, ungefähr drei Kilometer vom Zentrum Bostons entfernt[14]. Wer sehen will, was passiert, wenn eines dieser Schiffe explodiert oder zumindest in Brand gerät, braucht dazu nicht mehr als ein Zündholz. Und wegen der potentiellen Opfer einer solchen

Katastrophe verbringt Ralph Nader bestimmt keine schlaflosen Nächte.

Außerdem handelt es sich im Fall von Flüssiggas durchaus nicht nur um potentielle Todesopfer; sie wurden begraben und keiner von den Anti-Atomkraft-Heuchlern hat auch nur eine einzige Träne für sie vergossen. Im Oktober 1944 explodierten in Cleveland, Ohio, Tanks mit flüssigem Erdgas; 133 Menschen fanden den Tod, einige davon erst, nachdem das Flüssiggas in die Abwässerkanäle eingedrungen war und dort Brände verursacht hatte. Ein solches Unglück könnte auch heute noch passieren, und zwar in noch größerem Ausmaß: In Cleveland explodierten nur 1,5 Millionen Flüssiggas; heutzutage fassen die Tanks zwanzigmal so viel.

Am 10. Februar 1973 explodierte ein *leerer* Flüssiggastank und die Verkleidung verbrannte[15]. Glücklicherweise war der Tank leer, so daß nur 33 Menschen bei dem Unglück umkamen . . .

Kleinere Unfälle mit Gas fordern im Jahr etwa 100 Todesopfer (das sind 10 Tote pro 1 Milliarde MWh verbrauchter Energie, die jedoch nicht unbedingt in Form von elektrischem Strom verwendet wird). Auch hier handelt es sich nicht etwa um hypothetische Todesfälle, die sich aus Fehlerkalkulationen und Simulationen mit Hilfe des Computers berechnen lassen, sondern um Leichen, gezählt von Untersuchungsrichtern.

Spekulationen darüber, was eine Flüssiggasexplosion in Häfen, auf Lagerungsplätzen, in Städten und so weiter anrichten kann, könnten einem den schlimmsten Reaktorunfall wie ein Picknick im Grünen erscheinen lassen; Vorstellungen dieser Art überlasse ich jedoch lieber den Drehbuchautoren des nächsten Hollywood-Katastrophenfilms. Professor Richard Wilson von der Harvard Universität hat jedoch einen interessanten Vergleich angestellt, welche Geldsummen ausgegeben werden, um ein Menschenleben vor einer Flüssiggasexplosion zu retten, und wieviel dafür, einen Menschen vor radioaktiver Strahlung aus Atomkraftwerken zu bewahren[16].

Als 1973 die maximal zulässige Strahlendosis an der Umzäunung eines Atomkraftwerks von 170 auf 10 mrem pro Jahr herabgesetzt wurde, wollte man das Auftreten von Krebs insgesamt von vier auf eins pro Jahr reduzieren (insgesamt von den 300 000 Krebserkrankten in Amerika). Die Kosten für diese Sicherheitsmaßnahmen beliefen sich auf 800 Millionen Dollar pro Menschenleben, das auf diese Art gerettet wurde. Andererseits standen 75 Flüssiggastanks in amerikanischen Städten. Die Summe, die man aufwenden müßte, um sie zu einem anderen Standort zu transportieren, beliefe sich (wenn man hier die gleiche Rechnung aufstellt wie oben) lediglich auf 1000 Dollar pro Menschenleben. Dafür hatte man jedoch kein Geld, und die Flüssiggastanks stehen immer noch mitten in den Städten.

Wer (und jetzt zitiere ich nicht mehr Professor Wilson) entscheidet eigentlich darüber, daß 800 Millionen Dollar bereitgestellt werden, um ein Leben vor einer bestimmten Gefahr zu retten, und daß gleichzeitig 1000 Dollar für den gleichen Zweck nicht zur Verfügung stehen, wenn es um eine andere Gefährdung geht?

Juristisch gesehen, sind es die Behörden der amerikanischen Regierung, an die das amerikanische Volk die Macht delegiert hat. Wir wissen jedoch genau, daß es in der Praxis ganz anders aussieht. Wir wissen, daß die breite Masse der Bevölkerung keine Ahnung hat von Millirem oder Flüssiggastanks und sich auch nicht darum kümmert. Und wir wissen, daß technische Entscheidungen dieser Art − ganz gleich, ob von Politikern oder Bürokraten − immer unter dem Druck von bestimmten Interessengruppen getroffen werden. Die Anti-Atomkraft-Bewegung stellt heute eine starke politische Macht dar; es gibt aber keine entsprechende Vereinigung, die sich dafür einsetzt, daß die Flüssiggastanks aus den Städten verschwinden.

Und warum nicht? Die Antwort ist leider einfach: Wenn die Flüssiggastanks aus den Städten abtransportiert werden, erreicht man damit nichts weiter, als daß Menschenleben gerettet werden. Aber wenn man gegen auf die im übrigen sowieso lächerlich niedrigen Werte erlaubter Strahlung wettert, dann ist dies Teil einer Einschüchterungstaktik, um gegen die Großunternehmen und das ›Establishment‹ zu Felde zu ziehen und sich politisch Macht zu sichern.

Fossile Brennstoffe bringen also im Vergleich zur Atomkraft ein viel größeres Unfallrisiko mit sich, einerseits, weil die Folgen schwerwiegender sind, andererseits, weil die Wahrscheinlichkeit größer ist, daß es zu einem solchen Unfall kommt. Aber die fossilen Brennstoffe sind die einzigen, die Atomkraft völlig ersetzen können, und wenn es irgendwann einmal kein Gas oder Öl mehr gibt, dann bleibt nur Kohle als Alternative. Andere Energiequellen, wie Sonnenenergie oder Wasserkraft können neben den grundlegenden Energieträgern verwendet werden, aber sie nicht ganz ersetzen. Für Energiegewinnung durch Wasserkraft gibt es in den USA nicht genügend günstige Standorte, und Sonnenenergie kann, wie wir gleich sehen werden, selbst im günstigsten Fall nur einen kleinen Teil des Gesamtbedarfs decken. Wind, geothermische Energie und die Gezeiten geben gute Gesprächsthemen ab, aber auch sie können nicht mehr als jeweils ein Prozent des Gesamtbedarfs in den Vereinigten Staaten liefern, und wir werden daher gar nicht weiter auf sie eingehen. (Auch sie sind pro Einheit gewonnener Energie gefährlicher als Atomkraft und außerdem weniger umweltfreundlich.)

Sonnen- und Wasserenergie scheiden allein durch ihre quantitative Beschränkung aus dem Rennen, selbst wenn sie mehr Sicherheit bieten können. Das ist aber nicht der Fall.

Dämme beispielshalber sind auch nicht sicherer als alle anderen Energiegewinnungsanlagen und bei weitem gefährlicher als Atomkraftwerke. Sie können brechen, und dabei kommen mit etwa zehntausendmal größerer Wahrscheinlichkeit Menschen ums Leben. Ein Dammbruch, der 1000 Todesopfer fordert, kommt schätzungsweise durchschnittlich einmal in 80 Jahren vor. Ein Atomunglück dieser Größenordnung hingegen – laut Rasmussen-Bericht – nur einmal in einer Million Jahre.

Eine erst vor kurzem an der Universität von Kalifornien in Los Angeles durchgeführte Studie ergab, daß Zehntausende von Bürgern umkommen würden, wenn bestimmte Dämme in den Vereinigten Staaten brächen, und daß ein bestimmter Dammbruch zwischen 125000 und 200000 Todesopfer fordern könnte[17]. (Die Studie von Rasmussen dagegen endete bei 3000 Toten, die Wahrscheinlichkeit dabei war schon in absurdem Maße gering.)

Im März 1928 brach der St. Francis-Damm in Santa Paula, Kalifornien, und dabei starben 450 Menschen; im Dezember 1959 barst der Malpasset-Damm in Frankreich: 412 Tote; im Februar 1972 zerstörten Abwässer aus einer Kohlengrube einen Behelfsdamm in Buffalo Creek, West-Virginia: 118 Tote. Am 9. Oktober 1963 passierte in Vaiont bei Belluno in Italien ein Dammunglück; es handelte sich allerdings nicht um einen Dammbruch, sondern ein Berghang rutschte in den Stausee, so daß das Tal überflutet wurde (und derselbe Effekt eintrat wie bei einem Dammbruch). Mehr als 2000 Menschen fanden dabei den Tod und 50 000 wurden obdachlos.

Bei dem Erdbeben in Los Angeles im Jahre 1971 bekam ein Damm oberhalb des San Fernando-Tals einen Riß und wäre zweifellos gebrochen, wenn das Reservoir voll gewesen wäre; aufgrund des hohen Energiebedarfs an jenem Februarmorgen war es jedoch zufällig halb leer. Jemand muß wieder einmal vergessen haben, ein Buch mit dem Titel ›Los Angeles am Rande des Abgrunds‹ zu schreiben.

Das Lieblingskind der Atomkraftgegner, die Sonnenenergie, wird nur deshalb nicht verwendet, »weil die Sonne nicht den Ölkonzernen gehört« (Zitat: Ralph Nader).

»Willst Du eine sonnige Zukunft für deine Kinder oder eine radioaktiv verseuchte?« heißt es auf dem Plakat einer Vereinigung für Umweltschutz.

Die Mitglieder der Umweltaktion werden es nicht glauben, aber Kernkraft ist auch viel sicherer als Sonnenenergie. Diese ist nämlich in Wirklichkeit überhaupt nicht so besonders sicher.

Es gibt einen guten Grund dafür, daß die Atomkraft mit so viel Abstand die sicherste aller Methoden ist. Die strengen Richtlinien der AEC (heute der NRC) haben zweifellos dazu beigetragen, sind aber nicht das Ausschlaggebende. Wenn es so einfach wäre, Sicherheit per Gesetzerlaß zu befehlen, dann gäbe es sicherlich nicht länger 50 000 Todesopfer pro Jahr bei Autounfällen in den Vereinigten Staaten.

Der Hauptgrund ist ein ganz anderer: Bei keiner anderen Methode ist das Risiko auf einen so kleinen Raum beschränkt: auf den Reaktorkern. Kein anderer Brennstoff hat so viel Energie bei so geringem Volumen. Ein Pfund Plutonium enthält genausoviel Energie, wei ein riesiges Fußballstadion voller Kohle. 100 Menschenleben im Jahr kostet allein der Überlandtransport von 150 Millionen Tonnen Kohle; die wenigen LKW-Ladungen Atombrennstoff hingegen fordern kein einziges Todesopfer.

Ein so breit gestreutes Risiko wie die 105 Millionen Autos auf unseren Straßen kann unmöglich unter Kontrolle gebracht werden. Wenn die Gefahr jedoch auf einen so kleinen Raum, nämlich einige wenige Kubikmeter beschränkt ist, fällt es relativ leicht, ein Höchstmaß an Sicherheit zu erreichen, auch wenn das Risiko nie völlig ausgeschaltet werden kann.

In dieser Hinsicht ist die Sonnenenergie genau das Gegenteil der Atomenergie. Die hervorstechendste Eigenschaft der Sonnenenergie — dies zeigt sich in bezug auf ihre Sicherheit, ihre Wirtschaftlichkeit, Leistungsfähigkeit, ihren Einfluß auf die Umwelt und auch unter allen anderen Aspekten immer wieder — ist ihre geringe Konzentration. Im Optimalfall, an einem wolkenlosen Tag, wenn die Sonnenstrahlen senkrecht auf die Kollektoren treffen, ist die Ausbeute an Sonnenenergie ein Kilowatt pro Quadratmeter. Das bedeutet,daß man für große Energiemengen auch riesige Auffangflächen braucht. Bei einer Leistungsfähigkeit von 10 Prozent und 50 Prozent Zwischenraum zwischen den Kollektoren würde ein 1000-MW-Sonnenkraftwerk eine Fläche von nicht weniger als 130 Quadratkilometern in Anspruch nehmen. Ein konventionelles oder Atomkraftwerk mit derselben Leistung kommt dagegen mit einigen wenigen Hektar Fläche aus. Was dies für die Wirtschaftlichkeit und die Auswirkung auf die Umwelt bedeutet, ist eine Frage für sich. Hier wollen wir nur untersuchen, wie groß das Unfallrisiko bei dieser Art von Energiegewinnung ist.

Zunächst einmal dürfte es nicht gerade einfach sein, dort, wo elektrische Energie am dringendsten gebraucht wird, nämlich im nordöstlichen Teil der Vereinigten Staaten, ein Gebiet von

130 Quadratkilometern für ein Kraftwerk zu erschließen. In der Wüste von Arizona wäre das nicht weiter schwierig, aber es ist unwirtschaftlich, elektrische Energie über so große Entfernungen zu übertragen. Wahrscheinlich würde ein Sonnenkraftwerk durch Elektrolyse von Wasser Wasserstoff produzieren, den man bis dahin transportieren könnte, wo die Energie gebraucht wird. Damit wären wir wieder beim Ausgangspunkt: wenn große Mengen transportiert werden müssen, dann bedeutet dies auch viele Unfälle (außer bei Pipelines). Wasserstoff ist leicht brennbar und in Verbindung mit Sauerstoff — also mit Luft — auch explosiv. Wie Methan wird er für Lagerung und Transport verflüssigt und damit tauchen wieder die gleichen Gefahren und Probleme auf wie bei Flüssiggas.

Der Punkt, an dem durch die geringe Konzentration der Sonnenenergie ihre Sicherheit wirklich in Frage gestellt wird, sind die 130 Quadratkilometer Auffangfläche. Sie wäre mit riesigen Apparaturen bedeckt, die ständig gewartet werden müssen. Man müßte sie sauber halten — frei von Staub in Arizona und frei von Schnee in Nevada. Auf einer so großen, mit Apparaturen bedeckten Fläche würden viele Unfälle passieren, besonders solche, die in den Vereinigten Staaten ihrer Häufigkeit nach an zweiter Stelle stehen, nämlich Stürze.

Die häufigste Ursache tödlicher Unfälle (50 000 Todesopfer jährlich) ist bekanntlich das Auto. Gleich an zweiter Stelle steht eine Unfallart, die nicht nur tödlich, sondern auch weithin nicht als solche bekannt ist. Die meisten würden auf kleinere Ursachen tippen, etwa Brände, die in Wirklichkeit 6500 Todesopfer pro Jahr fordern, oder Explosionen (500), elektrische Schläge (1000), Feuerwaffen (2600), Ertrinken (7000), Flugzeugabstürze (1700), Wirbel- und Schneestürme (200) und so weiter. Aber keine dieser Ursachen hat einen größeren Anteil an der Unfallquote insgesamt, es sei denn, man faßt sie alle unter ›andere Unfallursachen‹ zusammen. Durch die zweithäufigste Art von Unfall jedoch kommen jährlich 16 500 Amerikaner ums Leben (bis vor kurzem waren es noch 20 000 jährlich, aber inzwischen hat das Amt für Bevölkerungsstatistik die Klassifikation der ›Stürze‹ abgeändert).

Wenn wir noch 1300 Todesfälle durch herabfallende Gegenstände in den Auffanganlagen für Sonnenenergie hinzuzählen, kommen wir auf fast 18 000: mehr als doppelt so viel wie in der nächstgrößeren Gruppe (Tod durch Ertrinken[18]). Das bedeutet allerdings nicht, daß gerade Sonnenenergie besonders gefährlich ist. Ihre Gefahren sind auch nicht der Haupteinwand gegen ihre Verwendung. Aber es ist unmöglich, eine Fläche von 130 Quadratkilometern genauso gut zu überwachen wie einen Reaktorbehälter in einem Gebäude aus Stahlbeton. Selbst wenn ein Reaktorunfall viel schlimmere Folgen hat als ein Unfall bei der Gewinnung von Sonnenenergie, ist doch das Risiko (Wahrscheinlichkeit mal Todesfälle) bei Atomenergie immer noch geringer.

So sieht es also bei der Umwandlung von Sonnenenergie in großem Maßstab aus. Ganz anders ist die Situation, wenn diese Methode in kleinerem Rahmen angewendet wird, von Hausbesitzern beispielsweise – hier ist es noch viel schlimmer. Nehmen wir einmal an, die Investitionskosten für Sonnenenergie würden von jetzt 1500 Dollar pro kW so weit sinken, daß jedermann es sich leisten könnte und auch viele bereit wären, diese Kosten zu tragen (anstatt einige Pfennige pro kWh an die Energieversorgungsbetriebe zu zahlen, die sich um alles kümmern). Nun wären es Laien und nicht Spezialisten, die nach jedem Sturm aufs Dach klettern, um den Schnee wegzuräumen. Sie müßten zudem auf ein Hausdach klettern und nicht auf Anlagen, die eigens zum Zweck der Energiegewinnung in großem Maßstab konstruiert wurden.

Vor allem aber würden sie ihr Leben nicht für eine Kapazität von 1000 MW riskieren, sondern für lächerliche 5 bis 10 kW. Man könnte unmöglich eine Milliarde MW Strom produzieren, wenn man mit einzelnen Anlagen, die eine Kapazität von je 5 kW haben, herumspielt; man kann aber anhand dieses Wertes die Todesrate (Zahl der Todesfälle pro eine Milliarde MWh) berechnen wie bei Kohle und Uran und anderen Formen der Energiegewinnung auch. Wie hoch diese Zahl genau wäre, weiß niemand; sicher ist aber, daß sie einem grausamen Massaker gleichkäme.

Dabei haben wir die Unfälle bei der Speicherung von Sonnenenergie noch völlig beiseite gelassen: Schwefelsäure in den Bat-
terien, die explosive Wasserstoff-Sauerstoff-Mischung, die bei
deren Aufladung entsteht und so weiter — das alles im Keller
eines Wohnhauses, im Bügelzimmer oder sonstwo, wo Kinder
jederzeit damit spielen können!

Vermutlich wird Sonnenenergie im Lauf der Zeit billiger, und
man wird alle möglichen technischen Verbesserungen erfinden.
Eines wird sich jedoch nicht ändern: daß pro Quadratmeter
nur ein Kilowatt erzeugt wird. Diese geringe Konzentration
der Sonnenenergie ist letztendlich verantwortlich für ihren erheblichen Mangel an Sicherheit.

Verstehen Sie mich bitte recht: Ich behaupte keineswegs, daß
Sonnenenergie schlecht ist, und auch nicht, daß Sicherheit das
einzige Kriterium bei der Wahl einer Energiequelle sein sollte.
Was ich sagen will, ist nur, daß die Sonnenenergie keinerlei
Chancen hat, jemals das Maß an Sicherheit zu erreichen, das
Atomenergie bietet.

Entsorgung

»Die Reaktor-Sicherheit war ein gutes Thema, um die Öffentlichkeit wachzurütteln, jedoch im Vergleich zu den Problemen mit dem Atommüll ist dies nur die Spitze des Eisberges. Die Entscheidung, für zwei Prozent unseres Energiebedarfs die menschliche Genmasse aufs Spiel zu setzen, ist moralisch nicht vertretbar und eine nationale Absage an die Ethik.«

Lorna Salzman, Vertreterin der mittelatlantischen Sektion der Organisation ›Friends of the Earth‹

Die Entsorgung, so oft von den Kernenergiegegnern als Schreckgespenst heraufbeschworen, ist in Wirklichkeit einer der Hauptgründe, warum die Kernenergie der Kohleenergie bei weitem vorzuziehen ist. Wenn alle Energie in den USA aus Kernkraft erzeugt würde, dann wäre die gesamte Abfallmenge pro Person und pro Jahr nicht größer als eine Kopfwehtablette, und diese Menge kann man ohne weiteres tief in die Erde versenken, wo sie ja ursprünglich auch hergekommen ist. Denn Mutter Natur hat an willkürlich verteilten Stellen in Amerika Radioaktivität ausgestreut, die genügen würde, um 30 Billionen Krebserkrankungen auszulösen.

Hingegen beträgt die Abfallmenge pro Person und Jahr in kohlebefeuerten Anlagen 145 Kilogramm Asche und sonstige Giftstoffe. 10 Prozent davon gelangen in die Atmosphäre und sind die Ursache dafür, daß Tausende an Krebs, Herz-, Lungen- und sonstigen Krankheiten sterben. Die in Kernkraftwerken erzeugten Schadstoffe werden uns noch einige Jahrhunderte begleiten; die in konventionellen Anlagen erzeugten Gifte aber bleiben uns auf immer erhalten.

Wir wollen uns dies einmal genauer ansehen.

Wenn das Uran in einem Brennstab nach einer Betriebszeit von etwa einem Jahr verbraucht ist, so gibt es doch – aufgrund der hohen Radioaktivität der Spaltprodukte – immer noch Strahlung ab. Die abgebrannten Stäbe werden innerhalb der Werksanlagen noch für einige Monate in Wasserbecken gelagert, um die intensive, kurzlebige Radioaktivität abklingen zu lassen. Die Stäbe enthalten dann immer noch etwas Uran und auch Plutonium, einen wertvollen Spaltstoff, der wiederum als Brennstoff verwendet werden kann. Die ausgebrannten Stäbe werden in Bleibehältern zu Wiederaufarbeitungsanlagen transportiert, in denen das Uran und das Plutonium mittels chemischer Verfahren abgespalten werden. Als erstes werden die Stäbe in Salpetersäure aufgelöst; in diesem Stadium wäre es für einen der geheimnisvollen Atomterroristen absolut unmöglich, an das Plutonium heranzukommen, selbst wenn die Stäbe jetzt nicht mehr hochgradig radioaktiv wären. In einer einzigen Wiederaufarbeitungsanlage können pro Tag fünf Tonnen Brennstoff verarbeitet werden; das entspricht dem Atommüll von achtzig 1000-MW-Reaktoren. Das Uran wird dann angereichert; auf diese Weise erhält man neuen Brennstoff. Das Plutonium – genauer gesagt: Plutoniumoxyd – wird man eines Tages als reinen Brennstoff in Brutreaktoren einsetzen, die bislang noch nicht kommerziell betrieben werden. Man kann es aber auch in sogenannten Mischoxyd-Brennstäben verwenden; in diesem Fall liefert eine Mischung aus Uranoxyd und Plutoniumoxyd den Brennstoff. Dadurch wird verhindert, daß sich in dem Plutonium ein Verhältnis von Volumen zu Oberfläche ergibt, das eine für eine Kernexplosion notwendige (aber noch lange nicht ausreichende) Bedingung darstellen würde.

Der Rückstand enthält auch etwas Plutonium, da es nicht vollständig herausgefiltert werden kann. Die NRC-Vorschriften verlangen, daß diese Rückstände innerhalb von fünf Jahren in eine feste Form überführt (dadurch wird die Gefahr des Aussickerns von Flüssigkeit beseitigt) und nach zehn Jahren in ein Endlager transportiert werden.

So sollte dieser Prozeß eigentlich ablaufen; in Wirklichkeit treten aber zeitweilig Mängel auf. Als ich dieses Buch schrieb, bestand ein akuter Mangel an Wiederaufarbeitungskapazität; dies lag zum Teil daran, daß die Industrieunternehmen angesichts der ungewissen Lage der Kerntechnologie zögerten, die Aufarbeitungsanlagen (die bisher von der Regierung betrieben worden waren) zu übernehmen, zum Teil aber auch an der heftigen Diskussion bezüglich des Plutoniums, die die NRC veranlaßte, die Wiederaufarbeitung aufzuschieben, bis Sicherheitsvorkehrungen für das Plutonium diskutiert und ausgearbeitet sind.

Das Endergebnis davon ist, daß sich jetzt die radioaktiven Abfälle in den Kernkraftwerken häufen; diese haben keinen Platz mehr dafür. Infolgedessen wird der Atommüll nicht wiederaufgearbeitet und schließlich in Endlagern untergebracht, sondern an Stellen gelagert, wo er tatsächlich zu einer Gefahr werden kann. Wie schon so oft haben die Hysteriker wieder einmal lautstark vor einer – vermeintlichen – Gefahr gewarnt und erst dadurch eine reale Gefahr heraufbeschworen.

Die Frage der Wiederaufarbeitung ist jedoch lediglich eine juristische Angelegenheit und steht nur vorübergehend im Mittelpunkt des Interesses, denn die Wiederaufarbeitung von Atommüll ist eine bewährte Technologie, die bereits seit mehr als 30 Jahren in der Rüstungsindustrie ihre Anwendung findet. Im folgenden werden wir daher diesen Punkt außer acht lassen und direkt zu der Frage kommen, was mit dem verbleibenden Abfall in seiner festen, glasartigen Form geschehen soll. Diese Endabfälle sind ›heiß‹, und zwar nicht nur, weil sie radioaktiv sind, sondern auch im wörtlichen Sinne, denn ihre Radioaktivität verwandelt sich letztlich in Wärme.

Diese Abfälle stellen nur dann eine Gefahr dar, wenn sie in Wasser oder auf einem anderen Wege in den menschlichen Körper gelangen. Zwar kann niemand dafür garantieren, daß dieser Fall niemals eintritt, aber es ist doch bedeutend leichter zu verhindern, als bei den natürlichen radioaktiven Ablagerungen, die vielerorts im Untergrund liegen, und zwar nicht an sorgfältig ausgesuchten und überwachten Stellen, sondern an Plätzen, die der Zufall bestimmt hat.

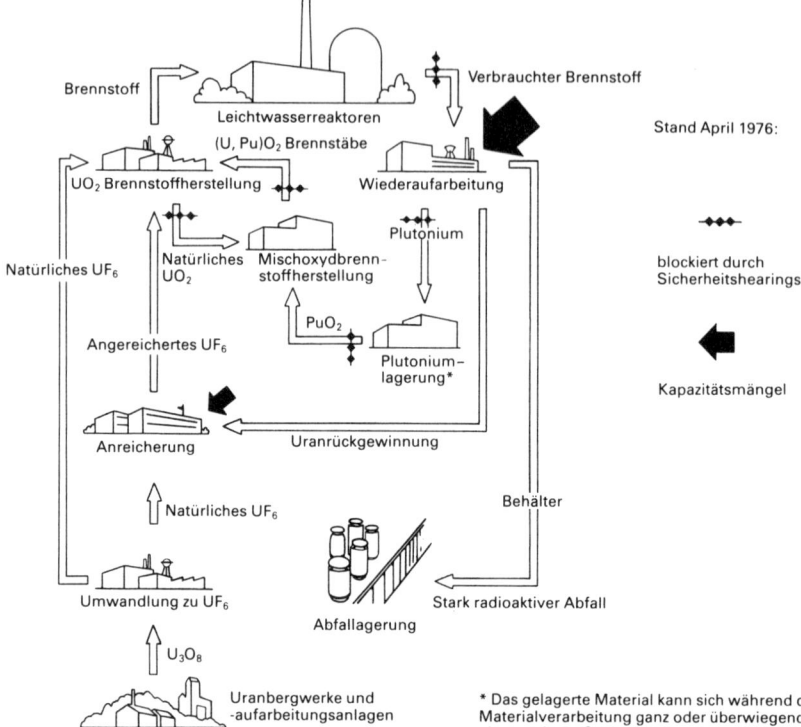

Brennstoff

Leichtwasserreaktoren
(U, Pu)O₂ Brennstäbe

Verbrauchter Brennstoff

UO₂ Brennstoffherstellung

Wiederaufarbeitung

Stand April 1976:

Natürliches UF₆

Natürliches
UO₂

Mischoxydbrenn-
stoffherstellung

Plutonium

blockiert durch
Sicherheitshearings

Angereichertes UF₆

PuO₂

Plutonium-
lagerung*

Kapazitätsmängel

Anreicherung

Uranrückgewinnung

Natürliches UF₆

Behälter

Umwandlung zu UF₆

Abfallagerung

Stark radioaktiver Abfall

U₃O₈

Uranbergwerke und
-aufarbeitungsanlagen

* Das gelagerte Material kann sich während d
Materialverarbeitung ganz oder überwiegend
einer anderen Stelle des Kreislaufs befinden

Kernbrennstoffzyklus einschließlich Rückgewinnung
von Plutonium für Leichtwasserreaktoren (AEC – OPA, 1974)

Abb. 8 Atommüll ist kein technologisches, sondern ein politisches Problem. Verzögerungstaktiken der ›Umweltschützer‹ verhindern ein Recycling.

Die am häufigsten über Atommüll geäußerte Phrase ist, daß er Jahrtausende hindurch radioaktiv bleibe. Das trifft sogar zu (die Halbwertszeit von Plutonium 239 beträgt 24 360 Jahre); und doch ist es irreführend und weitgehend bedeutungslos. Wie wir aus Kapitel 2 wissen, ist die Strahlung eines Isotops um so geringer, je länger seine Halbwertszeit ist. Arsen, das nicht im geringsten radioaktiv ist, hat folglich eine unbegrenzte Halbwertszeit; Plutonium lebt lange, Arsen jedoch ewig.

134

Die Sache mit dem Arsen ist auch kein billiger demagogischer Trick. Wie Professor Bernard L. Cohen von der Universität Pittsburgh ausdrücklich betont hat, ist Arsentrioxyd ein Gift, das man als Pflanzenschutzmittel verwendet[1]. Es wird zwar nicht häufig eingesetzt, jedoch wird davon jedes Jahr dem Gewicht nach mehr in die USA eingeführt, als der gesamte Atommüll ausmachen würde, wenn alle Energie in den Vereinigten Staaten aus Kernkraft gewonnen würde. Arsentrioxyd ist etwa fünfzigmal so giftig wie Plutonium, wenn man es mit der Nahrung aufnimmt (daß Plutonium »die giftigste aller bekannten Substanzen« sei, ist Blödsinn). Der Hauptunterschied gegenüber Kernkraftabfällen ist vielmehr folgender: Wenn sich eine bestimmte Menge von Atommüll angesammelt hat, wird er tief in der Erde in sorgfältig ausgesuchten Gesteinsschichten vergraben. Arsentrioxyd wird jedoch an beliebigen Stellen an der Erdoberfläche gelagert, und zwar meistens dort, wo Nahrungsmittel angebaut werden. Zu einem Zeitpunkt, wenn der Atommüll — bis auf geringe Mengen — längst zerfallen ist, wird das Arsen immer noch vorhanden sein.

Bei dieser ganzen Panikmache, was mit dem Atommüll geschehen soll, wenn man zukünftige Generationen nicht gefährden will (wir werden gleich auf diesen Punkt zurückkommen), übersieht man das Hauptmerkmal von Atommüll: die Menge ist minimal. Wie bereits erwähnt, fällt pro Kopf und Jahr bei der Kernenergieerzeugung in den USA Atommüll in der Größenordnung einer Kopfwehtablette an, und das ist eben einer der Aspekte, warum die Kernenergie so attraktiv ist — nicht trotz, sondern wegen der Abfallbeseitigung. Wenn der gesamte Energiebedarf der Vereinigten Staaten mittels Kernkraftwerken gedeckt würde — bei der derzeitigen Leistung über 350 Jahre hinweg —, so ergäbe der atomare Abfall einen Würfel von 70 Meter Kantenlänge[2]. Nach dreieinhalb Jahrhunderten! (In der Praxis würde sich natürlich ein etwas höher Platzbedarf für Kühlvorrichtungen und die entsprechenden Zufahrtswege ergeben).

Es gibt verschiedene, durchaus zufriedenstellende Methoden zur endgültigen Beseitigung der atomaren Abfälle; wenn jedoch die NRC heute eine Entscheidung treffen müßte, wären gar nicht genügend solche Abfälle vorhanden, um dies in die Tat umzusetzen. Wir haben noch zwei oder drei Jahrzehnte Zeit, um zu entscheiden, ob es nicht noch bessere gibt und ob die Abfälle für immer beseitigt oder aber zugänglich bleiben sollen. Es gibt eine Reihe sehr ausgefallener und ebenso überflüssiger Vorschläge; am einfachsten und offensichtlich am besten ist es jedoch, die Abfälle tief im Boden zu vergraben, wo praktisch keine Gefahr besteht, daß sie je mit dem Grundwasser in Berührung kommen. Zu diesem Zweck bieten sich Salzstöcke geradezu an, weil einerseits das Salz ein Beweis dafür ist, daß zumindest während der letzten zweihundert Millionen Jahre kein Wasser dort vorhanden war, andererseits, weil im Falle eines Erdbebens Salzstöcke selbstabdichtend sind. Ist eine noch sicherere Methode zur Beseitigung von atomarem Abfall überhaupt denkbar?

In der Tat. Britische Wissenschaftler haben ein Verfahren zum Einschmelzen der Abfälle in äußerst haltbares Glas entwickelt, wodurch sie für viele Jahrhunderte feuer-, wasser- und erdbebensicher werden.

Eine ähnliche Methode zur Versiegelung der Nuklearabfälle in Glas wurde auf der Tagung anläßlich des hundertsten Jahrestages der American Chemical Society (Amerikanische Gesellschaft für Chemie) im April 1976 in New York bekanntgegeben.

Wenn also das Versenken von in feuer-, wasser- und erdbebenbeständigem Glas versiegelten Abfällen in Salzstöcken aus der Atommüllentsorgung ein ungelöstes Problem ist, was ist dann, bitte schön, ein gelöstes Problem? Etwa die Entsorgung der Rückstände fossiler Brennstoffe in die Lungen der Leute? Untersuchungen von Salzstöcken in Kansas fielen negativ aus, weil in der Nähe Bohrlöcher festgestellt wurden, aus denen Wasser gesickert sein könnte. Die ERDA untersucht jetzt jedoch andere Salzstöcke in New Mexico. In den Vereinigten Staaten gibt es etwa 130 000 Quadratkilometer Salzformationen; es besteht also kein Mangel an geeigneten Stellen. Und dabei ist das Versenken in Salzstöcken nur eine von mehreren Möglichkeiten: Die ERDA plant zur Zeit Standortuntersuchungen für jeweils drei Anlagen in vier geologischen Formationen — in mächtigen Salzflözen, in Salzstöcken, Schiefer und Granit. Man beschäftigt sich also mit diesem Problem schon Jahrzehnte, ehe es dringlich wird.

Wie bei allen anderen Fragen bezüglich Kernenergie kann natürlich niemand dafür garantieren, daß die Entsorgung mit absoluter Sicherheit erfolgt, so daß niemals auch nur die geringste Gefahr für irgend jemanden besteht. Man kann lediglich sagen, daß das Risiko vergleichsweise geringer ist als bei den derzeit angewandten Methoden der Abfallbeseitigung in Kohlekraftwerken und daß die Wahrscheinlichkeit einer Katastrophe bei der Beseitigung von Atommüll äußerst gering ist.

Wenn dennoch — und hier gilt das gleiche wie bei Atomstörfällen — das Unwahrscheinliche eintritt und die Abfälle irgendwie in das Grundwasser gelangen, würde dies nicht zu einer Katastrophe von der Art führen, wie sie gefühlsselige Kritiker ausmalen (etwa Hannes Alfven, der von einer »Verseuchung des ganzen Erdballs« gesprochen hat). Es würde zumindest Jahrzehnte dauern, bis der Atommüll in die wasserführenden Schichten dringt; es bliebe also genügend Spielraum, um solche Vorgänge festzustellen und Gegenmaßnahmen ergreifen zu können; darüber hinaus würden die Giftstoffe während dieser Zeit nicht nur durch Zerfall einen Teil ihrer Toxität (Radioaktivität) verlieren, sondern auch stark verdünnt werden. Um dies zu beweisen, hat Professor Cohen eine Berechnung für einen Fall aufgestellt, der zwar stark übertrieben ist, aber einen guten Vergleich mit Situationen erlaubt, für die Zahlen verfügbar sind[3].

Professor Cohen ging von der Annahme aus, daß die gesamte elektrische Energie in den Vereinigten Staaten in Kernkraftwerken erzeugt wird und der Atommüll an völlig beliebigen Stellen 650 Meter tief versenkt wird — unter Schulen, Wasserleitungen oder an irgendeiner anderen Stelle, wie es sich eben gerade ergibt. Das Ergebnis der Berechnungen von Cohen, die auf den bekannten Auswirkungen natürlicher radioaktiver Ablagerungen beruhen, liefert die erwartete (durchschnittliche) Zahl der möglichen Todesfälle pro Jahr: 1,1 Todesfälle während der ersten 200 Jahre, ein Wert, der später auf 0,4 sinkt. Und dies, ich wiederhole es, in der absichtlich absurden Annahme, daß die Abfälle nicht an sorgfältig ausgewählten und überwachten Stellen versenkt werden, sondern an völlig beliebigen Plätzen in den ganzen Vereinigten Staaten. Zudem ging Professor Cohen von der Annahme aus, daß auch in Zukunft keine Heilmöglichkeit für Krebs (die einzige wirkliche Bedrohung) entwickelt wird.

Und doch ... man hat einfach eine Abneigung gegen die Vorstellung, daß radioaktive Abfälle für Jahrtausende beiseite geschafft werden sollen, und der Grund dafür ist in einer der vielen Eigentümlichkeiten der menschlichen Psyche zu suchen: Man fürchtet diese Gefahr nicht, weil sie groß ist, sondern weil sie neu ist. Daß Millionen im Krieg ihr Leben verlieren, daß Tausende an Hunger sterben und Hunderte bei Eisenbahn- und Flugzeugunglücken, Grubenexplosionen, Überschwemmungen oder Stürmen umkommen, daran hat man sich gewöhnt. Radioaktive Gifte im Erdboden jedoch, die irgendwie in unsere Nahrung gelangen könnten − wie absurd gering die Wahrscheinlichkeit dafür auch sein mag −, das ist neu, eine noch nie dagewesene Gefahr!

Und ob sie da war. Im Boden der Vereinigten Staaten befindet sich so viel Radioaktivität, daß dadurch 30 *Billionen* Krebserkrankungen hervorgerufen werden können − die Uranvorkommen und ihre Zerfallsprodukte. Sie sind nicht in Glas versiegelt, sie befinden sich nicht in Salzstöcken, und sie werden nicht nach reiflicher Überlegung da gelagert, wo es am sichersten ist; sie kommen an völlig beliebigen Stellen vor, ganz nach Laune von Mutter Natur. Und gelegentlich gelangen sie in das Wasser und die Nahrung, und gelegentlich sterben deshalb Menschen.

Aus den zahlreichen Informationen über das Vorhandensein verschiedener radioaktiver Isotope in bestimmten Teilen des menschlichen Körpers (was man bei Autopsien feststellen konnte) und mit Hilfe einiger anderer fundierter Kenntnisse hat Professor Cohen die Personenzahl ermittelt, die aufgrund dieser natürlichen Vorkommen stirbt: Im Durchschnitt sterben pro Jahr 12 Amerikaner an Uran oder seinen Zerfallsprodukten aus natürlichen Vorkommen, die sie mit der Nahrung aufgenommen haben.

Die Halbwertszeit von Uran 238 beträgt 4,51 Milliarden Jahre; Uran 235 hat eine Halbwertszeit von 710 Millionen Jahren. An dem ganzen Problem ist folglich auch nichts weiter Neues; künstliche Einlagerungen sind nicht so problematisch oder gefährlich wie die natürlichen Vorkommen.

»An dieser natürlichen Radioaktivität, die ausreicht, um bei 30 Billionen Menschen Krebs hervorzurufen, können wir nichts ändern«, sagen manche Leute, wenn sie zum ersten Mal davon hören, »aber das ist schließlich noch kein Grund, noch mehr hinzuzufügen.«

Aber wir fügen ja gar nichts hinzu. Wir nehmen das Uranerz von unsicheren Stellen weg, wo es von Natur aus lagert, und nachdem wir ihm einen Teil seiner Energie entzogen haben, bringen wir die Abfälle an einen sichereren Platz als vorher, und zwar deponieren wir sie an weniger Stellen und in konzentrierterer Form.

Wie stark konzentriert? Innerhalb von 10 Jahren verschwinden mehr als 99,9 Prozent der ursprünglichen Radioaktivität des Atommülls durch Zerfall, und die meisten der Zerfallsprodukte haben dann eine Halbwertszeit von 30 Jahren. In 1000 Jahren sind die Abfälle weniger radioaktiv als Pechblende, die zu 60 Prozent aus Uran besteht, aber auch einige kurzlebigere und somit stärker strahlende Elemente wie etwa Radium enthält. Plutonium mit seiner Halbwertszeit von fast 25 000 Jahren verlangsamt den Zerfallprozeß, aber es stellt lediglich eine Verunreinigung dar, weil es nicht zu einem wertvollen Brennstoff wiederaufbereitet worden ist. Und was passiert, wenn unsere ›Revolutionäre‹ sich durchsetzen und das Plutonium ungenutzt beseitigt wird? Das erinnert an den makabren Witz von dem Mann, der seine Eltern tötete und dann das Gericht um Gnade anflehte, weil er doch Vollwaise sei.

Sie wollen Plutonium einfach wegwerfen und dann den Leuten mit der langen Halbwertszeit von Atommüll Angst einjagen. »Wie kann man sich ohne jede praktische Erfahrung auf so etwas Gefährliches einlassen?« sagen manche. Nun, vor dem Problem standen einst Christoph Columbus und die Brüder Wright. Aber für Nuklearabfälle gilt das zufälligerweise nicht. 1,8 Milliarden Jahre bevor Alfven seine wirren Vorstellungen von einer »Verseuchung des ganzen Erdballs« verbreitete und Barry Commoner Bilder einer »Atompriesterschaft, die jahrtausendelang über nukleare Abfälle wacht« heraufbeschwor, war ein natürlicher Reaktor auf dem Gebiet der heutigen Republik Gabun in Afrika in Betrieb. Wassereinlagerungen in einem Uranvorkommen fingen Neutronen ein, und mindestens vier, wenn nicht sogar sechs ›Reaktorzonen‹ im Ausmaß von 10 mal 10 mal 3 Metern wurden vor 1,8 Milliarden Jahren kritisch, wobei sie eine halbe Million Jahre hindurch durchschnittlich 20 kW Wärmeenergie erzeugten.

Man entdeckte dieses ›Oklo-Phänomen‹ (die Bezeichnung geht auf die Urangrube Oklo in Gabun zurück), als französische Ingenieure feststellten, daß sich in dem Erz etwas zu wenig U 235 befand; wissenschaftliche Untersuchungen kamen zu dem Ergebnis, daß hier ein natürlicher Reaktor gearbeitet hatte.

Eine internationale wissenschaftliche Konferenz, die von der Internationalen Atomenergiekommission organisiert wurde, tagte im Juni 1975 in Gabun; dabei wurden unter anderem folgende Tatsachen einwandfrei nachgewiesen:

Es hatten sich etwa 5500 Kilogramm Spaltprodukte und 1800 Kilogramm Plutonium (das heute praktisch ganz zerfallen ist) gebildet. Alle Endprodukte sind immer noch an Ort und Stelle.

In 1 800 000 000 Jahren haben sich die 5500 Kilogramm Spaltprodukte und 1800 Kilogramm Plutonium nicht einen Zentimeter über die Reaktorzonen hinausbewegt, obwohl das ganze Phänomen durch bloßen Zufall zustande kam und keine besonders günstigen chemischen oder sonstigen Abschirmmechanismen wirksam wurden. Sollte der Mensch dazu nicht auch in der Lage sein?

Abfallbeseitigung bringt jedoch ungelöste Probleme für zukünftige Generationen mit sich und bedroht auch Leben und Gesundheit der heutigen Generation — wenn es um Kohle geht. Der auf eine Person entfallende jährliche Anteil an der Abfallmenge von kohlebetriebenen Kraftwerken in den Vereinigten Staaten entspricht größenmäßig nicht einer Kopfwehtablette (wie im Falle des Nuklearzyklus mit Wiederaufarbeitung); es sind vielmehr 145 Kilogramm Rückstände, von denen oft nur 90 Prozent auf eine Deponie kommen; der Rest — unter anderem Giftstaub und -gas — gelangt in die Atmosphäre und droht nicht nur, Menschen zu töten, sondern tut dies auch tatsächlich. Diese Stoffe in der Atmosphäre sind die gefährlichsten Abfallprodukte bei einem kohlebefeuerten Kraftwerk; wir werden dies jedoch in dem Kapitel über ständige Emissionen behandeln, denn man kümmert sich nicht weiter um ihre Beseitigung, und die Bezeichnung ›Entsorgung‹ ist in diesem Fall kaum gerechtfertigt.

Die Asche selbst ist nicht sonderlich gefährlich, obwohl sie natürlich auch nicht ganz harmlos ist. Zunächst einmal ist die Asche (obwohl dies nicht die größte Gefahr darstellt) ebenfalls radioaktiv — was die meisten Leute nicht wissen. Die Kohle sowohl aus den östlichen als auch aus den westlichen Staaten der USA enthält jeweils Spuren von Radium und Thorium (sowie geringe Mengen von Polonium und anderen radioaktiven Isotopen). Diese Radioaktivität ist nicht unerheblich — zumindest nicht im Vergleich mit einem Atomkraftwerk. Ihr Gesamtwert ist höher und sie ist beständiger, nicht nur, weil das Radium 226 in der Flugasche langlebig ist (Halbwertszeit 1620 Jahre), sondern auch, weil alle Radium- und Thoriumisotope wasserlöslich und chemisch sehr aktiv sind; einige wasserlösliche Radionuklide in der Flugasche stellen eine Gefahr für die Knochensubstanz dar[4]. Im Gegensatz zu den Kernkraftabfällen wird die Asche mitsamt ihren Radionukliden ohne Überwachung oder Kontrolle verstreut oder vergraben.

Wir erwähnen diesen Aspekt, um gerechterweise mit der gleichen Elle zu messen, denn weder Kernkraftwerke noch kohlebefeuerte Kraftwerke erhöhen die natürliche Strahlenbelastung wesentlich und bei den kohlebefeuerten Kraftwerken stellt die Radioaktivität (obwohl sie größer ist als bei Kernkraftwerken) ein im Vergleich zu den Gefahren der Luftverschmutzung unerhebliches Risiko dar.

Was nun die Asche betrifft, die auf Deponien gelagert wird, so ist das eigentliche Problem ihre riesige Menge.

Bei einem Kernkraftwerk mit einer Kapazität von 1000 MW kann die Jahresmenge an festen Abfallstoffen in 60 Lkw-Ladungen abtransportiert werden; selbst diese niedrige Zahl ist irreführend, denn die schweren und sperrigen Teile der Ladung sind die (wiederverwendbaren) Bleibehälter, in denen die verbrauchten Brennstäbe abtransportiert werden. Wenn lediglich der verbrauchte Brennstoff zu verladen wäre, wäre das lediglich eine einzige Lkw-Ladung pro Jahr. Bei einem kohlebefeuerten 1000-MW-Kraftwerk hingegen fallen jährlich 36 500 Lkw-Ladungen Asche an.

Die -zig Millionen Tonnen Asche, die jedes Jahr in den kohlebetriebenen Kraftwerken der Vereinigten Staaten als Abfall übrigbleiben, wandern auf riesige Deponien. Die Kohle in den Vereinigten Staaten wird bei dem derzeitigen Verbrauch mindestens noch zwei Jahrhunderte lang reichen. Aber wie lange reicht der Platz, um die Abfälle zu lagern? Sollen sich doch die kommenden Generationen den Kopf darüber zerbrechen.

Es wurden keine Sicherheitsvorkehrungen getroffen, um zu verhindern, daß die Giftstoffe in der Kohlenasche durch Regenwasser ausgewaschen werden (sie sind nahe an der Oberfläche gelagert) und in wasserführende Schichten gelangen. Die darin enthaltenen giftigen Metalle (Selen, Quecksilber, Vanadium und andere) haben nicht wie das Plutonium eine Halbwertszeit von 24 360 Jahren, sondern ihre Halbwertszeit ist unendlich. Unter den Giftstoffen befinden sich karzinogene (krebserzeugende) Kohlenwasserstoffverbindungen wie zum Beispiel Benzpyren. Wieviele andere Karzinogene enthält die

Asche noch? Wieviele Mutagene (Substanzen, die Mutation verursachen) sind darunter? Sollen sich doch die kommenden Generationen den Kopf darüber zerbrechen.

Die von den Radium- und Thoriumisotopen der Kohlenasche ausgehende Radioaktivität setzt die Öffentlichkeit einer Dosis aus, die mindestens 180mal so groß ist wie die, die aus Kernkraftwerken gleicher Kapazität kommt[5], und würde damit die Normen der NRC verletzen, wenn diese Behörde auch für kohlebetriebene Kraftwerke verantwortlich wäre (was leider nicht der Fall ist). Die in der Kohlenasche enthaltenen Radionuklide sind chemisch aktiv und wasserlöslich; trotzdem wird das Material nahe an der Oberfläche gelagert, ohne daß strenge Kontrollen oder zumindest eine Überwachung stattfinden. Wird dies in den kommenden Jahrzehnten oder Jahrhunderten eine Gefahr bedeuten? Sollen sich doch die kommenden Generationen den Kopf darüber zerbrechen.

Aus den Veröffentlichungen der Umweltschützer könnte man den Schluß ziehen, daß es die Aufgabe der heutigen Generation sei, ausgerechnet wegen derjenigen Methode der Abfallbeseitigung hysterisch zu werden, die in Wirklichkeit praktisch alle Risiken für zukünftige Generationen ausschließen wird.

Ich habe keinen Grund zu der Annahme, daß die derzeitige Methode der Lagerung von Kohlenasche auf Deponien eine besonders akute Gefahr für die öffentliche Gesundheit darstellt, und ich mache mir darüber nicht übermäßig große Sorgen; aber das tun auch diejenigen nicht, die wegen den mengenmäßig einer Kopfwehtablette entsprechenden Nuklearabfällen verrückt spielen, die in Glas eingeschmolzen über tausend Meter tief unter der Oberfläche gelagert und ständig überwacht werden sollen — in 10 oder 20 Jahren, wenn das Problem zum ersten Mal auftauchen wird.

Ich möchte es nochmals betonen: Ich will weder für noch gegen eine wachsende Besorgnis hinsichtlich des Problems der Beseitigung von Kohlenasche eintreten; mein Ziel ist bescheidener: Man soll die Dinge mit der gleichen Elle messen.

Das logische Pendant zur Atommüllentsorgung ist die Abfallbeseitigung in die Atmosphäre (das heißt Luftverschmutzung)
durch konventionelle Kraftwerke. Ich habe dies dem nächsten
Kapitel über ständige Emissionen vorbehalten; es bleibt jedoch
noch ein weiterer Punkt hinsichtlich der Beseitigung fester Ab-
fallstoffe, und zwar folgender: Mit der Verwendung von
Scrubbern, das heißt Waschtürmen, wird das ganze Problem
der Abfallbeseitigung in kohlebefeuerten Kraftwerken noch
wesentlich schwieriger. In der emotional aufgeheizten Atmosphäre der frühen siebziger Jahre wurde 1970 das Umwelt-
schutzgesetz erlassen; die darin festgelegten Normen bezüglich der Reinhaltung der Luft sind nicht nur unrealistisch (was
eine wiederholte Aufschiebung des Inkrafttretens erforderlich
machte), sondern beruhen auch auf unzureichenden und in
manchen Fällen unrichtigen Daten.

Auf die EPA (Environmental Protection Agency), die amerikanische Umweltschutzbehörde, wurde politischer Druck ausge-
übt, und man verlangte von ihr, schnelle und unausgegorene
Maßnahmen zu ergreifen. Um die Emissionen von Kraftfahr-
zeugen zu verringern, hat die EPA der Autoindustrie den kata-
lytischen Konverter aufgezwungen; dieser erzeugt jedoch
Schwefelsäuredämpfe, eine Gefahr für die Gesundheit, die es
vorher bei den Automobilemissionen nicht gab. Es sind auch
deutliche Anzeichen dafür vorhanden, daß die hohen Betriebs-
temperaturen dieses Konverters eine Brandgefahr darstellen,
wenn ein Wagen mit laufendem Motor über entflammbarem
Material, wie zum Beispiel trockenem Gras, steht.

Bei den kohlebefeuerten Kraftwerken hat die EPA versucht, den
Energieversorgungsbetrieben Kalkstein-Scrubber aufzuzwin-
gen, die nicht nur sehr kostspielig, sondern teilweise auch un-
tauglich sind. Einige Unternehmen, insbesondere das American Power System, haben sich dem widersetzt, aber die meisten anderen haben nachgegeben, um, wenn schon nicht saubere Luft, so doch zumindest ihren Frieden zu haben.

Die vernünftigste Methode zur Beseitigung der Giftstoffe, die
durch das Verbrennen von Kohle in die Luft gelangen, ist, sie
vor dem Verbrennen loszuwerden, vor allem durch das Ent-

schwefeln der Kohle oder durch die Verwendung von Kohle der westlichen US-Staaten (die sehr viel weniger Schwefel enthält). Für die Kohleentschwefelung gibt es verschiedene chemische Methoden, aber ein Verfahren, das auch wirtschaftlich ist und in großem Maßstab funktioniert, muß noch gefunden werden. Die Vergasung und Verflüssigung von Kohle würden, ganz abgesehen davon, daß enorme Investitionen notwendig wären, nicht zwangsläufig für eine saubere Luft garantieren, denn bei diesen Verfahren kann eine Reihe von anderen Substanzen frei werden, die man noch nicht ganz im Griff hat[6].

Was die Kohle der westlichen US-Staaten mit ihrem geringen Schwefelgehalt angeht, so haben die Umweltschützer (sofern sie diesen Namen überhaupt verdienen) alles Menschenmögliche getan, um ihre Verwendung zu verhindern, indem sie sich hartnäckig gegen den Abbau der Kohle zur Wehr setzten.

Bei einem Scrubber wird also die etwas dubiose und nur in beschränktem Maße wirksame Methode angewandt, zuerst die Luft zu verschmutzen und danach erst zu versuchen, die Verschmutzung zu beseitigen. Man bemüht sich, die schwefelhaltigen Schadstoffe (die am leichtesten wahrnehmbar, aber nicht unbedingt am gefährlichsten sind) zu beseitigen, indem man die Abgase durch Sprühwasser leitet und eine Reaktion der schwefelhaltigen Verbindungen mit Kalkstein herbeiführt. Ein solcher Waschturm ist natürlich besser als nichts; aber während er einerseits die giftigen Gase nicht vollständig eliminiert, produziert er andererseits eine riesige Schlammenge, die ihrerseits eine Umweltverschmutzung darstellt und auch irgendwie beseitigt werden muß.

Auf welche Weise? Das ist wieder ein Problem für kommende Generationen — aber auch für die heutige, denn bis jetzt hat noch niemand irgendeine Vorstellung davon, was man mit dem ganzen Schlamm tun soll.

Dr. P. Abelson, der Herausgeber von ›Science‹, ist im September 1975 in einem Leitartikel auf dieses Problem eingegangen. Er wies darauf hin, daß die von der EPA befürworteten Entschwefelungssysteme kostspielig und unzuverlässig sind und daß dabei ungeheure Mengen Schlamm produziert werden.

»Wenn die Normen der EPA von allen neuen Anlagen eingehalten werden müßten«, schreibt er, »dann würden wir pro Jahr bis zu 300 Millionen Tonnen Schlamm erzeugen.« In 20 Jahren würde eine drei Meter dicke Schlammschicht eine Fläche von 100 000 Hektar bedecken.

Dieser Leitartikel erregte den Zorn des Leiters der EPA, Russel E. Train; in einem bitterbösen Brief, der doppelt so lang war wie der Leitartikel, schoß er zurück und warf Abelson vor, daß er die Schlammenge grob überschätzt habe: pro Jahr würden nur 120 Millionen Tonnen Schlamm anfallen.

Jeder Abc-Schütze kann sich ausrechnen, daß folglich die Schlammschicht auf den 100 000 Hektar in 20 Jahren eben nur 1,2 Meter hoch wäre. Ich hoffe, daß dieser Gedanke Sie tröstet; mich läßt er eher kalt.

Ich bin für die Kopfwehtablette.

Ständige Emissionen

»In einem Reaktor befindet sich mehr radioaktives Material als in 2000 Hiroshima-Bomben.«

Ralph Nader bei den Hearings des Ausschusses für Atomenergie vom 22. bis zum 28. Januar 1974

»Die Feststellung, daß dieses Material sich in einem Reaktor befindet, ist angesichts der Tatsache, daß dieses Material nicht von einer Bombe freigesetzt wird, reine Panikmache. Genausogut könnte man sagen, daß das in den städtischen Wasserwerken und Schwimmbäder gelagerte Chlorgas ausreicht, um jeden Einwohner der Stadt 8,726mal zu vergiften.

Dr. R. Philip Hammond: ›Nuclear Power Risks‹. American Scientist, März/April 1974

Ein Kernkraftwerk verursacht keine Luftverschmutzung; die einzige Emission ist Radioaktivität, die im Vergleich zu der natürlichen oder vom Menschen erzeugten (nicht kerntechnischen) Strahlenbelastung unerheblich ist; sie ist geringer als die radioaktiven Emissionen eines kohlebefeuerten Kraftwerks.

Um noch einmal einige Zahlen aus Kapitel 2 zu wiederholen: Nach Angaben der EPA ist der amerikanische Durchschnittsbürger, wenn man alle Kernkraftwerke zusammennimmt, jährlich einer Dosis von 0,01 Millirem ausgesetzt. Die NRC läßt 10 mrem pro Jahr bei Personen zu, die in unmittelbarer Nähe eines Atomkraftwerkes wohnen; allerdings empfehlen die Richtlinien ein Maximum von 5 mrem pro Jahr, und in Wirklichkeit werden Untersuchungen bereits dann angestellt, wenn dieser Richtwert auch nur annähernd erreicht wird.

Als Vergleich dazu: Jedermann erhält pro Jahr eine körpereigene Dosis von etwa 20 mrem aus dem Blutkreislauf (hauptsächlich aufgrund von Kalium 40, das in vielen eiweißreichen Nahrungsmitteln enthalten ist), 35 mrem pro Jahr von Baustoffen, 35 aus kosmischen Strahlen, 25 aus Nahrungsmitteln, 11 aus dem Erdboden, 5 aus der Luft und 103 bei Röntgenuntersuchungen; die gesamte durchschnittliche Strahlenbelastung beträgt in den Vereinigten Staaten 248 mrem pro Jahr[1]. Die unbegründete Furcht vor geringer Radioaktivität wird manchmal regelrecht komisch. So verschwendet zum Beispiel der Verein ›Coloradans for Safe Power‹ (Organisation für sichere Energie in Colorado) — eine Organisation, die in Wirklichkeit *gegen* sichere Energie arbeitet — viel Mühe darauf, die Bevölkerung mit einer Beschreibung der Gefahren der Radioaktivität in Angst und Schrecken zu versetzen. »Wie hoch auch die natürliche Strahlenbelastung sein mag«, schrieb eines der Mitglieder in einem Brief an die lokale Tageszeitung, »so besteht doch keinerlei Veranlassung, durch Kernkraftwerke zusätzliche Radioaktivität zu erzeugen[2].« Dies ist natürlich ein gewichtiges Argument, dem man nichts entgegenhalten kann. Es ist jedoch verwunderlich, warum die Verfasserin dieses Leserbriefs, die über die zusätzlichen 0,01 mrem pro Jahr so besorgt ist, die das nächstgelegene neue Kernkraftwerk aussenden würde, nicht von der Möglichkeit Gebrauch macht, die Jahresdosis um einen Faktor von mehreren Tausend zu reduzieren — indem sie ganz einfach von Colorado an einen anderen, weniger hoch gelegenen Ort zieht. (Kosmische Strahlungen geben etwa 35 mrem pro Jahr ab, und diese Menge verdoppelt sich — grob gerechnet — jedesmal, wenn man um 1500 Meter steigt. (Denver, die Hauptstadt von Colorado, liegt etwa 1600 Meter hoch. A. d. Ü.)

Auch kohlebefeuerte Anlagen senden radioaktive Strahlung aus, weil Kohle Radium und Thorium (oft auch Polonium und andere radioaktive Isotope) enthält. Die Radionuklide gelangen durch den Schornstein in die Atmosphäre und, wie im vorausgehenden Kapitel ausgeführt, mit der Kohlenasche in das Erdreich. Es ist nicht leicht, die radioaktiven Emissionen eines kohlebetriebenen Kraftwerks mit denen eines Kernkraftwerks zu vergleichen, da die Unterschiede in der Brennstoffzusammensetzung, hinsichtlich der Gründlichkeit bei der Beseitigung der Asche und so weiter sehr groß sind, vor allem aber deshalb, weil kohlebefeuerte Anlagen nicht regelmäßig auf ihre radioaktiven Emissionen hin überwacht werden und auch, weil sie nicht den Bestimmungen der NRC unterliegen. (Wenn das der Fall wäre, würden sie ständig dagegen verstoßen.) Alle diesbezüglichen Schätzungen weichen daher erheblich voneinander ab. Lave und Freeburg zitieren die Untersuchungen anderer Forscher, denen zufolge die durch den Schornstein eines kohlebetriebenen Kraftwerks freigesetzte Radioaktivität 410mal größer ist als die radioaktiven Emissionen eines Druckwasserreaktors[3]. Im Vergleich zu anderen Ergebnissen scheint diese Schätzung sehr hoch angesetzt zu sein; die meisten Forscher stimmen jedoch darin überein, daß die radioaktiven Emissionswerte eines kohlebefeuerten Kraftwerks im allgemeinen höher liegen als die von Druckwasserreaktoren. Wir wollen hier nicht näher darauf eingehen, da selbst die 410fache Menge der Radioaktivität, die ein Atomreaktor abstrahlt, zu gering ist, um sich darüber Gedanken zu machen; in der Tat scheint sich niemand über Radioaktivität Sorgen zu machen, wenn sie von Kohle und nicht von nuklearem Brennstoff herrührt.

In gewisser Weise hat man auch allen Grund dazu, sich diesbezüglich keine weiteren Sorgen zu machen, denn wie groß auch die Gefahren der von kohlebefeuerten Kraftwerken erzeugten Radioaktivität sein mögen, sie sind verschwindend klein gegenüber der von ihnen verursachten Luftverschmutzung.

Einer der wesentlichen Unterschiede zwischen Kernenergie und konventioneller Energie besteht darin, daß mehr als eine Milliarde Dollar ausgegeben wurde, um die Risiken zu untersuchen, die erstere mit sich bringt; die Wahrscheinlichkeit, aufgrund einer bestimmten Strahlenbelastung an Krebs zu erkranken, kennen wir mittlerweile auf drei Dezimalstellen genau. Was hingegen die gesundheitlichen Auswirkungen der Luftverschmutzung anbetrifft, schwanken die Schätzungen selbst der vorzeitigen Todesfälle um Faktoren von 2 bis 5. Sehr oft muß man die Auswirkungen indirekt ableiten; in anderen Fällen weiß man ganz schlicht und einfach nichts über sie. Wir kennen zum Beispiel den Schwefeldioxydpegel und die meteorologischen Verhältnisse vom Dezember 1952 in Groß-London, als innerhalb einer einzigen Woche 3900 Todesfälle mehr als sonst verzeichnet wurden; solche Zahlen werden indirekt für Schätzungen unter anderen Bedingungen herangezogen. Aber wir haben keine Vorstellung davon, wie viele Einwohner von London an Krebs und den Folgen anderer Erkrankungen, die sie sich bei der Luftverschmutzung im Dezember 1952 zugezogen haben, sterben, bereits gestorben sind oder noch sterben werden.

Ich will mich nicht Naderscher Einschüchterungstaktiken bedienen; aus diesem Grund möchte ich gleich hinzufügen, daß das Beispiel von London 1952 lediglich zeigen soll, woher wir unser Wissen beziehen; keineswegs will ich damit andeuten, daß in London oder der übrigen industrialisierten Welt noch Verhältnisse wie in den fünfziger Jahren herrschen. Das ist nicht der Fall: Die Luftverschmutzung hat innerhalb der letzten zwei Jahrzehnte in allen Industriegesellschaften entschieden abgenommen, obwohl sie nur eingeschränkt, nicht aber vollständig beseitigt wurde. Es besteht allerdings wenig Hoffnung, sie auf die Weise zu beseitigen, daß man sie erst hervorruft und dann bekämpft; die einzige Hoffnung ist vielmehr, die Ursachen zu beseitigen, und Kernenergie bietet eine der wenigen Möglichkeiten, der Luftverschmutzung vorzubeugen, anstatt erst nachträglich etwas dagegen zu tun.

Wenn wir schon von den nackten Zahlen abschweifen, sollten wir noch einen weiteren Gesichtspunkt hervorheben: Die Verminderung der Luftverschmutzung wurde durch die Einführung neuer, besserer Technologien erreicht, und nicht etwa dadurch, daß man die Technisierung einschränkte. Wenn man die von den angeblichen Umweltschützern verordnete Therapie befolgen und die Technisierung eindämmen wollte, anstatt sie voranzutreiben und zu verbessern, würde es sehr viel häufiger zu Katastrophen wie in den fünfziger Jahren (die nicht auf

London beschränkt waren) kommen. Heute ist die Luft trotz, nicht dank der technikfeindlichen Bestrebungen der ›Freunde der Erde‹ oder des ›Sierra Clubs‹ sauberer. Aber selbst jetzt opponieren sie gegen die Kernenergie, obwohl diese — nicht nur was Umweltverschmutzung betrifft — die sicherste Form der verfügbaren Energie ist.

Kehren wir zu Fakten und Zahlen bezüglich der Luftverschmutzung zurück. Bei kohlebefeuerten Kraftwerken gelangen alle möglichen Giftstoffe in die Luft, selbst wenn sie mit Waschtürmen und anderen Einrichtungen zur Einschränkung der Emissionen ausgestattet sind; keines dieser technischen Geräte kann alle Schadstoffe auffangen; sie schränken die Verschmutzung ein, beseitigen sie aber nicht. Eine kohlebefeuerte Anlage stößt Staub, Schwefeldioxyde, Stickstoffoxyde, metallische Spurenelemente und andere Schadstoffe aus.

Ascheteilchen werden von elektrostatischen Filtern aufgefangen (zumindest sollte dies so sein), ehe die Abgase in den Schornstein eines Kraftwerks gelangen. Zu diesem Zweck werden sie durch ein starkes elektrisches Feld geleitet, in dem sich die Partikel aufladen und von dem positiven Pol des Filters (normalerweise einem Metallstab) angezogen werden. Wenn sich eine relativ dicke Staubschicht angesammelt hat, wird sie auf mechanischem Wege entfernt.

Technisch gesehen sind solche Filter nicht schlecht; sie fangen — gewichtsmäßig — bis zu 99,8 Prozent der Partikel auf. Das heißt jedoch noch lange nicht, daß sie auch 99,8 Prozent der durch die Asche verursachten gesundheitlichen Schäden verhindern. Ganz im Gegenteil: Große Ascheteilchen und Ruß sind zwar lästig, aber sie stellen kaum ein Gesundheitsrisiko dar. Wirklich gefährlich sind die winzigen Teilchen, die tief in die Lunge eindringen; sie überwinden die natürlichen Filtersysteme im menschlichen Körper, und sie entwischen den technischen Filtern, die so gut funktionieren, daß sie das Prädikat ›99,8 Prozent Wirkungsgrad‹ verdienen.

Die Schädlichkeit dieser kleinsten Partikel ist allgemein bekannt. Sie verursachen chronische Bronchial- und Lungenerkrankungen und sehr wahrscheinlich auch Lungenkrebs. Genaue Zahlen jedoch hat man nicht; es gibt nicht einmal einigermaßen zuverlässige Methoden, um die Menge der Aschepartikel an der Spitze des Kamins zu messen. Die in den USA geltenden Normen für die Reinheit der Luft (oberstes Gebot ist die Unschädlichkeit für den menschlichen Organismus) verlangen einen Jahresdurchschnitt von weniger als 75 Mikrogramm pro Kubikmeter und eine maximale 24-Stunden-Konzentration von weniger als 260 Mikrogramm pro Kubikmeter, aber nur in wenigen Städten der Vereinigten Staaten lassen sich diese Normen einhalten. In vielen anderen Ländern – einschließlich England und Japan – ist es Vorschrift, daß Kraftwerke sehr hohe Schornsteine haben. Dadurch werden die Aschepartikel (oder andere Schadstoffe) zwar nicht beseitigt, aber zumindest verteilen sie sich besser in der Luft; auf diese Weise vermeidet man eine hohe Schadstoffkonzentration. Dies ist vor allem für den Fall wichtig, wenn eine Inversionswetterlage herrscht, die ein Abziehen der Schadstoffe verhindert. Wenn die Kamine hoch genug sind und über die Inversion hinausreichen, was oft der Fall ist, entfällt die Gefahr dieses Einfangmechanismus.

In den Vereinigten Staaten hat man jedoch hohe Kamine für unannehmbar erklärt. Das Gesetz über die Reinhaltung der Luft von 1970 wurde in einer emotional aufgeladenen Atmosphäre, ohne ausreichende Kenntnis technischer Daten und mit noch weniger Sinn für realistische Maximalwerte erlassen. Es war so formuliert, daß sich die Gerichte später weigerten, hohe Kamine als eine Methode des Umweltschutzes anzuerkennen (die Klagen wurden von ›Umweltschützern‹ eingereicht, die wahrscheinlich dachten, sie würden damit für saubere Luft kämpfen); und jetzt erinnert uns die Ascheemission daran, was passiert, wenn Gesetze von Politikern verabschiedet werden, die nur auf Wählerstimmen aus und mehr an einer eigenen Profilierung als an sauberer Luft interessiert sind.

Über die Emission von Schwefeldioxyd wurden eingehende Untersuchungen angestellt; es besteht kein Zweifel darüber, daß es eine eindeutige Korrelation zwischen der Schwefeldioxydkonzentration und der Häufung von Todesfällen durch

Lungen-, Bronchien-, Herz- und sonstigen Erkrankungen gibt. Dies geht zum Beispiel aus nachfolgender Tabelle hervor.

Verhältnis Schwefeldioxydkonzentration/Sterberate[4]

Zeit	Ort	SO_2-Pegel (ppm = Teilchen in einer Million)	Todesfälle über die Durchschnittshäufigkeit hinaus
Dezember 1952	London	1,5	3900
November 1952	New York	0,2	360
Januar 1956	London	0,51	1000
Januar 1959	London	0,2	200
Dezember 1962	London	1,0	850
Dezember 1962	Osaka	0,1	60
November 1966	New York	0,51	168

Nebenbei bemerkt ist eine Katastrophe wie die 3900 plötzlichen Todesfälle in London (die Zahl der Todesfälle infolge von Spätschäden ist nicht bekannt) bei einem Nuklearunfall fast unmöglich; die schlimmste im Rasmussen-Bericht in Betracht gezogene Konsequenz waren 3000 Todesfälle pro einer Milliarde Betriebsjahre.

Obige Tabelle enthält nur wenige Beispiele aus einer langen Aufstellung, wie sie für viele Städte in den Vereinigten Staaten, Großbritannien, Frankreich, Japan, Norwegen und anderen Ländern verfügbar ist. Man kann daraus die Schlußfolgerung ziehen, daß die Schwefeldioxydkonzentration ein guter *Indikator* für die gesundheitlichen Auswirkungen der Luftverschmutzung ist; es bedeutet allerdings nicht, daß die Schwefeldioxyde die Hauptursache für diese Schädigungen sind.

Korrelation heißt nicht, daß zwangsläufig eine streng kausale Ursache-Wirkung-Beziehung vorliegt. Beispielsweise ist ja auch der Satz völlig zutreffend: »Je mehr Kirchen eine Stadt hat, desto mehr Verbrechen werden dort begangen«, und zwar aus dem ganz einfachen Grund, weil größere Städte normalerweise mehr Kirchen haben und dort normalerweise auch mehr

Verbrechen begangen werden als in kleineren Gemeinden, da beides (in etwa) proportional zur Zahl der Einwohner ist. Es besteht hier eindeutig eine Korrelation, doch das eine ist nicht Ursache für das andere; Kirchen abzureißen ist nicht gerade die geeignete Methode, um die Kriminalität einzudämmen. Ähnlich ist die Schwefeldioxydkonzentration ein guter *Indikator* für Luftverschmutzung, und wenn man die Zahl der Todesfälle damit vergleicht (siehe Tabelle), besteht eine deutliche Tendenz beider Variablen, zusammen nach oben oder unten zu gehen. Außerdem wissen wir, daß Schwefeldioxyd in der Tat der Grund für *einige* schädliche Gesundheitsauswirkungen ist — es ist zum Beispiel schuld an der Entstehung von Schwefelsäuredampf in der Atmosphäre, der Bronchialerkrankungen verursacht und andere Krankheiten verschlimmert. Allerdings wissen wir nicht mit Sicherheit, ob Schwefeldioxyd — außer daß es ein guter Indikator ist — auch die Hauptursache von Todesfällen und Erkrankungen ist, die auf Luftverschmutzung zurückzuführen sind.

Noch weniger wissen wir über die Stickoxyde, die durch Reaktion des Stickstoffs mit Sauerstoff (der in der Luft enthalten ist) bei hohen Temperaturen entstehen. Hauptübeltäter ist in diesem Fall das Auto, aber konventionelle Kraftwerke erzeugen ebenfalls Stickoxyde, und die Gesundheitsbehörden haben immer mehr Sorgen damit.

Wie andere Schadstoffe in der Luft stehen auch die Stickoxyde in engem Zusammenhang mit dem Auftreten von Herz-, Lungen- und Bronchienerkrankungen. Was die Wissenschaftler jedoch zur Zeit besonders beunruhigt, ist die Tatsache, daß sie durchaus das Glied in der Kette sein könnten, das die hohe Krebsquote in den Städten erklärt. Krebs ist und bleibt eine rätselhafte Krankheit, aber aufgrund des gesammelten Materials nimmt man heutzutage an, daß es sich in erster Linie um eine vom Menschen selber verursachte Erkrankung handelt, deren Ursachen mit den Umweltbedingungen zusammenhängen. Ein kurzer Blick auf die graphische Darstellung der Krebsquoten in den Vereinigten Staaten zeigt, daß diese Krankheit in Industriegebieten besonders häufig auftritt.

Man weiß bereits seit einigen Jahren, daß eine enge Beziehung zwischen Stickoxydwerten in der Atmosphäre und dem Auftreten von Krebs besteht. Merkwürdigerweise verursachen Stickoxyde und Stickstoffdioxyd (das ein Hinweis für das Auftreten dieser Gruppe von chemischen Verbindungen ist) selbst nachweislich keinen Krebs. Im Sommer 1975 wurde eine Gruppe von Substanzen, Nitrosamine genannt, in der Luft, dem Boden, dem Wasser und Abwasser von Städten nachgewiesen, und Nitrosamine sind sattsam bekannte Krebserreger; sie sind im Zigarettenrauch und in einigen Nahrungsmitteln enthalten (zum Beispiel in gekochtem Schinken). Daß sie vor allem in Ballungsgebieten vorkommen, war eine neue Entdeckung, ermöglicht durch schneller und genauer arbeitende Meßgeräte. Die Meßwerte zeigten, daß man innerhalb von 24 Stunden in verschiedenen dicht besiedelten Gebieten mehr Nitrosamine einatmet (im Fall von New York zehnmal mehr), als wenn man eine ganze Schachtel Zigaretten raucht[5].

Daran sind vor allem die Nitrosegase schuld, die sich unter gewissen Umständen mit Wasser verbinden und dann salpetrige Säure bilden; diese verbindet sich dann ihrerseits mit Aminen (organischen Molekülen), und so entstehen die krebserzeugenden Nitrosamine.

Und wo kommen diese Nitrosegase her? Hauptsächlich aus dem Autoauspuff und — aus kohlebefeuerten Kraftwerken.

Die Nitrosamine sind aber nicht die einzigen ›Verdächtigen‹; es gibt nicht nur ›Verdächtige‹, sondern ›überführte Missetäter‹, wie zum Beispiel Benzpyrene, die nachweislich Krebs erzeugen und die nachweislich aus den Schloten konventioneller Kraftwerke kommen (obwohl nicht nur aus diesen)[6].

Hinsichtlich anderer Schadstoffe wissen wir noch weniger. So ist zum Beispiel kaum etwas über die Auswirkungen der Metalldämpfe bekannt, die beim Verbrennen von Kohle in die Atmosphäre abgegeben werden; Kohle enthält nämlich verschiedene Metalle, einschließlich des extrem giftigen Quecksilbers. Alle diese Emissionen sind die Ursache für eine Reihe von Lungen-, Bronchien- und Herzerkrankungen, die oft einen vorzeitigen (das heißt, nach einer Zeit starker Luftverschmut-

zung eintretenden) Tod zur Folge haben; die Zahl der ›aufge-
schobenen‹ Todesfälle, zum Beispiel durch Krebs, mit einer In-
kubationszeit von bis zu 40 Jahren, kennt niemand.

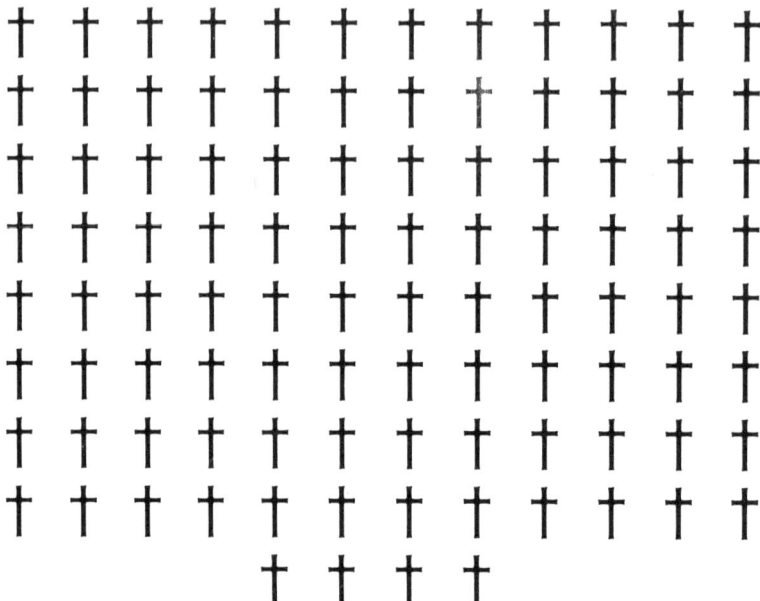

Abb. 9 Über dem Durchschnittswert liegende Todesfälle pro Jahr
durch Erkrankungen der Atemwege aufgrund der von den Kraftwerken in den Vereinigten Staaten erzeugten Luftverschmutzung. Es ist
dies eine äußerste optimistische Schätzung; Folgeerkrankungen wie
beispielsweise Lungenkrebs sind nicht berücksichtigt. Jedes Kreuz
steht für 100 Todesfälle.

All dies ist bei Kernenergie völlig anders; die gesundheitlichen
Auswirkungen und Risiken sind in diesem Fall genau bekannt.
Teilweise liegt das ganz einfach daran, daß Kernenergie eben
wesentlich weniger Gefahren mit sich bringt − die einzige Gefahr ist die radioaktive Strahlung, das einzige gesundheitliche
Risiko ist Krebs. Noch etwas anderes hat dazu beigetragen:
mehr als eine Milliarde Dollar wurde ausgegeben, um die Sicherheit von Kernkraftwerken zu untersuchen. Es wurden al-

lerdings keine vergleichbaren Anstrengungen unternommen, um die tödlichen Folgen des Verfeuerns von Kohle und anderer fossiler Brennstoffe festzustellen.

Man kann jedoch die gesundheitlichen Auswirkungen von Kohle (oder anderen fossilen Brennstoffen) ermitteln, indem man in einem Koordinatensystem entlang der einen Achse die Konzentration eines Indikatorstoffes für die Luftverschmutzung aufträgt – normalerweise Schwefeldioxyd oder Sulfatstaub – und entlang der anderen Achse die Häufigkeit der Todesfälle oder chronischen Erkrankungen einträgt, die über die durchschnittliche Quote hinausgehen. Man erhält dann eine ›Wolke‹ aus Punktdarstellungen dieser Wertepaare. Der Zusammenhang zwischen der Luftverschmutzung und der Häufigkeit der Krankheits- und Todesfälle zeigt sich, wenn man eine Gerade durch die ›Wolke‹ legt und vergleicht, wie dicht bei dieser Geraden die Punkte liegen[7]. Auf diese Weise werden die Zusammenhänge in etwa sichtbar; allerdings sagt dies noch nichts darüber aus, welche Art der Luftverschmutzung welche Erkrankung verursacht.

Aus diesen Daten geht auch hervor, daß es bei Luftverschmutzungen eine Art ›Schwelle‹ gibt, das heißt einen Wert, unterhalb dessen sie keinerlei zusätzliche Todesfälle oder Erkrankungen verursachen. Der Grund dafür ist nicht ganz klar. Es könnte daran liegen, daß die Luftverschmutzung in diesem Fall harmlos ist, weil der Körper alleine damit fertig wird. Es könnte aber auch sein, daß die Todesfälle und Erkrankungen unterhalb dieser ›Schwelle‹ so selten sind, daß sie in der Statistik untergehen. Eines steht jedoch fest: ein niedriger Verschmutzungspegel läßt sich in der Praxis kaum erreichen.

Rose u. a. schätzen die Zahl der zusätzlichen Todesfälle aufgrund von Erkrankungen der Atemwege auf 20 bis 100 pro 1000 MW kohlebefeuerte Anlagenkapazität im Jahr[8]. Das entspricht der Größenordnung in den Schätzungen von Rollins u. a., nämlich 40 bis 100[9]. Bei einem Energieverbrauch von fast 50 000 MW wurden noch 1974 53,1 Prozent der gesamten Energie mittels Kohlefeuerung und Dampf erzeugt; das bedeutet 10 000 bis 50 000 zusätzliche Todesfälle pro Jahr!

Zahlen in der gleichen Größenordnung sind auch von Wilson und Jones[10] sowie von Lave und Seskin[11] berechnet worden. Diese Zahlen sind zugegebenermaßen anfechtbar, weil meist mittels indirekter Ableitung ermittelt. (Aus diesem Grund sind auch die Schätzungsergebnisse relativ vage.) Aber wenn man annimmt, daß diese Ergebnisse um den Faktor 5 zu hoch sind, bleiben immer noch 2000. Nimmt man hingegen eine Abweichung um denselben Faktor in der anderen Richtung an, dann liegt das Ergebnis zwischen 50000 und 250000 zusätzlichen Todesfällen pro Jahr.

Ich möchte nochmals darauf hinweisen, daß diese Zahlen lediglich für die vorzeitigen Todesfälle stehen, die direkt auf Luftverschmutzung zurückzuführen sind. Die Todesfälle aufgrund von Spätfolgen, insbesondere Krebs, sind dabei nicht berücksichtigt.

Die hier aufgeführten Schätzungen sind vielleicht übertrieben und etwas pessimistisch. Aber selbst wenn man die optimistischsten Schätzungen zugrundelegt, besteht immer noch eine Gefahr für Leben und Gesundheit, im Vergleich zu der die Emissionen und die Beseitigung des Atommülls der Kernkraftwerke geradezu lächerlich sind.

Es gibt nur eine Schlußfolgerung hieraus: Jedes Kernkraftwerk mit einer Kapazität von 1000 MW, das anstelle eines kohlebefeuerten gebaut wird, rettet zwischen 20 und 100 Leben pro Jahr.

40000 MW retten bereits jetzt zwischen 800 und 4000 Leben

Abb. 10 Atomenergie rettet Leben: zur Zeit zwischen 800 und 4000 pro Jahr. Diese Zahl erhöht sich um 20 bis 100 für jedes Kernkraftwerk mit einer Kapazität von 1000 MW, das an Stelle eines Kohlekraftwerks gebaut wird. Genauso viele Menschenleben pro Jahr werden durch die Verzögerung des Baus eines 1000-MW-Kernkraftwerks geopfert. In diesem Fall entspricht jedes Kreuz 1 bis 5 Toten.

pro Jahr. Es handelt sich hier nicht darum, daß Menschen vielleicht bei Unfällen umkommen könnten — es geht um das Leben von Menschen, die jetzt unter uns leben und tot in ihren Gräbern liegen würden, wenn es nach Ralph Nader ginge. Jedes Jahr, in dem eine Kernkraftanlage mit einer Kapazität von 1000 MW *nicht* gebaut wird, ist schuld am Tod von 20 bis 100 Personen. Jährlich sterben etwa 1 300 000 Amerikaner an Krebs, Arterienleiden und Erkrankungen der Atemwege[12], und die Namen der paar Hundert von ihnen, die durch nicht erfolgte Nutzung der Kernenergie sterben, sind unbekannt. Und ihre Witwen und Waisen werden wohl kaum in die Büros der Naderschen Organisationen kommen, um sich zu beklagen. Das macht jedoch die Haltung von Nader oder Brower nicht weniger verachtenswürdig. Da sie umumwunden erklärt haben, das Problem der Kernenergie dürfe nicht den Wissenschaftlern überlassen bleiben, sondern müsse durch sogenannte Bürgerinitiativen geklärt werden, können sie sich der moralischen Verantwortung für diese Todesfälle nicht entziehen. Es ist stupide, eine Technologie zu bekämpfen, die jahrein jahraus Hunderte von Leben rettet, welche Gründe auch immer dafür angeführt werden mögen, aber es ist niederträchtig, dies im Namen der Sicherheit zu tun.

Kernenergie und Umwelt

»Gegen Ende dieses Jahrzehnts werden
unsere Flüsse vielleicht den Siedepunkt
erreicht haben, drei Jahrzehnte später
werden sie vielleicht verdampfen . . . und
einer der Gründe dafür ist die durch
Kernenergie über das ganze Land verbreitete Wärmeverschmutzung der Gewässer.«

Edwin Newman in der Fernsehsendung
›Die Welt, in der wir leben‹, NBC-Pro-
gramm, Juni 1970

Es ist inzwischen klar, daß die Risiken konventioneller Energieerzeugung für die Gesundheit und Sicherheit des Menschen
weitaus größer sind als bei der Kernenergie; kohlebefeuerte
Anlagen töten allein schon durch Luftverschmutzung hundertmal mehr Menschen als der gesamte Nuklearzyklus auch während seiner gefährlichsten Phase, dem Uranabbau. Bei kleineren oder größeren Störfällen liegt das Verhältnis in der Größenordnung 100:1 — wieder zugunsten der Kernenergie.
Aber wie steht es mit den Auswirkungen auf den Boden und
die Natur im allgemeinen? Auch bei diesem Vergleich schneidet die Kernenergie wieder vorteilhafter ab, und zwar in einem
noch frappierenderem Maße.

Der Unterschied macht sich kraß bemerkbar, wenn man sich
einmal überlegt, wieviel Erdmaterial beim Abbau von Uranerz
auf der einen und bei der Erschließung von Kohlevorkommen
auf der anderen Seite bewegt werden muß. Natürlich ist dies
wiederum eine Konsequenz des großen Energiegehaltes im
Uran und des geringen in der Kohle: Es muß bei weitem mehr
Kohle abgebaut werden, um die gleiche Menge an elektrischer
Energie zu erzeugen.
Der jährliche Energieverbrauch in den Vereinigten Staaten be-

läuft sich auf nahezu zwei Milliarden MWh. (1974 waren es 1,887 Milliarden MWh pro Jahr). Das Uranerz, das abgebaut werden muß, um diese Energie zu erzeugen, hat – unter der Voraussetzung, daß man Brutreaktoren benutzt – ein Volumen von lediglich etwa 60 Meter mal 60 Meter mal 30 Meter. Das Kohlevolumen jedoch, das für die Erzeugung dieser zwei Milliarden MWh pro Jahr abgebaut werden muß, beträgt 60 mal 60 Meter mal 160 Kilometer[1]. Mit anderen Worten: Die Zerstörung des Erdreiches würde um den Faktor *fünftausend* reduziert werden, wenn man statt der Kohle Uran abbaute.

Dennoch haben die ›Freunde der Erde‹ die Bekämpfung der Kernenergie zu ihrer offiziellen Politik gemacht, und ihre Aktivitäten sind größtenteils diesem Bemühen gewidmet. Es ist also ganz offensichtlich, daß die ›Freunde der Erde‹ eben nicht ihre Freunde sind.

Ist es unfair, den Schnellen Brüter in diese Überlegungen einzubeziehen, der in den Vereinigten Staaten kommerziell noch nicht im Einsatz ist? (In Frankreich, der Sowjetunion und auch in England ist dies bereits der Fall.) Ist es unfair, lieber von Volumen als von zerstörter Erdoberfläche zu sprechen, ungeachtet des unter der Oberfläche zerstörten Volumens?

Dann betrachten Sie doch einmal die Zahlen, mit denen der CEQ (Council of Environmental Quality), der Ausschuß für Umweltqualität – eine offizielle Regierungsstelle, die normalerweise auf der Seite der ›Umweltschützer‹ steht –, arbeitet. Nach Angaben des CEQ werden für ein kohlebefeuertes Kraftwerk (das eine Kapazität von 1000 MW hat und zu 75 Prozent ausgelastet ist) 3800 Hektar Land zerstört, wenn die Kohle im Untertagebau gefördert wird, und beim Übertagebau sogar circa 6000 Hektar[2]. Hinzu kommen 65 Hektar Land, die man für die Verarbeitung braucht, 900 Hektar für den Transport und 400 Hektar für die Energieerzeugung (einschließlich circa. 45 Hektar für die Lagerung der Asche, 5,5 Hektar für die Kohlelagerung und Boden, der durch Wärmeabgabe aus dem natürlichen Gleichgewicht gebracht wird). In den Vereinigten Staaten wird etwa die Hälfte der Kohle im Übertagebau gefördert, so daß sich die durchschnittlich für ein solches 1000-

MW-Kohlekraftwerk benötigte Fläche auf 6100 Hektar beläuft.

Bei einem Kernkraftwerk mit der gleichen Leistung und der gleichen Auslastung werden jährlich für den Uranabbau etwa 318 Hektar benötigt, für die Energieerzeugung 131 Hektar (2,2mal weniger), für die Verarbeitung 3,8 Hektar (17,6mal weniger), und die für den Transport in Anspruch genommene Fläche ist gleich Null (also offensichtlich verschwindend gering − man könnte den Jahresbrennstoffbedarf einer Kernkraftanlage an einen Zug hängen, der den Tagesbedarf eines Kohlekraftwerkes transportiert).

Aber selbst wenn man die übrigen Komponenten außer acht läßt, ergibt sich allein schon aus den Abbauzahlen mit 4900 Hektar bei Kohle gegenüber 318 Hektar bei Uranerz ein Verhältnis von 14,7:1 zugunsten der Kernenergie.

Dieses Verhältnis würde sich noch auf 4420:1 verbessern, wenn das Uran in einem Schnellen Brüter eingesetzt wird. Das ist wohl der Grund, warum sich die ›Freunde der Erde‹ so fanatisch der Kernenergie widersetzen. Angesichts solcher Zahlen müßte eine Diskussion über große Ölunfälle und den Flächenbedarf für Öl- und Gasleitungen wie ein Streit um des Kaisers Bart erscheinen, man sollte jedoch den größten Umweltunfug, die Sonnenenergie, noch erwähnen.

Ein 1000-MW-Kraftwerk benötigt, ob mit konventionellen oder nuklearen Brennstoffen betrieben, etwa 10 Hektar für die Werksanlagen selbst plus Lagerflächen, Transportwege und so weiter. Eine Solaranlage, die diese Energiemenge erzeugt (bei zehnprozentiger Auslastung der Kapazität und 50 Prozent Leerflächen zwischen den Kollektoren), würde sich über etwa 135 Quadratkilometer erstrecken. Dies hat mit wirtschaftlichen Überlegungen nichts mehr zu tun und ist einfach die Folge davon, daß Solarenergie nur in der geringen Höhe von − bestenfalls − 1 kW pro Quadratmeter anfällt. Allein schon dies würde große Kollektoren voraussetzen; da jedoch die Sonne nachts und an trüben Tagen nicht scheint, müßte die Anlage für eine viel höhere Kapazität ausgelegt werden, um durch Speicherungseinrichtungen eine Durchschnittsmenge von 750 MW wie in den beiden anderen genannten Fällen (1000 MW mal Auslastungsfaktor 75 Prozent) auch dann zu ermöglichen, wenn die Kollektoren ausfallen, weil ganz schlicht und einfach die Sonne nicht scheint. 135 Quadratkilometer! Die Zahl spricht für sich selbst, dennoch kann ich der Versuchung nicht widerstehen, an einen der beliebtesten Sprüche der ›Umweltschützer‹ zu erinnern: »Klein aber fein.«

Um Energie zu erzeugen, wird Energie benötigt: Man braucht Dieselöl, um die Pumpen zu betreiben, die das Öl an die Oberfläche bringen, denn leider gibt es in Amerika keine ›Ölspringquellen‹ mehr. Daraus hat sich die ›Energiebilanz‹ ergeben, eine Art Buchhaltung, bei der Soll und Haben nicht in Dollar, sondern in kWh oder einer anderen passenden Energieeinheit eingesetzt werden. Sie wird zu verschiedenen Zwecken eingesetzt und muß jeweils diesen Zielsetzungen angepaßt werden. Eine solche Zielsetzung ist es beispielshalber, eine ungefähre Vorstellung von den Auswirkungen auf die Umwelt durch die Verwendung einer bestimmten Energiequelle zu gewinnen; denn eine Energie, bei der man eine große Menge ›Soll‹-Energie braucht, um eine kleine Menge ›Haben‹-Energie zu erzeugen, ist höchstwahrscheinlich nicht gerade umweltfreundlich, auch wenn dieser Maßstab nicht quantitativ exakt ist. Von jeder kWh chemischer Energie, die in der Kohle in den Flözen enthalten ist (aus etwa 113 Gramm Kohle gewinnt man 1 kWh) werden nur 80 Prozent im Tagebau gefördert, die restlichen 20 Prozent bleiben in der Mine; 0,8 Prozent der ursprünglichen Energie, nämlich 8 Watt, werden für den Kohleabbau verwendet. Bei der Aufbereitung gehen 7,9 Prozent der Kohle verloren und 0,1 Prozent werden in den Maschinen verbraucht. Beim Kohletransport ist mit einer Einbuße von etwa 1 Prozent zu rechnen, die der Wind als Kohlenstaub von den Waggons wegweht; weitere 0,9 Prozent werden für die Weiterbeförderung der Kohle verbraucht; während des Kohletransportes geht also mehr Energie verloren als bei der Förderung. Ja, das hat mich auch überrascht, aber es geht aus den Statistiken des US Bureau of Mines (Bergbaubehörde der Vereinigten Staaten) hervor.

Wenn die Kohle im Kraftwerk eintrifft, sind nur noch 71,3 Prozent der ursprünglichen 1 kWh vorhanden; und jetzt passiert etwas, was kaum zu glauben ist: Das Kraftwerk wandelt 38 Prozent der Kohleenergie in Elektrizität um, der Rest ist Abwärme; schließlich gehen noch 8,8 Prozent der Elektrizität (als Wärme) in den Leitungen und Transformatoren verloren, bevor die Elektrizität im Stromnetz des Verbrauches ankommt. Die Energie, die ihm zur Verfügung steht (ungeachtet dessen, wieviel auch jetzt wieder als Abwärme verschwendet wird), beträgt nur noch 24,9 Prozent der Energie, die ursprünglich im Kohleflöz enthalten war.

Wenn sich dies auch nach sehr wenig anhört, so ist es doch immer noch mehr als bei jeder anderen Art der Stromerzeugung (mit Ausnahme der Wasserkraft); die den jeweiligen Systemen entsprechenden Wirkungsgrade sind in nachfolgender Tabelle dargestellt. Der Wirkungsgrad eines Systems ist der Teil der Energie, der von der gesamten in einem Brennstoffvolumen vor der Gewinnung vorhandenen Energie schließlich in das Stromnetz des Verbrauchers gelangt.

Brennstoff	*Systemwirkungs-grad (in Prozent)*
Kohle (im Tagebau gefördert)	24,9
Erdgas	23,5
Kohle (unter Tage gefördert)	17,8
Uran (ohne Schnelle Brüter)	16,3
Öl (Unterwasserbohrungen)	12,9
Öl (Tiefbohrungen auf dem Festland)	9,8

Die Tatsache, daß die dem Verbraucher tatsächlich zur Verfügung stehende Energie immer geringer ist als die ursprüngliche in dem Ausgangsprodukt enthaltene, war für viele etwas irreführend und hat zu absurden Schlußfolgerungen geführt. Der Trugschluß liegt darin, daß die Energie der in der Grube verbliebenen Kohle sehr verschieden ist von der Energie, die für den Transport der Kohle zum Kraftwerk aufgewandt wird. Letztere wurde von Menschen erzeugt und investiert; hier handelt es sich also um einen echten Verlust; die Energie in der Kohle hingegen entstand vor Millionen Jahren aufgrund der Sonneneinwirkung; wir müssen also nicht einen Verlust eigener Investitionen beklagen. (Ebensowenig erleide ich einen geschäftlichen Verlust lediglich aufgrund dessen, daß ich es nicht geschafft habe, als Mitglied des Rockefellerklans geboren zu werden.)

Mit Ausnahme einiger Nahrungsmittel ist die Energieausbeute im Verhältnis zu der aufgewandten Energie immer positiv, sonst würde niemand, der auch nur einigermaßen bei klarem Verstand ist, sie in größeren Mengen herstellen. (Steaks ißt man, weil sie gut schmecken, und nicht, um die nationale Energiebilanz auszugleichen.) Die *Energieausbeute* ist die für den Verbraucher verfügbare Energie dividiert durch die vom Menschen umgewandelte Energie, die in den Produktionsfluß investiert wird. In vorstehendem Beispiel beläuft sich die Energieausbeute auf 16,2, das heißt, die an den Verbraucher gelieferte elektrische Energie ist 16,2mal größer als die in den gesamten Produktionskreislauf von der Rohstofförderung bis zum Endverbraucher investierte Energie.

Die Energieausbeute bei anderen Systemen (alle Angaben entsprechen der Menge der für den Verbraucher zur Verfügung stehenden elektrischen Energie) beträgt: Bei unter Tage geförderter Kohle 13,5, bei Erdgas 4,9, bei Kernenergie 3,6 und 2,7 bei Öl[3].

Warum ist eigentlich die Energieausbeute bei der Kernenergie so gering oder zumindest wesentlich geringer als bei Kohle? Der einzige Grund ist das Anreicherungsverfahren. Mehr als 40 Prozent des ursprünglich vorhandenen Uran 235 gehen zusammen mit seiner Energie durch die Erhöhung des spaltbaren U-235-Anteils in dem Uranerz, meistens U 238, verloren, der von den ursprünglichen 0,7 Prozent auf etwa 3,5 Prozent gesteigert wird. Der Diffusionsprozeß, der dabei abläuft, verbraucht riesige Mengen von Energie. Dabei wird das Uranhexafluoridgas komprimiert und in einigen tausend Stufen durch Membranen gepumpt, um auf diese Weise eine teilweise Trennung der beiden Isotope zu erreichen.

Das wird jedoch nicht ewig so bleiben. Der Energiewirkungsgrad der Kohlegewinnung kann nach den vielen Jahrhunderten, in denen diese Technologie entwickelt wurde, nicht mehr entscheidend verbessert werden. Es besteht jedoch eine reale Hoffnung, den Anreichungsprozeß erheblich effizienter zu gestalten.

Bei der Zentrifugaltrennung bedient man sich im Grunde des gleichen Verfahrens wie bei der Trennung des Rahms von der Milch. Es erfordert jedoch weitaus höhere Geschwindigkeiten und stellt bedeutend größere Anforderungen an den Werkstoff der Zentrifuge. Aufgrund dieser Schwierigkeiten entschied man sich bei der Herstellung der amerikanischen A-Bombe im Zweiten Weltkrieg für die Anreicherung mittels des Diffusionsverfahrens und ist seitdem bei dieser Technik geblieben. Man rechnet jedoch damit, daß man bei der Zentrifugaltrennung den Wirkungsgrad der Anreicherung um einen Faktor bis zu 10 steigern kann; die technischen Probleme, die noch im Jahre 1942 unüberwindlich schienen, sind inzwischen gelöst. Die Zentrifugalanreicherung wird in Europa bereits angewandt, und sehr wahrscheinlich wird das auch bald in den Vereinigten Staaten geschehen. Wenn dies der Fall ist, wird die Energieausbeute bei Kernenergie die bei Kohle übertreffen.

Zur Zeit wird eine weitere Methode getestet, allerdings nur mit sehr geringen Mengen von Uran und vorläufig noch im Labor. Sie beruht auf der Ionisierung eines der Isotope mit Hilfe von Laserstrahlen; die beiden Isotope lassen sich dann elektromagnetisch voneinander trennen. Die Energieausbeute läge in diesem Fall noch höher, aber diese Methode wird in den nächsten Jahren wahrscheinlich nicht so weit entwickelt werden, daß man sie kommerziell nutzen kann.

Bis dahin gibt es jedoch eine sehr einfache Möglichkeit, die für die Anreicherung benötigte Energie zu reduzieren: Man läßt sie ganz beiseite und verwendet statt dessen zurückgewonnenes Plutoniumoxyd als Mischoxydbrennstoff. Das Uranoxyd muß allerdings auch in diesem Fall wieder angereichert werden (vgl. Abb. 11). Die ›Umweltschützer‹ widersetzen sich jedoch der Wiederaufbereitung wegen der Gefahr des Mißbrauchs durch Terroristen und Saboteure, worauf wir im folgenden Kapitel näher eingehen werden.

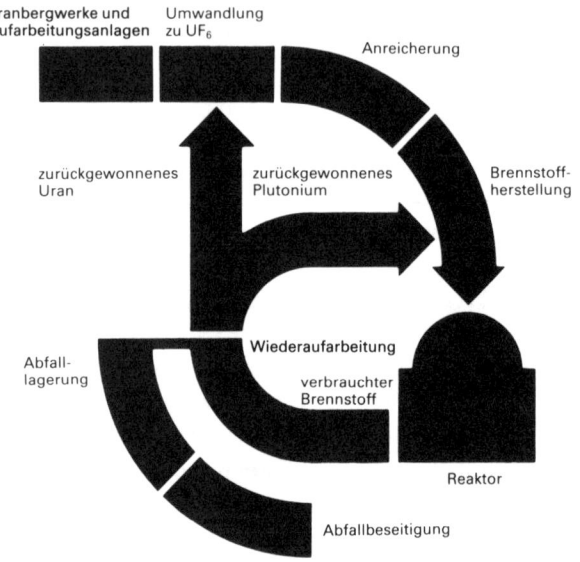

Abb. 11 Der Kernbrennstoffkreislauf

Einige Kernkraftgegner haben mit Hilfe falscher Berechnungen und durch ungenauen Umgang mit der Energiebilanz die Behauptung aufgestellt, ein Kernkraftwerk müsse die Hälfte seiner Lebensdauer in Betrieb sein, ehe sich die für die Anreicherung seines Brennstoffes verwendete Energie bezahlt macht; manche haben sogar die Ansicht vertreten, daß es überhaupt keine Energieausbeute geben wird. Das ist ein phantastischer Unsinn. Eine 45-MW-Anlage reicht aus, um den Brennstoff für ein 1000-MW-Kraftwerk anzureichern, und lediglich etwa 6 Prozent der Reaktorleistung während seiner gesamten Lebensdauer werden benötigt, um ihn zu bauen und zu betreiben. In dieser Hinsicht steht die Kernenergie bereits besser da als Kohle: die entsprechenden Werte betragen 6,7 Prozent und 7,8 Prozent bei einem Kraftwerk, das über Tage beziehungsweise unter Tage geförderte Kohle verarbeitet[4].

Es gibt noch eine weitere Art angeblich negativer Auswirkungen auf die Umwelt, die sogenannte *thermische Verschmutzung*. In jüngster Zeit gibt es wenig Parallelen, bei denen die Umweltschützer ein Problem so übertrieben, durcheinandergebracht und verwirrt haben. Wir wollen es also erst einmal wieder entwirren.

Ein Kraftwerk — ob nun mit Kernenergie oder fossilen Brennstoffen befeuert — setzt nur ein Drittel der Brennstoffenergie in elektrische Energie um; die verbleibenden zwei Drittel werden als Abwärme freigesetzt. Zunächst einmal hat dies nichts mit dem Zweiten Gesetz der Thermodynamik zu tun, wonach es unmöglich ist, eine Leistung durch Abkühlen eines Körpers unter die Temperatur seines kältesten Punktes oder seiner Umgebung zu erbringen. Aus diesem zweiten Grundsatz (die entsprechende Ableitung kann man in jedem Thermodynamik-Lehrbuch nachschlagen) geht hervor, daß bei jeder Energieumwandlung eine *gewisse* Energiemenge unwiderbringlich in Wärme umgesetzt wird. Damit ist aber keineswegs gesagt, daß zwei Drittel der in den heutigen Kraftwerken verlorengehenden Energie notwendigerweise als Wärme verlorengehen müssen. In Wirklichkeit könnte diese Wärme, oder zumindest ein großer Teil davon, in sogenannten Abwärmeprozessen in mechanische Leistung oder in andere Formen von Energie umgewandelt oder aber als Nutzwärme für Zentralheizungen, zur Meerwasserentsalzung oder zum Warmhalten von Obstplantagen eingesetzt werden. Alternativ dazu könnte der Dampf aus den Fabrikschloten (wofür nicht weniger als 17 Prozent des Gesamtverbrauchs der Vereinigten Staaten an Primärbrennstoffen in die Luft gejagt werden) dazu verwendet werden, daß man den Dampf noch stärker erhitzt und ihn zuerst in einem sogenannten Vorschaltkreis durch einen Turbogenerator leitet; die elektrische Energie könnte an Kraftwerke geliefert werden. Dies würde die Stromerzeugung erheblich effizienter machen (die ausführliche Begründung dafür setzt einige Kenntnisse in der Thermodynamik voraus; der Grundgedanke ist jedoch, daß die Wärme nicht verschwendet wird, sondern zu zwei verschiedenen Zwecken ausgenutzt wird, wie beim Vorschaltkreis[5]).

Brennstoffe werden immer teurer, folglich ist es sehr wahrscheinlich, daß einige dieser Methoden tatsächlich angewendet werden; es gibt verschiedene Gründe, warum sie jetzt noch nicht im Einsatz sind, aber keiner davon hat etwas mit dem Zweiten Gesetz der Thermodynamik zu tun. Außerdem beruht die thermische Verschmutzung sehr oft lediglich auf gigantischen Übertreibungen, gigantisch selbst nach Maßstäben der Umweltschützer. Es ist wahr: Je mehr Energie umgewandelt wird, desto mehr Wärme wird erzeugt (hier kommt der Zweite Grundsatz zu Recht ins Spiel); letzten Endes könnte also tatsächlich bei einem sehr hohem Maß an Industrialisierung ein Grenzwert erreicht werden. Aber dieser Tag ist, sofern er überhaupt jemals kommt, in unabsehbar weiter Ferne. Damit in den Vereinigten Staaten auch nur annähernd ein Prozent der einst durch Sonneneinwirkung erzeugten Energie verbraucht wird, müßte jeder Mann, jede Frau, jedes Kind und jeder Säugling in Amerika rund um die Uhr nicht weniger als 2 MW Energie verbrauchen. Zu diesem Zweck könnte jeder Tag und Nacht 600 Wäschetrockner laufen lassen oder sich zweimal am Tag mit 15 Millionen Zahnbürsten die Zähne putzen. Und der Rest der Menschheit müßte immer noch zweimal soviel verbrauchen.

Aber den eilfertigen Ökologen ist ja keine Übertreibung zu groß. Vor allem wenn sie in Politik machen. Vor einigen Jahren kündigte Gouverneur Gilligan von Ohio an, er würde für ein Gesetz eintreten, das es verbietet, die Wassertemperatur des Eriesees um ein Grad über die natürliche Temperatur hinaus zu erhöhen. Professor J. J. McKetta von der Universität Texas hat daraufhin folgende Berechnung angestellt: Wenn die gesamte im Staat Ohio erzeugte Elektrizität zu nichts anderem als zum Erwärmen des Eriesees verwendet würde (dessen Temperatur sowieso von Sommer zu Winter um mehr als 22 ° C schwankt), würde das Wasser lediglich um weniger als ¼ ° C wärmer werden[6]. Machen Sie sich einmal die Mühe und vergleichen Sie dies mit dem Einleitungszitat zu diesem Kapitel auf Seite 161. Übermäßige Wärmeerzeugung kann tatsächlich zu einem Problem werden. In Manhattan und im Kessel von Los Angeles etwa liegt die Durchschnittstemperatur um fast 2,2 ° C höher als in der Umgebung. Natürlich sind nicht Kraftwerke die Ursache dafür; der Grund ist vielmehr die hohe Dichte der Bevölkerung und was sie so im allgemeinen tun. Ob dies eine Gefahr für die Gesundheit darstellt, weiß niemand, und die Umweltschützer verbringen auch keine schlaflosen Nächte deswegen — sie interessieren sich für Fische, nicht für Menschen. Aber ihre Besorgnis über Fische ist völlig unangebracht, denn Fische mögen normalerweise das, was die Umweltschützer als thermische ›Verschmutzung‹ bezeichnen. Wenn ein Kraftwerk das Wasser eines nahe gelegenen Flusses oder Sees zum Kühlen seiner Kondensatoren verwendet, steigt die Wassertemperatur nur in unmittelbarer Nähe des Werkes — in einem Umkreis von etwa 300 Metern — und lediglich um etwa 1,7 ° C. Von einer Zerstörung des Lebens im Wasser zu sprechen, ist wieder so eine gigantische Übertreibung; es kommt zwar manchmal vor, daß eine bestimmte Fischart abwandert, dafür zieht eine andere zu, die eben wärmeres Wasser bevorzugt; man müßte diese wirrköpfigen Freunde der freien Natur eigentlich einmal fragen, warum sie diesen Fischen ihr Leben nicht gönnen.

In den späten fünfziger Jahren setzten sich Umweltschützer gegen den Bau einer Kernanlage an dem englischen Fluß Blackwater mit der Begründung zur Wehr, das warme Wasser würde die Austernbänke weiter flußabwärts gefährden. Die Anlage wurde dennoch gebaut, und den Austern ist überhaupt nichts passiert — bis zu jenem strengen Winter 1962/63, als viele von ihnen erfroren und auch die thermische Verschmutzung ihnen nicht mehr helfen konnte[7].

In Wirklichkeit haben gerade Kernkraftwerke, die oft ihre Abwärme zum Zwecke einer sogenannten Direktkühlung in nahe gelegene Flüsse leiten, nachweislich höchst vorteilhafte Auswirkungen auf die Fische: Diese ziehen zum warmen Wasser, wachsen dort etwa zweimal so schnell und werden größer als in kaltem Wasser. (Als Grund dafür nimmt man im allgemeinen an, daß sie jetzt mehr Zeit mit Fressen verbringen als in kaltem Wasser.) Die thermische Verschmutzung hat also die Lebensbedingungen für Fische so verbessert, daß viele Fischzüchter in England und Amerika dazu übergegangen sind, sich der thermischen Verschmutzung (ohne Nuklearanlagen) für die schnellere Zucht von größeren und gesünderen Arten zu bedienen. Aus ähnlichen Gründen hat Professor J. J. McKetta vorgeschlagen, den Ausdruck ›thermische Verschmutzung‹ durch ›thermische Anreicherung‹ zu ersetzen.

Das Kesseltreiben gegen die thermische Verschmutzung richtete sich in erster Linie gegen die Kernenergieanlagen, die angeblich mehr Abwärme erzeugen als konventionelle Kraftwerke. Das ist schon das erste, was nicht stimmt. Die durch ein Kernkraftwerk erzeugte Abwärme wird durch seinen Wirkungsgrad bestimmt (Verhältnis der erzeugten elektrischen Energie zu der im Brennstoff enthaltenen Energie); wenn ein Kraftwerk einen Wirkungsgrad von 40 Prozent hat, dann werden 40 Prozent der Brennstoffenergie in Elektrizität umgewandelt, die restlichen 60 Prozent gehen als Abwärme verloren.

Der höchste Wirkungsgrad, der in sehr großen konventionellen Anlagen erreicht wird, beträgt 41 Prozent; den höchsten Wirkungsgrad bei Kernenergieanlagen hat ein gasgekühlter Hochtemperaturreaktor, nämlich 39 Prozent, was an den Rekord der konventionellen Anlage sehr nahe herankommt. Die meisten in den Vereinigten Staaten im Einsatz befindlichen Kernreaktoren sind jedoch Leichtwasserreaktoren; ihr Wirkungsgrad beträgt lediglich 31 Prozent. Aber auch dieser Wert liegt in der Nähe des durchschnittlichen Wirkungsgrades von konventionellen Anlagen; die Daten von 1974 zeigen, daß der durchschnittliche Wirkungsgrad der Umwandlung fossiler Brennstoffe in elektrische Energie 32,53 Prozent beträgt.

In der Tat besteht zwischen konventionellen und Kernenergieanlagen nur ein wesentlicher Unterschied bezüglich der Ab-
wärmeabgabe. Bei einem mit fossilem Brennstoff beheizten
Kraftwerk entweicht ein Drittel der Abwärme durch den
Schornstein in die Atmosphäre; bei den übrigen zwei Dritteln
hat man die Wahl, ob man die Abwärme in die Atmosphäre
oder aber in Wasser leiten will. Das Kühlwasser für die Kondensatoren (vgl. Abb. 1) muß seinerseits auch gekühlt werden.
Bei der Direktkühlung benutzt man das Wasser aus einem Fluß
in der Nähe der Anlage; dorthin wird es auch zurückgeleitet.
Man kann es auch aus einem nahegelegenen See (oder aus dem
künstlichen Kühlteich) pumpen und wieder dorthin zurücklei-
ten; eine weitere Möglichkeit ist ein Kühlturm, der seine
Wärme in die Atmosphäre abgibt.

Ein Kernkraftwerk hat jedoch keinen Schornstein; man kann
also die gesamte Abwärme in ein nahegelegenes Gewässer oder
in die Atmosphäre oder in beide (in jedem gewünschten Verhältnis) leiten. Der billigste und effektivste Weg ist natürlich
die direkte Kühlung in einem Fluß, falls einer in der Nähe ist.
Allerdings hat die EPA, die Umweltschutzbehörde, diese Direktkühlung für Kraftwerke, die nach 1970 gebaut wurden,
verboten. Elektrische Energie, und insbesondere Kernenergie,
ist so billig, daß die Umweltschützer dem Steuerzahler die
Ausgaben für Kühltürme aufhalsen können, die in vielen Fällen riesige Betonmahnmale für ökologische Dummheit sind.

Eine abschließende Bemerkung noch über die sogenannte Ge-
wächshaustheorie: Der Kohlendioxydgehalt der Atmosphäre
ist während der letzten hundert Jahre ständig gestiegen; man
nimmt oft — allerdings ohne ausreichenden Beweis — an, daß
daran die menschlichen Aktivitäten, insbesondere, wenn sie
mit dem Verbrennen von fossilen Brennstoffen zusammenhängen, schuld sind. Dies könnte — so fürchten einige Leute —
unter Umständen einen ›Gewächshauseffekt‹ bewirken, das
heißt, daß die Erde zu viel Sonnenstrahlungsenergie aufnimmt, was zu einer Erwärmung der Atmosphäre und einem
generell heißeren Klima führt. (Wir wollen uns auch hier nicht

auf eine ausführliche Erörterung des Gewächshauseffektes einlassen, sondern lediglich anmerken, daß er keine wesentliche Rolle bei der tatsächlichen Beheizung eines Gewächshauses spielt.) Auf den Gewächshauseffekt und seine Gefahren für die Umwelt haben sich paradoxerweise nicht nur die überall Katastrophen witternden Umweltschützer gestürzt, sondern auch einige Befürworter der Kernenergie: nur konventionelle Anlagen erzeugen Kohlendioxyd. Jedoch will ich diesen Aspekt nicht als Argument für meine These, daß wir ohne Kernenergie gefährlicher leben, einsetzen. Und zwar deshalb nicht, weil einige der theoretischen Voraussetzungen und alle extrapolierten Konsequenzen in hohem Maße spekulativ und äußerst strittig sind. Die Theorie kann sich durchaus als zutreffend herausstellen, jedoch ist es nicht möglich, sie mit den derzeitigen, mehr als fadenscheinigen Beweisen ernsthaft zu untermauern. Die vorausgehenden Kapitel haben auch so gezeigt, daß die Gesundheitsrisiken bei jeder anderen als der Kernenergie so real sind, daß deren eindeutig größere Sicherheit solch ungesicherte Argumente gar nicht nötig hat.

Terrorismus und Sabotage

>»Kernkraftwerke und die Verkehrsmittel, die das tödlich radioaktive Material transportieren, sind so ungenügend gegen Sabotage und Diebstahl gesichert, daß man einen Polizeistaat errichten müßte, wenn man versuchen wollte, sie zu schützen... Einige Beobachter glauben, daß es im Jahre 2000 eine Million Leute geben wird, die direkt oder indirekt damit befaßt sind, die Kernkraftindustrie zu bewachen.«
>
>*Eine von Ralph Nader unzählige Male wiederholte Behauptung, in diesem Fall bei einem Vortrag an der Universität in Syrakus am 6. April 1975*

Zu den Abfallprodukten, die in einem Kernreaktor beim Spaltprozeß anfallen, gehört auch Plutonium 239, das selbst spaltbar ist. Es ist giftig, wenn es mit der Nahrung aufgenommen wird und insbesondere, wenn feine Teilchen davon eingeatmet werden — aber keinesfalls auch nur annähernd so giftig wie andere Substanzen. Es ist darüber hinaus — in ausreichend großen und reinen Mengen — das Rohmaterial für Atombomben.

Die Giftigkeit von Plutonium und die Möglichkeit, daß Terroristen es in einer Stadt versprühen könnten, ist maßlos übertrieben worden; auf dieses Thema werden wir gleich zurückkommen.

Auf der anderen Seite ist die Gefahr eine durchaus reale und nicht zu unterschätzende, wenn tatsächlich Atomwaffen in die Hände von Terroristen geraten; allerdings kommt die Gefahr aus einer anderen Richtung, als es die Kernkraftfeinde uns glauben machen möchten.

Wie in den vorhergehenden Kapiteln wollen wir nicht Risiken

gegen Vorteile aufrechnen, sondern lediglich die Risiken eines Mißbrauches von Spaltstoffen oder selbstgebastelten Atomwaffen durch Terroristen mit den Risiken anderer terroristischer Aktionen, wie der Sprengung von Öl- und Gaslagern oder Staudämmen, vergleichen. Vielleicht wundert es manche Leser, daß die Folgen solcher Taten überhaupt vergleichbar sind; es ist jedoch wesentlich einfacher, sich gegen nukleare Anschläge abzusichern, und außerdem bringen Sabotageakte oder Terrorismusanschläge mittels Spaltstoffen weitaus größere technische Schwierigkeiten mit sich.

Auf die Gründe hierfür wollen wir nur kurz eingehen – der Vollständigkeit halber: Auch dieses Thema soll, wie alle anderen in diesem Buch, in all seinen Aspekten untersucht werden. Ich möchte jedoch betonen, daß ein Vergleich in diesem Fall, nämlich hinsichtlich Terrorismus, Sabotage und Erpressung, sich als weitgehend überflüssig erweisen wird.

Bei allen anderen Fragen, die bis jetzt zur Debatte standen, hatten wir es mit klaren Alternativen zu tun. Entweder verwenden wir Kernenergie oder nicht oder nur zum Teil. Pro 1000 MW Kernenergie, die an die Stelle von Kohle oder anderen Brennstoffen treten, retten wir das Leben einiger Bergleute; wir vermindern das Risiko von größeren und kleineren Unfällen, zu denen es bei fossilen Brennstoffen kommen kann, aber wir erhöhen das Risiko nuklearer Störfälle; wir reduzieren die Luftverschmutzung, aber wir erhöhen (wenn auch nur geringfügig) die durchschnittliche Strahlungsbelastung. Ob es dabei nun um Todesfälle, Verletzte, Krankheiten oder Umweltschäden geht – es läuft immer auf eine Art Feilschen hinaus, auch wenn die Kernenergie dabei letztlich sehr gut abschneidet.

Bei Terrorismus, Sabotage oder Erpressung gibt es jedoch keine echten Möglichkeiten, zu vergleichen und abzuwägen. Wenn aus Gott weiß welchen Gründen die Kernenergie morgen verboten würde, wäre damit das Risiko nuklearer Terroranschläge noch lange nicht ausgeschaltet, ja nicht einmal merklich reduziert. Denn das ist wieder so eine Legende à la Nader, daß das Verbot von Kernenergie nur im zivilen Bereich und zudem nur in einem einzigen Land die Bedrohung verringern oder gar beseitigen könnte.

Es ist für eine einzelne Person nahezu unmöglich, genügend Plutonium zur Herstellung einer Bombe zu stehlen, zu erzeugen oder sich sonstwie zu verschaffen. Es ist weiterhin sehr zu bezweifeln, ob ein Einzelner, der irgendwie in den Besitz einer ausreichenden Menge gelangt ist, tatsächlich eine Bombe und einen wirksamen Auslösungsmechanismus basteln könnte. Für eine Gruppe entschlossener und technisch versierter Verrückter (wahrscheinlich irgendwelcher radikaler Weltverbesserer) liegt es jedoch nicht außerhalb des Bereichs des Möglichen; wiederum ist es aber höchst unwahrscheinlich, daß sie sich dazu entschließen würden, denn abgesehen von den enormen technischen Schwierigkeiten gibt es wesentlich wirkungsvollere und leichtere Methoden, Menschen zu töten oder mit ihrer Ermordung zu drohen. Selbst wenn eine solche Gruppe sich für eine Kernwaffe entscheiden sollte, wäre es für sie am einfachsten und effizientesten, eine einsatzbereite Atomwaffe − unter Umständen mit Gewalt − zu stehlen, etwa eine taktische Atombombe. Bei dem Wissensstand und der Entschlossenheit der Gruppe, die man voraussetzen muß, wäre dies ein geringes Problem, verglichen mit all den Schwierigkeiten, die mit der Herstellung einer primitiven, selbstgebastelten Waffe, die im Ernstfall vielleicht nicht einmal funktioniert, verbunden sind. Die Anzahl derartiger Waffen in den Vereinigten Staaten (und den US-Überseestützpunkten) wird geheimgehalten; es steht jedoch fest, daß es ziemlich viele sind. Die Menge an Plutonium, mit dem man solche Waffen herstellen kann (nicht der Brennstoff Plutoniumoxyd, der sich kaum für diesen Zweck eignet!) ist unvergleichlich größer als die der Plutoniumoxydtabletten, die je von Aufarbeitungsanlagen zu Kraftwerken transportiert werden; und nur bei einem solchen Transport könnte jemand an das Plutonium herankommen. Indes, die Sicherheitsvorkehrungen bei den ungleich größeren Mengen von zu militärischen Zwecken verarbeitetem Plutonium haben funktioniert − ohne daß wir zu einem Polizeistaat geworden sind; es ist dies wieder eines von den Schlagworten, mit denen Nader den Teufel an die Wand malen will. ›Plutoniumwirtschaft‹ ist auch so ein Schlagwort. Bei einer Deckung des gesamten Strombedarfs in den Vereinigten Staaten mittels Kernkraft würden trotzdem weitaus weniger nukleare Brennstoffeinheiten transportiert werden als meinetwegen Knallfrösche. Aber niemand käme deswegen auf die Idee, von einer ›Knallfroschwirtschaft‹ zu sprechen.

Es gibt jedoch noch eine dritte Möglichkeit, die man tatsächlich nicht auf die leichte Schulter nehmen darf: daß der Terrorist, der Erpresser oder irgendwelche Agenten durch eine ausländische Regierung zumindest teilweise unterstützt werden. Die Palästinensische Befreiungsorganisation zum Beispiel hat, nur um auf sich aufmerksam zu machen, eine absolute Nichtachtung gegenüber dem menschlichen Leben an den Tag gelegt. Diese Organisation wird von der UDSSR nicht nur als legitime politische Organisation anerkannt, sondern auch noch mit hochentwickelten Waffensystemen beliefert; ihre Mitglieder werden von sowjetischen Militärexperten ausgebildet. Als ich dieses Buch schrieb, schien es ziemlich unwahrscheinlich, daß die Sowjets die PLO – selbstverständlich heimlich – mit Kernwaffen beliefern würden; die Entscheidung, ob ein solcher Schritt in Zukunft nicht doch unternommen wird, liegt jedoch einzig und allein in den gütigen und vertrauenswürdigen Händen des Politbüros der UDSSR.

Das ist jedoch nicht das einzige Beispiel. Westdeutschland will Brasilien eine Anreicherungsanlage liefern, und dort wird man kaum eine sehr wirksame Kontrolle erwarten dürfen. Anfang 1976 wurde zwischen den Atommächten (mit Ausnahme der Volksrepublik China) ein geheimes Schutzabkommen getroffen; letztlich aber hängt es nur vom guten Willen der Länder wie etwa Brasilien ab, ob sie ihr Uran um 3 Prozent – für Reaktorbrennstoff – oder aber um mehr als 90 Prozent – für Kernwaffen – anreichern. »Wir würden nicht im Traum daran denken, eine Atombombe herzustellen«, sagte der brasilianische Außenminister 1975, »es sei denn, Argentinien baut eine.« Frankreich bietet den arabischen Ländern Nuklearanlagen an, um auf diese Weise seine Ölversorgung sicherzustellen. Und es ist sehr wohl möglich, Plutonium aus nicht angereichertem Uranerz herzustellen, auch wenn einem die Stromerzeugung in diesem Fall völlig gleichgültig ist. (Es wäre überflüssig, hier auf technische Einzelheiten des Verfahrens einzugehen; Experten kennen es sowieso.) Es gibt eine ganze Reihe von Ländern in der Dritten Welt, die bald über eigene Atomwaffen verfügen werden; und es gibt nichts, was sie daran hindern könnte, sich darum zu bemühen.

Der Fall Indien lehrt uns zweierlei: Erstens ist es gar nicht so leicht, eine Bombe herzustellen. Indien verfügt im Unterschied zu arabischen und anderen rückständigen Ländern über hochqualifizierte Wissenschaftler. Diese hatten zudem die volle Unterstützung der Regierung bei der Herstellung von Plutonium aus nicht angereicherten Uranerzen mit Hilfe des kanadischen Forschungsreaktors. Dennoch brauchten sie zehn Jahre, um eine Bombe zu konstruieren, und als sie fertig war, funktionierte sie nicht; sie ging erst beim zweiten Versuch los. Die andere Einsicht liegt auf der Hand, daß nämlich dieses Ziel tatsächlich erreicht werden kann, wenn die Regierung das Vorhaben unterstützt.

Die Gefahr bei alledem besteht darin: Es bedarf nur eines Präzedenzfalles, und dann ist der Teufel los. Es spielt dabei kaum eine Rolle, ob Brasilien eine Bombe an Libyen liefert, das sie dann gegen Israel einsetzt, ober ob ein anderes von den unzähligen anderen Planspielen Realität wird; sobald die erste ›kleine‹ Bombe platzt, wird keines der Mitglieder des ›Atomklubs‹, und schon gar nicht die kommunistische Seite, zögern, seine Schützlinge »zum Zweck der Verteidigung« entsprechend zu bewaffnen; und dann wären wir soweit.

Nehmen wir einmal an, die PLO oder eine andere Terroristenorganisation würde über Manhattan eine Atombombe abwerfen (egal, ob diese nun von den Sowjets geliefert oder von einem Land der Dritten Welt hergestellt wurde); welchen Unterschied macht es dann aus, welcher Prozentsatz der elektrischen Kapazität der USA in Kernkraftwerken und welcher in Kohlekraftwerken erzeugt wird?

179

Dies ist die eigentliche Gefahr, und nicht die Horrorgeschichte über den armen Verrückten, der in seiner Garage eine Atombombe bastelt. Die mit den Plutoniumlieferungen an die Energiewirtschaftsunternehmen verbundenen Risiken sind nicht nur minimal, sondern im ganzen gesehen irrelevant. Trotzdem behandeln wir sie nachstehend kurz und werden im Anschluß daran darauf zurückkommen, was bezüglich der wirklichen Gefahren unternommen werden könnte.

Es gibt eine Möglichkeit der Sabotage, die man gleich wieder vergessen kann: den Direktbeschuß eines Kernkraftwerks. Selbst Ralph Nader ist inzwischen von der Vorstellung abgekommen, daß ein Kernkraftwerk sich in eine Atombombe verwandeln könnte; dafür behauptet er nun, daß es einem Saboteur möglich sei, mit Hilfe hochentwickelter Waffen vom nächsten Hügel aus ein Kernkraftwerk in die Luft zu jagen und »den Druckkessel zu sprengen«, so daß die gesamte Radioaktivität freigesetzt würde[1].

Das Reaktorgebäude besteht aus Beton von über einem Meter Dicke, dessen Stahlarmierung so dicht verlegt ist, daß Vibratoren eingesetzt werden müssen, um beim Bau den Zement hindurchzudrücken, bevor er abbindet[2]. Dadurch sind die Wände stärker als es beispielsweise im Zweiten Weltkrieg die Dächer der deutschen Unterseebootstützpunkte an der französischen Atlantikküste waren, die Tag und Nacht von der Luftwaffe der Alliierten mit Luftminen bombardiert wurden, aber sogar direkten Treffern standhielten. Aber nehmen wir einmal an, dieser imaginäre Supersaboteur hätte tatsächlich so ein mysteriöses Geschütz, mit dem es ihm gelänge, ein Loch in das Reaktorgebäude zu sprengen — was dann? Hätte er auch noch ein zweites Geschoß, um das Loch zu vergrößern, und ein drittes, das die anderen Betonkonstruktionen im Innern des Gebäudes durchschlägt, und ein viertes, um jetzt endlich mit der Arbeit am Stahldruckkessel beginnen zu können? Würde er dann warten, bis das Wetter genau richtig ist, damit die Früchte seiner Arbeit nicht wirkungslos in die Atmosphäre verpuffen? Es gäbe noch mehr solcher Fragen, aber die ganze Idee ist zu absurd, um noch mehr Platz dafür zu verschwenden.

Plutonium wird oft als ›die giftigste Substanz‹, ›unvorstellbar giftig‹, ›der Horrorbrennstoff‹ — und was dergleichen melodramatischer Unsinn mehr ist — bezeichnet. Selbstverständlich ist Plutonium giftig, und selbstverständlich muß man vorsichtig damit umgehen. Aber alles andere ist reine Propaganda für Gruselfilme. Plutonium ist in erster Linie ein Alphastrahler, das heißt, daß seine Strahlung nach wenigen Zentimetern in der Luft absorbiert wird, und ein Stück Papier genügt, um sich in unmittelbarer Nähe gegen diese Strahlung abzuschirmen. Es ist bei weitem nicht die giftigste Substanz, die man kennt. Wenn es mit der Nahrung aufgenommen wird oder in den Blutkreislauf gerät, ist es zehnmal weniger giftig als Bleiarsenat und hunderttausendmal weniger giftig als manche biologischen Gifte, wie zum Beispiel Diphterie- oder Botulismustoxine. Koffein, von dem Sie wahrscheinlich auch heute morgen einiges mit Ihrem Kaffee zu sich genommen haben, ist nur zehnmal weniger giftig als Plutonium. (Die relative Toxizität wird gemessen, indem man das Gewicht der jeweiligen ›50-Prozent-Letalitäts-Dosis‹ von verschiedenen Stoffen miteinander vergleicht, die für Säugetiere der gleichen Art tödlich ist. Die ›50-Prozent-Letalitäts-Dosis‹ ist die Menge, bei der die Hälfte der Versuchstiere eingeht). Plutonium ist also durchaus nicht ungefährlich, wenn man es schluckt oder wenn es über die Haut in den Organismus gelangt. Wirklich gefährlich ist es allerdings dann, wenn man es in Form von feinen Staubteilchen einatmet. Plutonium ist in Wasser nicht löslich. Wenn feine Teilchen davon lange in der Lunge bleiben, können sie unter Umständen Lungenkrebs hervorrufen. Obwohl dies zweifelsohne eine ernstzunehmende Gefahr darstellt, ist sie über jedes vernünftige Maß hinaus übertrieben worden. Es gibt radioaktive Substanzen, die nicht vom Pentagon, sondern von Mutter Natur höchstpersönlich erzeugt wurden und weitaus gefährlicher sind als Plutonium. »Plutonium ist das *giftigste* von allen Elementen«, heißt ein verbaler Schreckpopanz der Kernkraftgegner. Wieso denn das? Es gibt nur etwa hundert Elemente, und warum sollten die eigentlich alle giftig sein? Auch in anderer Hinsicht funktioniert dieser Trick nicht, denn beispielsweise sind alle Schwermetalle giftig – und einige sind giftiger als Plutonium. Radium hat eine Halbwertszeit, die sechzehnmal kürzer ist als die von Plutonium; auf den ersten Blick müßte es also auch sechzehnmal gefährlicher sein, weil seine Strahlungsintensität bei der gleichen Anzahl von Atomen sechzehnmal größer ist. Plutonium hat jedoch eine viermal längere Verweilzeit in der Lunge, so daß es in Wirklichkeit nur viermal (16:4) weniger gefährlich ist als Radium. Es gibt noch viele Beispiele dieser Art, aber dieses eine sollte genügen, um den Mythos zu zerstören.

»Wenige hundert Gramm dieses tödlichen Stoffes könnten, wenn sie entsprechend verteilt werden, die ganze Menschheit auslöschen.« Vollkommen richtig – aber das wäre auch mit einer Tagesproduktion von Nähnadeln möglich, »bei entsprechender Verteilung« (nämlich eine in das Herz eines jeden Menschen). Tatsache ist, daß bei den ersten Versuchen mit Atomwaffen nicht einige hundert Gramm, sondern ungefähr *drei Tonnen* Plutonium in die Atmosphäre gelangten[3], aber irgendwie hat die Menschheit doch überlebt.

Feststellungen dieser Art werden von Nader, Koupal, Comey und Konsorten getroffen, politischen Propagandisten ohne irgendeine wissenschaftliche Ausbildung. Aber wie steht es mit Radiologen wie Sternglass, Geesaman, Gofman, Tamplin und Cochran? Das einzig Bemerkenswerte an diesen Ex-Wissenschaftlern ist, daß sie jedesmal, wenn sie eine ihrer wilden Behauptungen loslassen, großes Aufsehen erregen. Immer wieder sind sie von sachverständigen Komitees und Fachorganisationen widerlegt worden, die sich mit ihren Behauptungen auseinandergesetzt haben. Aber diese Tatsache ist eben in keiner Weise sensationsträchtig.

Indes, ist es nicht auch in früheren Zeiten schon vorgekommen, daß ein Wissenschaftler das herkömmliche Wissen seiner Zeit in Frage gestellt und sich damit seine Kollegen zu Feinden gemacht hat, um zu gegebener Zeit dann doch bestätigt zu werden? Es stimmt – vielen großen Gelehrten ist es so ergangen: Galilei, Darwin und Einstein, um nur einige zu nennen.

Aber es gibt einige gewichtige Unterschiede, die auch Laien verstehen werden.

Erstens handelten sich diese großen Wissenschaftler zwar die Feindschaft von Politikern, Ideologen und religiösen Fanatikern ein, während die Wissenschaftler ziemlich schnell einsahen, daß Galilei und seine Schicksalsgenossen recht hatten. Zum Beispiel haben die Nazis Einsteins Theorie offiziell als ›jüdischen Schwindel‹ gebrandmarkt, während ihre Wissenschaftler sich trotzdem ihrer bedienten.

Zweitens waren die Unterschiede zwischen den alten und den neuen Theorien, wenn man sie überhaupt experimentell nachprüfen konnte, oft verschwindend gering. Der Zeitunterschied bei dem galileischen Experiment mit den beiden Kugeln betrug nur den Bruchteil einer Sekunde, und Einstein hatte im Jahre 1905 nur zwei Versuchsergebnisse, auf die er seine Theorie stützen konnte. Eines davon war nicht mehr, als daß ein bestimmter geringfügiger Effekt in einem hochempfindlichen Interferometer nicht eintrat, das andere eine Differenz bei einer elektronischen Wirkung, die so klein war, daß man sie damals kaum nachweisen konnte. Dies gilt jedoch kaum für unsere Don Quijotes der Strahlenkunde. Während zum Beispiel die Sicherheitsnormen in den Vereinigten Staaten davon ausgehen, daß ein ›heißes‹, nämlich aktives Plutoniumteilchen eine Dosis von 0,3 mrem pro Jahr abstrahlt, veranschlagen die Herren Doktoren Tamplin und Cochran die Dosis auf 4 Millionen mrem pro Jahr[4]. Während sich Wissenschaftler aufgrund der durch Einsteins Theorie vorausgesagten geringfügigen Abweichungen in heiße Debatten stürzten, wird eine Abweichung um einen Faktor von mehr als 10 Millionen sie im allgemeinen lediglich dazu veranlassen, hell aufzulachen und sich an die Stirn zu tippen.

Drittens ist ein echter Wissenschaftler, der das herkömmliche Wissen in Frage stellt, der Feindseligkeit von Leuten ausgesetzt, die es nicht mögen, wenn jemand ihre heiligen Kühe schlachtet. Galilei mußte seine Behauptungen unter Folterandrohung (vielleicht auch -anwendung) widerrufen. Giordano Bruno wurde auf dem Scheiterhaufen verbrannt. Darwin handelte sich die lebenslängliche Feindschaft der Kirche ein. Einstein mußte zusammen mit vielen nichtjüdischen Wissenschaftlern, die seine Theorie unterstützten, ins Exil gehen. Gofman, Tamplin & Co. befinden sich in einer ganz anderen Situation. Heute ist es der ehrliche und hart arbeitende Wissenschaftler, den viele als eine Art Frankenstein betrachten, wenn er es wagt, für Kernenergie einzutreten, während man Leute wie Sternglass und Geesaman umhätschelt. Ihnen stehen die nicht zu knapp bemessenen Mittel der verschiedenen Umweltstiftungen (und der diversen parareligiösen Stiftungen, wie zum Beispiel der ›Creative Initiative Foundation‹ zur Verfügung. Sie unternehmen lukrative Vortragsreisen und sonnen sich im Glanz der Massenmedien. Sie können nicht nur ihr kleines Lieblingssteckenpferd reiten, sondern treten nebenbei auch als Propheten, Märtyrer und Heilsbringer auf, die von einer abgestumpften, profitgierigen Gesellschaft zurückgewiesen wurden. Sie haben, kurz gesagt, ein Hintertürchen zum Ruhm entdeckt, das ihnen den langen Weg gewissenhaften und verantwortungsbewußten Arbeitens erspart.

Angesichts dessen dürfte es auch dem Laien nicht sehr schwer fallen zu entscheiden, ob Tamplin & Co. recht haben oder aber die American Health Physics Society und das Committee for Biological Effects of Ionizing Radiation of the National Academy of Sciences (Kommission für die Erforschung biologischer Wirkungen ionisierender Strahlen der Akademie der Wissenschaften) – um nur zwei solche Institutionen zu nennen. Wenn das aber nicht ausreicht, gibt es immer noch die letzte Möglichkeit: den experimentellen Beweis.

Und der ist überwältigend. Nie und nirgendwo konnte man auch nur einen einzigen Krebsfall nachweisen, der auf die Einwirkung von Plutoniumstrahlen zurückzuführen gewesen wäre[5]. Während der kriegsbedingten Ausnahmesituation, als zum ersten Male mit Atomwaffen experimentiert wurde, lag die Plutoniumbelastung wesentlich über den derzeitigen maximal zulässigen Werten. Dennoch ist von den 17 000 Arbeitern, die mit Plutonium in Berührung kamen, einschließlich derer, die an dem Manhattan-Projekt beteiligt waren, kein einziger an einer Krankheit gestorben, die in irgendeinem Zusammenhang mit Plutonium stand[6]. Unter diesen Personen waren auch 25, die bei der Arbeit mit Plutonium in Los Alamos (1944 – 1945) das *fünfundzwanzigfache* der derzeitig zulässigen Menge an Plutonium in ihre Lungen aufgenommen hatten. (Tamplin und Cochran traten für eine Reduzierung der derzeitig maximal zulässigen Lungenbelastung um einen Faktor von 117 000 ein.) Ihre Eingabe, die sie zu diesem Zweck über ihre Schirmherren, die Vorsitzenden des ›Natural Resources Defense Council‹ (= NRDC, eine Art Verein zur Verteidigung der Schätze der Natur) an die Kernenergiebehörde machten, wurde nach zweijähriger Prüfung im April 1976 aus verschiedenen Gründen von der NRC verworfen; einer davon war die fehlerhafte Auswertung wissenschaftlicher Daten durch den NRDC. Entsprechend der Gofmanschen Schätzung der Lungenschädigung hätten bei diesen 25 Arbeitern eintausendfünfhundertmal Lungenkrebs auftreten müssen[7]. Tatsache ist, daß sich alle 25 einer guten Gesundheit erfreuen[8].

Die Gefahr, daß Terroristen und Erpresser Plutonium versprühen, hat Professor Bernhard L. Cohen, der früher Vorsitzender der Kernphysikabteilung der Amerikanischen Gesellschaft für Physik war, gründlich analysiert; jeder Terrorist, der zufällig auf diese Untersuchung[9] stößt, wird bitter enttäuscht sein, denn nicht nur ist Plutonium sehr viel weniger gefährlich als einige andere Gifte, sondern im Gegensatz zu chemischen oder biologischen Giften, die innerhalb weniger Minuten wirken, tritt der durch Plutonium verursachte Tod (Krebs) erst nach Jahren oder Jahrzehnten ein.
Wenn zum Beispiel jemand die unverantwortlichen Unterstellungen von Ralph Nader ernst nähme und Plutonium in das Belüftungssystem eines Gebäudes sprühen würde, könnten die Opfer sich noch 15 bis 45 Jahre lang einer guten Gesundheit erfreuen. Ein Terrorist, der ein solches sinnloses und nahezu absurdes Verbrechen beginge, könnte nur jemand sein, der die Naderschen oder ähnliche antinukleare Horrorgeschichten gelesen und ernst genommen hat. In juristischer Hinsicht wäre

Nader oder Koupal an solch einem Verbrechen natürlich unschuldig; hinter welcher Entschuldigung würden sie sich aber verstecken, um sich ihrer moralischen Verantwortung zu entziehen? Nicht einmal zum Zwecke der Erpressung könnte diese Methode angewandt werden, denn die Bedrohung könnte durch das Abschalten der Energie- und Stromversorgung und des Belüftungssystems des Gebäudes sofort hinfällig werden. Selbst wenn ein Erpresser das betreffende Gebäude nicht identifizieren würde, könnte die Stromversorgung für alle großen Gebäude der Stadt in verhältnismäßig kurzer Zeit abgeschaltet werden, denn Plutonium unterscheidet sich auch noch in anderer Hinsicht von biologischen und chemischen Giften: Selbst winzigste Mengen können binnen kürzester Zeit festgestellt werden (was nebenbei bemerkt auch für alle anderen radioaktiven Substanzen gilt).

Im übrigen verweisen wir auf die Untersuchung von Professor Cohen[10]: Die Gefahr einer Bedrohung durch Plutoniumverbreitung ist äußerst gering, da Terroristen und Verbrechern so viele andere gefährliche und wirksamere Methoden zur Verfügung stehen, die leichter zu handhaben und für sie selbst ungefährlicher sind.

Anders verhält es sich bei illegaler Bombenherstellung. Dieses Problem ist in ›Nuclear Theft: Risks and Safeguards‹ (Kernbrennstoffdiebstahl: Risiken und Sicherheitsmaßnahmen) von Theodore B. Taylor, einem Kernphysiker, und Mason Willrich, einem Professor der Rechte, ausführlich behandelt worden. Zitate aus diesem Buch sind unzählige Male von Kernkraftkritikern, Umweltschützern und politischen Gegnern der Kernenergie wiederholt worden. Diese Willrich-Taylor-Studie ist unverschuldet in den Verdacht geraten, auch nur üble Propaganda zu sein, weil sie so oft in einem Atemzug mit all dem fürchterlichen Unsinn genannt wurde, den Anti-Kernkraft-Organisationen verbreiten, ebenso zusammen mit den Falschinformationen, die in sogegannten ›Dokumentar‹-Sendungen (zum Beispiel ›Die Plutonium-Mafia‹) ausgestrahlt werden, aber auch deshalb, weil so unglaubwürdig gewordene Theorien wie diejenigen der Herren Tamplin, Gofman und anderer sich nach wie vor unverdienter Publizität erfreuen. Auch die Tatsache, daß die Willrich-Taylor-Studie von der Energieabteilung der Ford Foundation (die sich hauptsächlich auf ideologischem Gebiet hervortut) in Auftrag gegeben worden war, brachte sie in Mißkredit.

Diese Einschätzung hat sie jedoch nicht verdient. Es handelt sich um eine ernstzunehmende Arbeit hochqualifizierter Forscher. Mit aus dem Zusammenhang gerissenen Zitaten (die auf diese Weise schließlich zu kaum erkennbaren Parodien auf das Original wurden) werfen meistens diejenigen politischen Aktivisten um sich, die das Buch selbst noch nie in der Hand gehabt haben. Sonst wären sie sich darüber im klaren, daß es keineswegs mit der Absicht verfaßt wurde, die Kernenergie zu bekämpfen, sondern vielmehr, sie sicherer zu machen. Als das Buch 1974 veröffentlicht wurde, gab es in der Tat erhebliche Sicherheitsmängel an einigen Stellen des Kernbrennstoffkreislaufes. Es hat zweifellos eine nicht unbedeutende Rolle dabei gespielt, daß in den Jahren danach die Sicherheitsvorschriften bei Kernanlagen verschärft wurden.

Dr. Taylor selbst stellte fest, daß er aufgrund der inzwischen bereits durchgeführten oder geplanten Verbesserungen der Meinung ist, daß das Problem angemessener Sicherheitsvorkehrungen zufriedenstellend gelöst sein wird, ehe in den Kernkraftwerken größere Mengen Plutonium eingesetzt werden[11]. Dr. Willrich seinerseits hat sich gegen die kalifornische Moratoriumsbewegung gewandt und versichert, daß »das bestehende Gefüge von Gesetzen und Vorschriften für nukleare Sicherheit in den Vereinigten Staaten ausreichenden Schutz bieten kann[12]«. Das Buch von Taylor und Willrich bringt unmißverständlich zum Ausdruck, wie enorm schwierig es ist, an Plutonium heranzukommen und eine primitive Bombe daraus herzustellen. Ein Terrorist oder sonst jemand hat beispielsweise keine Chance, an die Spaltprodukte in einem Reaktor zu kommen, solange dieser in Betrieb ist. Die einzige Gelegenheit, als Unbefugter auch nur in die Nähe von Plutonium zu

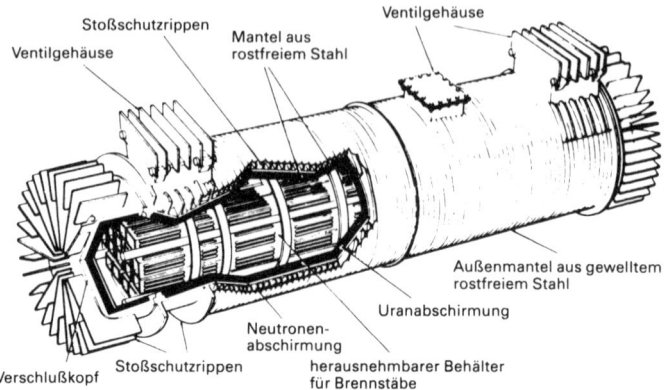

Stoßschutzrippen
Ventilgehäuse
Mantel aus rostfreiem Stahl
Ventilgehäuse
Verschlußkopf
Stoßschutzrippen
Neutronen-abschirmung
Uranabschirmung
herausnehmbarer Behälter für Brennstäbe
Außenmantel aus gewelltem rostfreiem Stahl

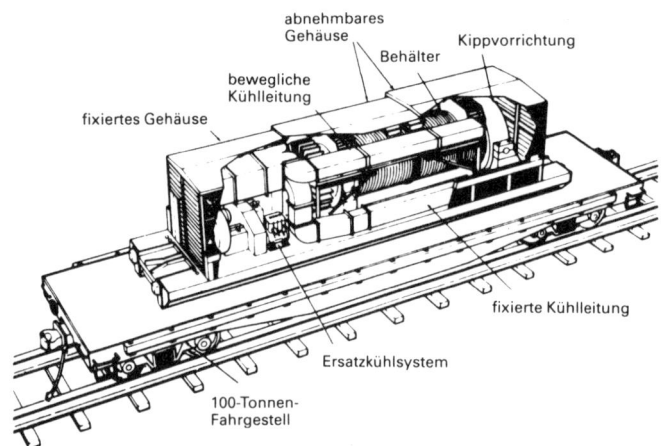

abnehmbares Gehäuse
Behälter
Kippvorrichtung
bewegliche Kühlleitung
fixiertes Gehäuse
fixierte Kühlleitung
Ersatzkühlsystem
100-Tonnen-Fahrgestell

Abb. 12 Gebrauchsanweisung für Langfinger. Dies müßten Diebe (in aller Heimlichkeit!) stehlen, um an den Brennstabbehälter, die Brennstäbe und die darin enthaltenen Plutoniumoxyd-Tabletten zu kommen. Und das wäre erst der Beginn des langen und schwierigen Unternehmens, eine Plutoniumoxyd-Bombe zu bauen. (Die Abbildungen zeigen nur den Behälter und den Güterwagen für den verbrauchten Brennstoff; das Prinzip ist jedoch bei frischem Brennstoff das gleiche.) Zur Zeit werden einbruchsichere und selbstblockierende Transportmittel entwickelt, die außerdem über Funk automatisch Alarm auslösen.

188

gelangen, bietet sich, wenn Brennstoff von der Aufbereitungsanlage zum Reaktor transportiert wird. Es handelt sich dabei
um Brennstäbe, die mit einem Gemisch aus Plutoniumoxyd
und Uranoxyd gefüllt sind. Abbildung 12 zeigt, wie leicht es
ist, an diese heranzukommen.
Das Plutoniumoxyd in einem Reaktor unterscheidet sich
grundsätzlich von dem in Waffen verwendeten Plutonium. Es
wäre jedoch durchaus möglich, daraus eine Bombe zu basteln,
wenn auch nur unter enormen Schwierigkeiten. Die mehrere
Tonnen schweren Bleibehälter mit den Spaltstoffen, die mit einem Zug oder einem Lkw transportiert werden, ließen sich nur
im Rahmen einer aufwendigen militärischen Operation, die
zudem unbemerkt bleiben müßte, stehlen. Der Transport von
Plutonium darf jetzt nur noch in Begleitung bewaffneter Wa-
chen erfolgen, die zudem von einem Begleitfahrzeug eskortiert
werden, dessen Insassen ebenfalls bewaffnet sind und den Be-
fehl haben, gezielte Schüsse abzugeben. Sie müssen ständigen
Funkkontakt mit Bereitschaftsdienststellen aufrechterhalten;
wenn sie durch eine Gegend fahren, wo dies nicht möglich ist,
muß ein zweites Begleitfahrzeug eingesetzt werden. Haben wir
damit den Polizeistaat? Wenn ja, dann sind wir schon längst
soweit; man denke nur an die Anti-Terror-Maßnahmen auf
Flughäfen, gegen die kaum ein vernünftiger Mensch Einspruch
erhoben hat. Außerdem finden Brennstofflieferungen an ein
Kernkraftwerk im allgemeinen nur einmal jährlich statt; hingegen ist seit mehr als drei Jahrzehnten Plutonium tonnenweise
an die Waffenindustrie geliefert worden, und es ist nichts passiert, und die Vereinigten Staaten sind nicht zu einem Polizeistaat geworden.
Es gibt noch eine Menge anderer gewichtiger Einwände gegen
eine mögliche Bedrohung durch Plutonium-Terrorismus im eigenen Lande. Die Terroristen bräuchten beispielsweise ein
Team von Wissenschaftlern, die in der Lage und bereit wären,
eine Bombe herzustellen und die Monate hindurch, die ein solches Unternehmen dauert, absolutes Stillschweigen zu bewahren[13].
Zudem wäre es für diese ›verrückten Wissenschaftler‹ — wenn

sie sich nun einmal für diese Variante von Terrorismus entschieden haben – doch wesentlich einfacher, sich mit Gewalt
oder durch List eine gebrauchsfertige Atomwaffe oder zumindest stark angereichertes Uran 235 zu verschaffen.

Diese Wissenschaftler müßten so klug sein, daß sie eine solche
Bombe selbst herstellen können, andererseits aber so dumm,
daß sie ausgerechnet mit solchen Mitteln ihre Ziele verfolgen
und in der Kraftwerks- und nicht in der Rüstungsindustrie ansetzen wollen. In Wirklichkeit gibt es sehr viel einfachere Methoden, um wahllos Menschen zu töten, und zwar weit mehr.
Wir werden auf einige solcher Möglichkeiten im Zusammenhang mit der Lagerung von fossilen Brennstoffen zu sprechen
kommen, da dies unmittelbar zum Thema des Buches gehört.
Es sei aber gesagt, daß selbst dies noch gar nichts ist im Vergleich zu anderen nicht mit Kraftwerken zusammenhängenden
Methoden, Zehntausende von Menschenleben auszulöschen.
Einem überzeugten Terroristen dürfte es nicht schwerfallen
herauszufinden, was dies für Methoden sind, aber ich denke
nicht daran, ihm mit diesem Buch eine Gebrauchsanweisung
zu liefern. Ich zitiere lediglich Professor Cohen, der feststellt,
daß »Experten für Terrorismusbekämpfung ihre Hoffnung geäußert haben, daß Kernkraftwerke für Terroristen attraktiv
werden; dadurch würden sie nämlich von weit schrecklicheren
Unternehmungen abgelenkt werden, die viel leichter durchzuführen wären«, und daß nach Ansicht dieser Experten »das all-
gemeine Interesse, das die Plutoniumbombe für sich in Anspruch nehmen kann, für die Gesellschaft sehr vorteilhaft ist,
weil es die Aufmerksamkeit der Möchtegernterroristen von
viel gefährlicheren Vorhaben ablenkt[14]«.

Der ›verrückte Wissenschaftler‹, der in seinem Keller eine
Atombombe bastelt, bietet lediglich Stoff für Sonntagsblätter
und Nadersche Falschmeldungen; eine ernsthafte Bedrohung
stellt er hingegen nicht dar. Was aber ist mit politischen Terroristen, die vom Ausland unterstützt werden? Was ist mit der
PLO, wenn ihre sowjetischen Freunde ihr eine kleine taktische
Bombe schenken oder ihr zumindest verraten, wie man eine

solche herstellt? Was passiert, wenn sie damit drohen, diese in einem Großstadtbahnhof hochgehen zu lassen, wenn man ihre Forderungen nicht erfüllt?

Diese Möglichkeit ist ziemlich unwahrscheinlich, jedoch weniger weit hergeholt, als Frankenstein mit seinem Plutoniummonster in der Garage. Man kann dies nicht durch technologische Mittel allein verhindern; es ist dies ein politisches Problem, das man nur politisch, aber nicht mit ideologischen Streitereien angehen kann.

Vor etlichen Jahren waren die Flugzeugentführungen aus den USA nach Cuba eine regelrechte Seuche. Warum hat dies aufgehört? Metalldetektoren, Gepäckkontrollen und Polizeibeamte in Zivil an Bord der Flugzeuge haben sicher dazu beigetragen, jedoch hätten sie dieses Problem niemals alleine bewältigen können. Die Entführungen nahmen schlagartig ein Ende, als Fidel Castro den Vereinigten Staaten die Auslieferung zukünftiger Luftpiraten zusicherte. Und entgegen den gelehrten Untersuchungen von Soziologieprofessoren schreckt die Aussicht auf einen Fehlschlag des Unternehmens und Bestrafung eben doch ab.

Die PLO und andere Organisationen, die wahllos töten, haben ihre Leute aus den Gefängnissen aller Länder freigepreßt — mit einer Ausnahme: Israel. Israel hat nicht nur von Anfang an verkündet, daß es mit Erpressern nicht verhandeln wird, sondern es ist auch zu seinem Wort gestanden, und Terroristen, die israelische Staatsbürger als Geiseln nehmen oder sonst irgendwie versuchen wollten, die israelische Regierung zu erpressen, haben dabei schlechte Erfahrungen gemacht.

Ganz im Gegensatz dazu haben es die westeuropäischen Regierungen nicht an bombastischen Absichtserklärungen fehlen lassen; als sie aber tatsächlich erpreßt wurden, war dies alles vergessen. Sie ernannten sich flugs zu Humanitätsaposteln und gaben klein bei, um eine Handvoll Menschen zu retten, wohl wissend, daß sie damit Hunderte und schließlich sogar Tausende von Menschenleben aufs Spiel setzten. Obwohl bereits Hunderte Menschen von Terroristen und Erpressern ermordet worden waren, handelte der österreichische Kanzler Kreisky immer noch nach dem Gebot: ›Verschiebe das Töten auf morgen!‹, und es gibt nur geringe Anzeichen dafür, daß die englische, die deutsche und die holländische Regierung allmählich begreifen, daß sie den politischen Konsequenzen ihrer Vogel-Strauß-Politik nicht entgehen können.

Die Haltung der jeweiligen US-Regierungen war in dieser Hinsicht nicht gerade vorbildlich. Sie haben nichts unternommen, um ihre Entschlossenheit kundzutun (falls diese überhaupt vorhanden war), gegenüber Erpressern, die mit dem Einsatz von Spaltmaterial drohen, einen harten Kurs einzuschlagen. Denn ganz offensichtlich ist das stärkste Abschreckungsmittel in diesem Fall nicht die Androhung einer Strafe, sondern das Risiko, daß das ganze Unternehmen aussichtslos ist.

Zitieren auch wir einmal aus dem vielzitierten Buch von Willrich und Taylor:»Außerdem könnte ein harter Kurs die zukünftige Entwicklung von Kernkraft auf eine solidere politische Basis stellen. Eine solche Politik würde vermutlich gewährleisten, daß grundlegende demokratische Werte nicht allmählich durch einen Angleichungsprozeß an extremste Sicherheitsrisiken in der Kernkraftfrage untergraben werden, wenn sich diese Risiken als real erweisen. Die Regierung würde bei der Verfolgung einer solchen Politik − und das amerikanische Volk, indem es diese Politik gutheißt − eingestehen, daß sich das Risiko eines Diebstahls von nuklearem Material durch kein Sicherheitssystem auf Null reduzieren läßt; daß die Regierung und das amerikanische Volk bereit sind, die entsprechenden Risiken auf sich zu nehmen, um die Vorteile, die die Kernenergie mit sich bringt, zu nutzen; daß sie jedoch nicht bereit sind, die politischen Institutionen durch Atombombendrohungen in Frage stellen zu lassen ... sondern daß sie auf einem Sicherheitssystem bestehen und es fördern werden, um das Risiko der nuklearen Gewalt so niedrig wie möglich zu halten.«

Solch eine realistische Politik erfordert keine weiteren technischen Maßnahmen. Nicht Bestrafung, sondern die Gewißheit des Scheitern ist das Abschreckungsmittel.

Um noch einmal Willrich und Taylor zu zitieren:»Jeder, der

ein solches Unternehmen plant, wäre sich darüber im klaren, daß eine politische Grundeinstellung in ihr Gegenteil verkehrt werden muß, ehe die Drohung ihren Zweck erfüllt«.

Die zweite, recht wirkungsvolle Verteidigungsmaßnahme gegen Terrorismus — nicht nur gegen Atommißbrauch — erfordert ebenfalls keine Technologie: die Unterwanderung von Terroristengruppen. Willrich und Taylor sind nicht näher darauf eingegangen, aber es handelt sich hier um eine Waffe, die ihre Wirksamkeit immer wieder bewiesen hat, und zwar ohne daß dabei irgendwelche bürgerlichen Grundrechte angetastet wurden. Aber es ist dies eine Waffe, die zur Zeit durch gewisse ideologische Gruppierungen (fälschlicherweise als ›liberal‹ oder ›progressiv‹ bezeichnet) im Kongreß und in der Presse mehr oder weniger unbrauchbar gemacht worden ist. Sie hatten keinerlei Einwände, wenn es darum ging, daß FBI-Agenten den Ku-Klux-Klan unterwanderten (kein vernünftiger Mensch hatte etwas dagegen). Aber wenn Verfassungsschutzbehörden uns vor Linksfaschisten beschützen wollen, stimmen sie ein großes Klagelied über die Bedrohung bürgerlicher Freiheit an — als könnten bürgerliche Freiheiten den Toten noch nützen.

Doch nun zu dem lustigen Geschäft des wahllosen Tötens von Menschen durch die Beschädigung von nichtnuklearen Kraftwerken. Überall dort, wo eine hohe Bevölkerungsdichte und große Mengen an gespeicherter Energie sich in unmittelbarer Nachbarschaft zueinander befinden, gibt es genügend günstige Gelegenheiten für Terrorismus, Sabotage und Erpressung.
Vor allem der Gedanke an Staudämme (die natürlich nicht unbedingt zu Wasserkraftwerken gehören müssen) liegt nahe. Ein Dammbruch, bei dem 1000 Leute ums Leben kommen, ereignet sich durchschnittlich alle achtzig Jahre einmal; im Verhältnis zur Zahl der Todesopfer liegt die Wahrscheinlichkeit höher als bei Großbränden, Explosionen oder der Freisetzung von Chlorgas[15]. Es ist — außer Krieg — die häufigste von Menschenhand verursachte Katastrophe, bei der sehr viele Menschen ums Leben kommen.
Der Vaiont-Dammbruch im Jahre 1963 forderte 2000 Men-

schenleben. Das war jedoch ein Unfall, kein sorgfältig geplanter Sabotageakt mit dem ausdrücklichen Ziel, möglichst viele Menschen zu töten.

In der Nacht vom 16. zum 17. Mai 1942 griff eine britische Staffel mit 19 Lancasterbombern die Möhne-, Eder- und Sorpedämme in Deutschland an und sprengte die Möhnetalsperre; dabei strömten mehr als 130 000 Kubikmeter Wasser in das Ruhrtal. Es gab mehrere hundert Tote; damals, in der Zeit der Luftangriffe, hieß das nicht viel, aber das war auch nicht der Zweck des Angriffs; man wollte vielmehr dem Ruhrgebiet, dem industriellen Zentrum Deutschlands, Wasser und damit auch die durch Wasserkraft erzeugte Elektrizität entziehen[16]. Der Sorpedamm wurde direkt getroffen; jedoch traf die Bombe den Damm ein Stück über dem Wasserspiegel. Albert Speer, der Mann, der dafür sorgte, daß die deutsche Produktion auch während der Luftoffensive nicht zusammenbrach, besichtigte den Schaden am nächsten Morgen und schreibt in seinen Memoiren: »Nur ein paar Zentimeter tiefer und ein kleiner Bach wäre zu einem reißenden Strom geworden, der den Stein- und Erddamm weggespült hätte. In jener Nacht hätten die Engländer fast einen Erfolg errungen, der größer gewesen wäre als alles, was sie bis dahin mit einem Einsatz von Tausenden von Bombern erreicht hatten ... Hätten sie die Ruhrstaubecken zerstört, dann wäre es zu einer solchen Verknappung an Kühlwasser für die Koksanlagen und Hochöfen gekommen, daß die Produktion im Ruhrgebiet um 65 Prozent reduziert worden wäre[17].«

Dieser Angriff war in der Absicht erfolgt, die Industrie lahmzulegen, und nicht, um die Bevölkerung zu dezimieren; außerdem wäre der Versuch, durch gezielte Bombardierung bei Mondschein (Radar steckte damals noch in den Kinderschuhen) Staudämme zu zerstören, selbst ohne die deutsche Luftabwehr ziemlich schwierig gewesen.

Die Zerstörung eines Dammes oberhalb eines Wohngebietes mit Hilfe von hochexplosiven Stoffen wäre in Friedenszeiten mit verhältnismäßig geringen technischen Schwierigkeiten verbunden. Da es keine entsprechenden Sicherheitsvorkehrungen

194

gibt, bestünde auch kaum eine Gefahr, daß ein solches Unternehmen mißlingt.

Ein Anschlag auf einen Staudamm könnte den Tod von 100 000 Menschen zur Folge haben. 1974 ergab eine Untersuchung der University of California, daß es in den Vereinigten Staaten einige Staudämme gibt, bei deren plötzlichem Bruch mehr als 200 000 Menschen ums Leben kommen könnten. Bei einem liegt die Zahl der potentiellen Opfer sogar bei 230 000. Einer der Autoren wiederholte diese Zahlen in einem öffentlichen Vortrag im Jahre 1976. (Wie schon gesagt wären genauere Angaben bezüglich dieser Staudämme oder präzise Hinweise auf den Bericht nicht gerade sinnvoll, und ich führe sie aus naheliegenden Gründen nicht an.)

Wieviele promovierte Kernphysiker würde man wohl brauchen, um *diesen* Alptraum wahrzumachen?

Ein großer Öltanker speichert die Energie einer Zwei-Megatonnen-Wasserstoffbombe; die wirklich gefährlichen Angriffsziele für Terroristen wären jedoch Schiffe, die flüssiges Erdgas von Algerien und anderswoher zu US-Häfen transportieren, die manchmal nur wenige Kilometer von den Großstädten (Boston beispielsweise) entfernt sind. Eine Explosion der Ladung würde die gesamte Energie innerhalb weniger Sekunden freisetzen, und laut Dr. Edward Teller könnte dies der Wirkung der Hiroshimabombe entsprechen.

Ich möchte in diesem Zusammenhang darauf hinweisen, daß eine selbstgebastelte Atombombe mit ziemlicher Sicherheit nicht die Wirkung der über Japan abgeworfenen Bomben haben würde. Diese beiden Atombomben wurden hoch über den Zielstädten zur Detonation gebracht, um Sprengwirkung und Hitzestrahlung auf eine größtmögliche Fläche zu verteilen. Wenn man auf dem Erdboden eine Atombombe zündet, würde sie einige Stadtviertel zerstören, nicht aber ganze Großstädte ausradieren. Und wahrscheinlich nicht einmal das; ihr Wirkungsgrad ist nämlich weitgehend vom Auslösemechanismus abhängig. Eine Atombombe explodiert, wenn man zwei oder mehrere unterkritische Massen spaltbaren Materials zu einer überkritischen Menge vereinigt. Sobald diese miteinander in Berührung kommen, müssen die unterkritischen Teile gegen die Kraft der beginnenden Kernexplosion zusammengehalten werden, und zwar so lange, bis der nicht explodierte Brennstoff aufgebraucht ist. Ist dies nicht der Fall, dann verpufft die Explosion und sprengt lediglich die unterkritischen Teile wieder auseinander, so daß sie keinen Schaden mehr anrichten können. Dank der Menschenfreunde, die sich solche Sorgen wegen des Plutoniums machen, gibt es inzwischen genaueste Gebrauchsanweisungen, wie man das verhüten und einen tadellos funktionierenden Auslösemechanismus in Heimarbeit basteln kann; dennoch hätte eine solche Explosion nicht annähernd die Folgen wie eine Explosion der im militärischen Bereich verwendeten Sprengkörper. Der Auslösemechanismus von Atombomben ist immer noch eines der wenigen streng bewachten militärischen Geheimnisse, und man weiß nicht einmal, ob die Westmächte, China und die UDSSR denselben Auslösemechanismus verwenden.

Terroristen oder Saboteure (nicht jedoch Erpresser) könnten ohne weiteres Beinahe-Katastrophen wie in Bayonne, New Jersey, im Jahre 1973 und 1976 in Süd-Brooklyn, als Tausende von Leuten in New York City fast erstickt wären, wenn nicht die günstige Wetterlage gewesen wäre, zu wirklichen Katastrophen machen. Sie müssen lediglich warten, bis eine Temperaturinversion eintritt und der Wind in die ›günstigste‹ Richtung bläst. Es gibt nicht viele Möglichkeiten, sie daran zu hindern, ein großes Öllager unbemerkt in Brand zu stecken, und wahrscheinlich kann man gar nichts tun, um gleich eine ganze Gruppe aufzuhalten, die mit Gewalt vorgeht.

Dies erfordert ein bißchen Geduld seitens der Terroristen; jedoch bei weitem nicht so viel Geduld, wie — unter anderem — erforderlich wäre, auch nur den Versuch zur Herstellung einer A-Bombe zu unternehmen.

Ich habe die Ausführungen über Terrorismus und Sabotage an Brennstofflagern und konventionellen Kraftwerken absichtlich kurz gehalten, da sie, wie schon gesagt, ziemlich irrelevant sind. Dennoch dürfte klar geworden sein, daß die Gefahr von Sabotageakten an nichtnuklearen Kraftwerken weit größer ist als die selbstgebastelter Atombomben; sie haben mindestens ebenso verheerende Auswirkungen und sind zudem viel leichter durchzuführen.

Und dabei sind die Einrichtungen und Brennstoffe, die mit nichtnuklearer Energieerzeugung zusammenhängen, nicht die einzigen, ja nicht einmal die gefährlichsten Mittel, derer Terroristen sich bedienen können. Es gibt einen Punkt, an dem Analyse zu einer Art Gebrauchsanweisung wird; ich möchte daher dieses häßliche Thema nicht weiter verfolgen, denn es ist wohl klar geworden, um was es geht. Ich will lediglich noch hinzufügen, daß von den zwei Bedingungen für willkürliche Massentötungen, nämlich hohe Bevölkerungsdichte und die Freisetzung von großen Energiemengen, nur die erste wirklich von Bedeutung ist; eine hohe Bevölkerungsdichte bedeutet außerdem nicht unbedingt, daß sich die Leute alle in Gebäuden aufhalten. Ein versierter Terrorist wird wissen, worauf ich anspiele, und ich hoffe aus tiefster Seele, daß er tot umfällt, bevor er versucht, das auszuprobieren.

Zuverlässigkeit und Wirtschaftlichkeit

»Unsicher, unzuverlässig, unwirtschaftlich und unnötig.«

Ralph Nader über die Kernenergie

Eigentlich sind die Punkte in dieser Kapitelüberschrift, die in
Ralph Naders ›Gutachten‹ so erschöpfend analysiert werden,
nicht der Gegenstand dieses Buches, da sie in keinem unmittelbaren Zusammenhang mit den Risiken nuklearer oder nichtnuklearer Energie stehen. Ich will jedoch zumindest ein paar
Worte dazu sagen, damit nicht der Eindruck entsteht, daß Sicherheit die einzige positive Eigenschaft von Kernenergie ist
oder daß dieser Aspekt durch andere Nachteile aufgehoben
wird.
Zuverlässigkeit ist − abgesehen von der Mathematik, wo sie
genau definiert ist − ein ziemlich allgemeiner Begriff, der mit
Hilfe bestimmter Indikatoren, wie zum Beispiel der mittleren
Zeit bis zum nächsten Ausfall der Anlagen, der Verfügbarkeit
(Anteil der Zeit, in der ein System tatsächlich funktionsfähig
ist), des Ausfallkennwerts (Dauer der nicht geplanten Still-
stände im Verhältnis zur gesamten Beobachtungszeit) und verschiedenen anderen gemessen wird. Große Systeme sind meist
weniger zuverlässig als kleine; der Grund ist so ungefähr der
gleiche wie der, warum es in einer Großstadt eben mehr Herzinfarkte gibt als in einer Familie. Auch neue Systeme sind meist
weniger zuverlässig als etwas ältere; ein Phänomen, das jedem
Haus- oder Autobesitzer gut bekannt ist − es gibt eine gewisse Anlaufzeit, bevor das System normal funktioniert.
Wenn man die Zuverlässigkeit von Kernkraftwerken mit der
von Anlagen vergleicht, die mit fossilen Brennstoffen betrieben
werden, sollte man also Kraftwerke miteinander vergleichen,
die ungefähr dieselbe Kapazität haben. In diesem Fall ist die
Zuverlässigkeit von Kernkraftwerken etwa genauso groß wie

199

die der mit fossilen Brennstoffen befeuerten Anlagen; dies geht aus dem letzten Bericht der ›Equipment Availability Task Force‹ (Sonderausschuß für die Untersuchung der Verfügbarkeit technischer Einrichtungen) hervor, deren Zehnjahresberichte durch das ›Edison Electric Institute‹ gefördert und finanziert werden. In manchen Jahren schneiden die Kernkraftwerke besser ab als die konventionellen und umgekehrt. In manchen Energieversorgungsunternehmen haben die Kernkraftwerke eine wesentlich höhere Verfügbarkeit als die anderen Anlagen (zum Beispiel bei der ›Commonwealth Edison of Illinois‹ oder der ›Southern California Edison‹; andererseits gibt es Unternehmen mit ›Problem-Reaktoren‹, die mit ganz spezifischen Mängeln behaftet sind, die manchmal sogar Gegenstand von Gerichtsstreitigkeiten sind (etwa die ›Consumer Power Co. of Michigan‹). Im großen und ganzen entsprechen sich beide Typen von Kraftwerk in etwa.

Zumindest auf den ersten Blick. In Wirklichkeit ist natürlich die Zuverlässigkeit von Kernanlagen wesentlich größer, da sie unvergleichbar strengeren Vorschriften unterliegen. Würde man alle vergleichbaren konventionellen Kraftwerke im ganzen Land stillegen, nur weil ein Haarriß in einer Leitung eines Reserveaggregats gefunden wurde, dann würde keine der herkömmlichen Anlagen auch nur annähernd die Zuverlässigkeit von Kernkraftwerken erreichen.

Die Unwirtschaftlichkeit von Kernenergie ist ein Märchen, das seinerseits auf dem Märchen beruht, daß sie vom Steuerzahler subventioniert werde. Es stimmt, die amerikanischen Steuerzahler haben tatsächlich eine Milliarde Dollar für die Erforschung der Sicherheit von Kernkraft ausgegeben, und ich halte das für eine gute Investition; die amerikanischen Steuerzahler zahlen aber auch eine Milliarde Dollar (und zwar nicht insgesamt, sondern jedes Jahr) für die Opfer der Staublunge — nicht um zu heilen oder die Krankheit auszurotten, sondern lediglich, um die Opfer zu entschädigen. Kernenergie trägt dazu bei, diese Berufskrankheit einzudämmen, indem sie deren Ursache beseitigt.

Darüber hinaus hat Ihr Geschäftspartner — die US-Regierung —, der solch erfolgreiche Unternehmen wie die staatliche Eisenbahngesellschaft ›Amtrak‹ und die Post (mit einem Jahresdefizit von einer Milliarde Dollar) betreibt, nur wenige, die etwas einbringen. Eines davon ist die Urananreicherung, für die die Brennstoffhersteller tüchtig bluten müssen; ein anderes ist die Price-Anderson-Versicherung, an die die Energieversorgungsunternehmen ihre Beiträge zahlen, die dann teilweise an private Versicherungsgesellschaften, teilweise an die US-Regierung gehen.

Die Privatversicherungen werden als erste zur Kasse gebeten, und bisher haben sie 400 000 Dollar für 26 kleinere Forderungen gezahlt. Uncle Sam hat bisher noch keinen Cent ausgegeben (und wird wahrscheinlich auch nie dazu gezwungen sein), sitzt aber auf einem dicken Geldpolster von 48 Millionen Dollar noch nicht in Anspruch genommener Prämien. Natürlich zahlen die Energieversorgungsunternehmen auch Steuern — Gemeinde-, Staats- und Bundessteuern —, die Aktionäre wiederum zahlen nochmals Steuern für ihre Dividenden. Subvention?

Auf jeden Fall ist Kernenergie zur Zeit wesentlich wirtschaftlicher als Kohleenergie, und das wird wahrscheinlich auch weiterhin so bleiben, denn der Uranpreis hat wenig Einfluß auf den Strompreis (wirklich hoch sind nur die Investitionskosten; die Kosten für Brennstoff hingegen liegen relativ niedrig).

In Neuengland, wo Kraftwerke weitgehend von Ölimporten abhängig sind, liegen die Kosten für eine Kilowattstunde aus Kernenergie um 50 Prozent niedriger als für eine durch konventionelle Energie erzeugte; auch im Mittelwesten, wo man aufgrund des geringen Schwefelgehalts der Kohle weniger für Abgasreinigungsanlagen aufbringen muß, kommt Strom aus Kernenergie immer noch um 20 Prozent billiger. Eine kleine Broschüre von I. A. Forbes, ›How to calculate the costs of electricity‹ (Kalkulierung von Stromkosten), zeigt auf, wie sich die Kosten für alle möglichen Arten der Energieerzeugung und alle Preisschwankungen ermitteln lassen; man kann die Wirtschaftlichkeit in der Gegend, in der man wohnt, überprüfen und das in Zukunft zu erwartende Preisniveau berechnen.

Letztlich entscheidend ist natürlich, ob die Verantwortlichen Kernkraftwerke wollen oder nicht — und sie wollen es, mit absoluter Gewißheit. (Ein Grund hierfür war auch der Aufstand der Umweltschützer Ende der sechziger Jahre gegen die Luftverschmutzung durch die mit fossilen Brennstoffen befeuerten Anlagen; heute ist das natürlich vergessen.) Ist es da nicht irgendwie komisch, daß Ralph Nader sich Sorgen macht, die Energieversorgungsbetriebe könnten vielleicht nicht genügend Profit machen?

Aber könnte uns nicht das Uranerz ausgehn?

Nichts geht je ganz aus; lediglich der Preis steigt, wenn es nicht mehr so leicht zu beschaffen ist — so lange, bis es nicht mehr wirtschaftlich ist, dieses Produkt herzustellen oder zu verwenden. Im Falle von Uran müßte man immer geringwertigere Erze verarbeiten, wodurch der Preis ansteigen würde. Ein Blick auf die Übersicht zeigt jedoch, daß die Kernenergie eine Verdoppelung oder sogar eine Verdreifachung des Uranpreises vertragen könnte, ohne ihre Konkurrenzfähigkeit gegenüber fossilen Brennstoffen einzubüßen, selbst wenn man unsinnigerweise annimmt, daß der Preis für fossile Brennstoffe nicht ansteigt.

Man sollte sich auch vor Kalkulationen hüten, die von den ›nachgewiesenen‹ Vorräten ausgehen. Nachgewiesenen Vorräten entsprechen in anderen Industriezweigen die gerade lieferbaren Warenbestände. Die nachgewiesenen Ölreserven der Vereinigten Staaten beispielsweise reichen nur für elf Jahre — und eine so gute Prognose hat es in den letzten hundert Jahren nicht gegeben.

Durch die Herstellung von Plutonium und von Uran 233 aus Thorium kann die Brennstoffversorgung für Kernkraftwerke nicht nur über Jahrhunderte, sondern über Jahrtausende hin sichergestellt werden. In den Uranlagern, die man entweder nachgewiesen hat oder vermutet, befinden sich ungefähr 3,5 Millionen Tonnen davon. Das genügt, um 800 Leichtwasserreaktoren während ihrer gesamten vierzigjährigen Lebensdauer zu betreiben; wenn man jedoch das U 238, das jetzt als

Atommüll beseitigt wird, zur Plutoniumgewinnung verwendet, könnten diese 800 Reaktoren damit siebenunddreißig Jahrhunderte lang betrieben werden[1].

Von diesen Reserven sind allerdings nur 600 000 Tonnen wirklich nachgewiesen. Bezüglich der potentiellen Vorräte möchte ich offen zugeben, daß meine Kenntnisse in Geologie bedauerlicherweise gleich Null sind, und jetzt muß *ich* fragen: Woher soll ein Laie das wissen?

Abgesehen von all dem ist für mich das entscheidende Argument folgendes: Wenn es wirklich zutreffen würde, daß die Kernenergiebrennstoffe im Jahre 2000 zu Ende gehen, würden dann die — immerhin gewinnorientierten — Gesellschaften und Unternehmen eine Technologie entwickeln, die nach Kenntnis ihrer Geologen, Finanz- und Planungsabteilungen dazu verurteilt wäre, daß in absehbarer Zeit kein Brennstoff mehr zur Verfügung stehen wird? Ich bin durchaus bereit, mal anzunehmen, daß sie alle Gauner sind, jedoch nicht, daß sie *dumme* Gauner sind.

Energieeinsparen, das ist die Antwort der Kernkraftgegner, wenn man sie mit der Frage unter Druck setzt, was sie als Alternative vorschlagen würden. Oder Sonnenenergie (die 135 Quadratkilometer pro 1000-MW-Kraftwerk in Anspruch nehmen würde) oder Windenergie (die nur wenig Strom liefern würde, auch wenn überall im ganzen Land Windmühlen stünden) oder Gezeitenkraft (was weniger als ein Prozent des Energiebedarfs decken würde, selbst wenn alle nutzbaren Standorte an den US-Küsten ausgebaut würden).

Im Einklang mit dieser Philosophie hat Nader bekanntgegeben, daß er eine mechanische anstatt einer elektrischen Schreibmaschine gekauft hat, und Comey rühmt sich, nicht mehr mit dem Auto zu fahren.

Es wäre ein leichtes, das Argument zu widerlegen, daß die Energieversorgung allein durch Einsparung sichergestellt werden könnte; denn bei aller Verschwendung rangieren die USA immer noch unter den führenden der Welt in der Energieausnutzung, wenn diese ausgedrückt wird als Energieverbrauch pro Dollar Bruttosozialprodukt[2], und es kann ruhig noch ein bißchen Fett wegtrainiert werden — erst dann geht es an die Substanz.

Noch einmal: Das ganze Argument ist irrelevant. Angenommen, die Amerikaner könnten davon überzeugt werden, ihre Beweglichkeit, ihren Lebensstil aufzugeben (was nicht gelingen würde), angenommen, die daraus resultierende Massenarbeitslosigkeit würde keine Probleme aufwerfen (was sehr wohl der Fall wäre), angenommen, der Energieverbrauch könnte um die Hälfte oder mehr herabgesetzt werden (was nicht möglich ist), wäre es dann etwa weniger wichtig, die sicherste Form von Energieerzeugung zu wählen?

Bei durch Kohle erzeugtem Strom sind pro Einheit verbrauchter Energie die Risiken für Menschenleben mindestens hundertmal größer als bei der Verwendung von Kernkraft. Die Unfallrisiken sind bei fossilen Brennstoffen unvergleichlich größer als bei nuklearer Energie, was auch für die Entsorgung gilt. Die Umweltverschmutzung durch Kohlekraftwerke ist ungefähr zehnmal größer als bei herkömmlicher Reaktortechnik und ungefähr tausendmal größer als bei Schnellen Brütern. Dies bezieht sich jeweils auf eine Einheit verbrauchter Energie. Das heißt, daß dieses Verhältnis konstant bleibt, gleichgültig, ob der gesamte Verbrauch halbiert, verdoppelt oder mit irgendeinem Faktor multipliziert wird. Einsparung hat nicht den geringsten Einfluß darauf.

Und dennoch opponiert Ralph Nader gegen Kernenergie, wegen ihrer Sicherheitsrisiken, und behauptet, daß Energiesparen sie überflüssig mache. Ob ihm das bewußt ist oder nicht: Wofür er kämpft, bedeutet Tausende unnötig geopferte Leben, die Verbreitung von Krebs und anderen Krankheiten und eine Vergewaltigung der Umwelt.

Warum?

»Kernenergie ist absolut unvereinbar mit menschlichem Leben und Demokratie. . . Die Reaktorsicherheit ist in den meisten Fällen nur ein Ablenkungsmanöver, um bei öffentlichen Debatten über irrelevante Themen zu diskutieren.«

Lorna Salzman, Vertreterin der mittelatlantischen Sektion der ›Friends of the Earth‹

Aus den in den vorhergehenden Kapiteln genannten Tatsachen und Zahlen geht klar hervor, daß die Kernenergie, auch wenn sie keine vollkommene Sicherheit bietet, ungefähr 100mal sicherer ist als konventionelle Energie. Warum erhebt dann überhaupt jemand Einwände dagegen, und noch dazu aus Sicherheitsgründen?

Das ist ein wesentlich schwierigeres Problem als der Vergleich der bloßen Zahlen, mit denen man die Gesundheitsrisiken der verschiedenen Arten von Energieerzeugung zueinander in Beziehung setzen kann.

Zunächst erhebt sich die Frage, ob es möglich ist, daß das Verhältnis von 100:1 zugunsten der Kernenergie lediglich das Ergebnis von verzerrten Darstellungen, Weglassungen und vielleicht sogar falschen Aussagen ist?

Wohl kaum. Die vorangehenden Kapitel bieten Zahlen und Fakten; es geht nicht nur darum, was bei der Kernenergieerzeugung geschehen könnte, sondern ebensosehr darum, was bei anderer (nichtnuklearer) Energieerzeugung tatsächlich passiert ist und passieren wird. Zahlen und Fakten, die von angesehenen Analytikern stammen und nicht von politischen Wirrköpfen. Es ist kaum vorstellbar, daß die Statistiker, die die Todesrate bei der Energieerzeugung mittels Kohle berechnen, oder die wissenschaftlichen Komitees, die die Strahlenschutznormen festlegen, sich so sehr irren. Nehmen wir aber trotzdem einmal an, daß sie sich um einen Faktor von 10 oder sogar 20 verrechnet hätten – dann wäre die Kernenergie immer noch 10- oder 5mal sicherer.

Es gibt natürlich Fälle, bei denen die Wissenschaftler mehr oder weniger im dunkeln tappen. Ein Beispiel: die Luftverschmutzung. Die relativen Mengen an Kohlenwasserstoffverbindungen, Stickoxyden, Sulfaten, Staub und anderen Schadstoffen sind – was ihr Gewicht angeht – sehr wohl bekannt, aber es ist ziemlich unklar, wie sie sich auf die menschliche Gesundheit auswirken. Ganz anders bei dem Verhältnis der Auswirkungen von Kernenergie und von konventioneller Energie; hier sind die Zahlen allseits bekannt und keineswegs neu. Sie sind auch von den Kernkraftkritikern selten in Frage gestellt worden, und wenn doch, dann war dies lediglich ein weiterer Beweis ihrer wissenschaftlichen Unzulänglichkeit. Häufiger jedoch sind diese Zahlen einfach ignoriert worden.

Diese Tatsachen sind Ralph Nader und den anderen Agitatoren natürlich bekannt, denn sie sind oft genug mit der Nase darauf gestoßen worden. Ob Nader und Konsorten die Fakten absichtlich verdrehen, oder ob sie schlicht und einfach unfähig sind, ist eine für Psychologen wohl faszinierende Frage, jedoch unbedeutend, wenn man bedenkt, was für einen Erfolg diese Leute haben.

Denn – wir wollen uns da nichts vormachen – dieser Erfolg ist enorm.

Warum?

Manche Leute meinen, daß die Menschen es einfach mögen, wenn sie sich gruseln können, sonst würden sie nicht Geld ausgeben, um sich ›Frankenstein‹, ›Dracula‹ oder dergleichen im Kino anzuschauen. Das mag sein, jedoch erklärt dies das Phänomen nur teilweise. Sie zahlen Eintritt, um einem Zauberer zuzusehen, wie er ein Mädchen entzweisägt, aber nur so lange, bis sie wissen, daß es in Wirklichkeit zwei Mädchen sind: von dem einen sind nur die Beine, von dem anderen eben nur der Kopf sichtbar. Wenn sie das einmal durchschaut haben, ist es nicht mehr interessant. Die Kernkraft-Zauberkiste stand für alle offen, die sich damit auseinandersetzen wollten – warum nur haben so viele Leute es vorgezogen, jedes Ammenmärchen für bare Münze zu nehmen? Weil — so hört man oft — die Massenmedien die Anti-Kernkrafthysterie künstlich schüren. Auch das trifft sicherlich zu und ist eine bessere, aber noch lange nicht ausreichende Erklärung. Scharlatanen vom Typ Naders und anderen Kernkraftkassandras wird oft übertrieben viel Sendezeit zur Verfügung gestellt; die eine Kernkraftnutzung befürwortenden Stellungnahmen von qualifizierten Wissenschaftlern und Organisationen hingegen unterliegen geradezu einer Zensur; es wird derart kraß mit zweierlei Maß gemessen, daß manchmal selbst die Massenmedien dies nicht bestreiten. Sie verteidigen ihre Haltung jedoch mit der alten Journalistenregel, daß ›Hund beißt Briefträger‹ keine aufregende Meldung ist, ganz im Gegensatz zu der Schlagzeile ›Briefträger beißt Hund‹.

Diese Ausrede gilt aber nicht. Wären die Massenmedien nur auf Sensationen aus und nicht auch sonst noch voreingenommen, dann würden sie Meldungen zumindest anders gewichten. Das Feuer im Kernkraftwerk Browns Ferry, bei dem niemand verletzt wurde, und das zu keinem Zeitpunkt gefährliche Ausmaße annahm, war ein Vorfall vom Typ ›Hund beißt Briefträger‹; es wird jedoch sogar jetzt noch breit ausgewalzt. Ganz im Gegensatz dazu hätten bei dem Feuer in den Öltanklagern von Brooklyn im Januar 1976 — einmal ganz abgesehen von der tatsächlichen Zahl der Todesopfer — Tausende von Einwohnern der Stadt New York ums Leben kommen können, wenn die Wetterbedingungen ungünstig gewesen wären. Wenn die Massenmedien nur sensationslüstern wären, dann hätten sie es so dargestellt; das war aber nicht der Fall.

Und war es lediglich die Gier nach Sensationen, als Edwin Newman (NBC) sagte, daß gegen Ende dieses Jahrzehntes Amerikas Flüsse kochen würden, und zwar hauptsächlich wegen der Kernkraftwerke? Ereignet es sich jede Woche, daß 34 prominente Wissenschaftler, darunter 11 Nobelpreisträger, einen Appell an das ganze Land richten? Aber die Sendeanstalten zensierten diesen weg und CBS brachte statt dessen am gleichen Tag einen weiteren Angriff aus der Naderschen Gebetsmühle.

War der Grund dafür, daß alle drei großen Sendergruppen die Presseveröffentlichungen der American Health Physics Society oder der American Nuclear Society der Zensur unterwarfen, tatsächlich nur die Tatsache, daß es sich lediglich um eine ›Hund-beißt-Briefträger‹-Nachricht handelte? Diese Organisationen hatten endlich die Kernenergie befürwortet, nicht nach Jahren, sondern nach Jahrzehnten sorgfältiger Untersuchungen, während derer sie eine solche Befürwortung unnachgiebig abgelehnt hatten; daß sie sich letztlich doch dafür aussprachen, wäre in der Tat eine ›Briefträger-beißt-Hund‹-Meldung gewesen.

Wenn die Massenmedien nur auf Sensationen aus wären, könnten sie beispielsweise genügend Leute finden, die immer noch behaupten, daß die Erde eine Scheibe ist oder daß uns ein Überfall durch außerirdische kleine grüne Männer droht oder daß Kalifornien im Meer versinkt. Man berichtet gelegentlich über solche Themen, aber weder mißt man ihnen eine so übertriebene Bedeutung bei wie den Anti-Kernkraft-Scharlatanen, noch zensiert man die gegenteiligen Meinungen. Warum?

Weil die Medien nicht nur nach Sensationen suchen, sondern ideologisch voreingenommen sind und aus der Kernenergie — anders als bei der Erde als Scheibe oder den UFOS — eine politische Angelegenheit geworden ist.

Eine politische Angelegenheit? Was hat Kernenergie mit Politik zu tun?

Sehr viel. Nicht mit dem alltäglichen Hickhack zwischen den Parteien, sondern mit den großen Linien der politisch-ideologischen Entwicklung.

Und damit sind wir endlich bei einem Punkt angelangt, an dem wir mit den ›Kreuzrittern wider die Kernenergie‹ einer Meinung sind oder doch zumindest mit denen, die nicht mehr den blauäugigen Umweltschützer spielen, sondern den Streit um die Kernenergie offen als das behandeln, was er geworden ist, als das, was sie daraus gemacht haben — als rein politische Angelegenheit. Schon lange bevor Naders Feldzüge offen den Charakter von Volksbelustigungen angenommen hatten, bei denen man die Industrie Spießruten laufen läßt, und bevor die alljährliche Heerschau seiner Organisation ›Kritische Masse‹ gewisse Ähnlichkeit mit dem Nürnberger Parteitag hatte, war die sogenannte Umweltschutzbewegung deutlich politisch und ideologisch eingefärbt. Ich sage sogenannte, weil – abgesehen von echt Verrückten – niemand schmutzige Luft oder verseuchtes Wasser will; in diesem Sinne ist also jeder ein Umweltschützer. Aber die Anführer der derzeitigen Umweltorganisationen benutzen die Begriffe saubere Luft und reines Wasser nur als Köder, um die Leichtgläubigen unter ihre Fahnen zu sammeln für einen Feldzug gegen »den Staat, in dem die Industrie den Ton angibt«, das »Big Business«, die »Interessenverfilzung«, »das Establishment« und alle sonstigen Teufelsgespenster, mit denen sie ihren gutgläubigen Jüngern Angst und Schrecken einjagen können.

Schon in den späten sechziger Jahren war es nicht schwer, (und heute ist es noch leichter), die ideologische Richtung und die gesellschaftlichen Ursprünge der Gruppe auszumachen, die sich ›Die Grünen‹ nennt. Die Umweltschützer waren im allgemeinen gegen das wirtschaftliche Wachstum, für die Geburtenkontrolle, gegen den Vietnamkrieg, für die Annäherung an die Zweite (kommunistische) und Dritte Welt, für größere Laxheit in juristischen und ethischen Fragen und für oder gegen alles mögliche, was wenig oder überhaupt nichts mit unserer Umwelt zu tun hat. Die durch die Umweltverschmutzung am härtesten Betroffenen, die Armen nämlich, fehlten auffälligerweise in der Umweltschutzbewegung. (Wie viele Büros unterhält der ›Sierra Club‹ eigentlich in Slums wie Harlem oder Watts?) Der typische Umweltschützer war im allgemeinen Absolvent einer Hochschule und wohlhabend; und die Bewegung war – und ist – in der ›Nachrichtenindustrie‹ – den Medien und den Universitäten – am stärksten vertreten.

Ich habe absichtlich ›im allgemeinen‹ gesagt, da keine eindeutigen Zuordnungen möglich sind, sondern sich nur statistische Trends feststellen lassen.

Diese Leute werden manchmal als liberal bezeichnet – eine Bezeichnung, die irreführender gar nicht sein könnte, denn die

Einstellung dieser Gruppen gegenüber der Freiheit ist zweideutig oder sogar offen feindlich und das genaue Gegenteil des Liberalismus eines Adam Smith, John Stuart Mill oder Friedrich von Hayek. Nach außen hin bekennen sie sich zwar zu den bürgerlichen Freiheiten, im Grunde genommen sind sie aber für ein hartes Durchgreifen des Staates und eine strikt reglementierte Gesetzgebung.

Dieser Ruf nach staatlichem Zwang und die anmaßende Voraussetzung, daß die Menschen nicht wissen, was gut für sie ist, sind zwei Eigenschaften, die diese ansonsten in sich uneinheitliche Gruppe kennzeichnen.

Diese Tendenzen nehmen zuweilen offen totalitäre Züge an. Paul Ehrlich, ein Geburtenüberwacher, Umweltschützer und Kernenergiegegner, betrachtet sich wahrscheinlich als radikalen Linken und würde sich sehr dagegen verwahren, als Faschist bezeichnet zu werden; in seinem Artikel über unfreiwillige Fruchtbarkeitskontrolle stellt er jedoch fest: »Verschiedene Zwangsmaßnahmen sollte man ernsthaft prüfen, vor allem, weil wir (wer ist ›wir‹? P. B.) unter Umständen doch darauf zurückgreifen müssen, wenn der derzeitige Trend in den Geburtenziffern sich nicht bald mit anderen Mitteln umkehren läßt[1].« Das klingt doch eigentlich mehr nach einem SS-Obersturmbannführer als nach einem amerikanischen Wissenschaftler.

»Alle Wissenschaftler, die ein persönliches Interesse an der Entwicklung kommerziell genutzter Kernenergie haben, sollten sich selbst aus der Diskussion über Kernenergie ausschließen und das Feld den Bürgern überlassen, die durchaus in der Lage sind zu entscheiden, was sie und ihre Freiheit bedroht«, schreibt Lorna Salzman[2] und läßt so ebenfalls eine totalitäre Neigung erkennen: Sie ist zwar durchaus bereit, die ganze Angelegenheit zu besprechen, aber nur unter der Voraussetzung, daß die Opposition nicht zu Wort kommen darf.

Auch andere totalitäre Tendenzen werden in dieser Gruppe von wohlhabenden Unzufriedenen deutlich; Umweltschutz ist nur ein Aspekt. Gewaltanwendung ›zur Verteidigung höherer Werte‹ ist stillschweigend hingenommen und gelegentlich sogar offen unterstützt worden. Ein, wie ich hoffe, extremes Beispiel ist Daniel Berrigan, ein Ex-Priester, der zur Verteidigung eines Mörders sagte, daß »Menschen manchmal höheren Gesetzen gehorchen müssen«. (Der Mörder hatte im Computerzentrum der Universität von Wisconsin eine Bombe gelegt; ein Doktorand wurde getötet. Er tat dies angeblich, um dagegen zu protestieren, daß das Zentrum für das amerikanische Verteidigungsministerium arbeitet.)

Es gibt bereits unmißverständliche Zeichen von Gewaltanwendung ›zur Verteidigung höherer Werte‹. Im Reaktorgebäude des Illinois Institute of Technology fand man eine Rohrbombe, beim Kernreaktor Point Beach der Wisconsin Michigan Power Company Dynamit; im Brennstofflagergebäude der Anlage Oconee der Duke Power-Gesellschaft in South Carolina wurde eingebrochen; in einem öffentlich zugänglichen Bereich des Bostoner Edison Pilgrim-Kernreaktors wurde ein Brandsatz gezündet; in einem Materiallager einer Kernbrennstofflieferfirma in West Valley im Staat New York brach ein Feuer aus — möglicherweise handelte es sich dabei um Brandstiftung.

Die Nadersche und andere Organisationen, die die Anti-Kernkraft-Hysterie schüren, denken gar nicht daran, solche Unternehmungen zu verurteilen; sie nützen sie vielmehr zu Propagandazwecken aus, indem sie sich — unter Berufung auf das Gesetz zur Informationsfreiheit — Einzelheiten aus den Berichten der NRC herauspicken und damit dann zu beweisen versuchen, daß Kernenergie eine Bedrohung für die öffentliche Sicherheit darstellt.

Im Frühjahr 1974 brachte der Anti-Kernkraft-Aktivist Samuel H. Lovejoy einen Turm an der geplanten Baustelle eines Kernkraftwerks zum Einsturz (es handelte sich um ein hohes, für Wettermeßgeräte bestimmtes Gerüst, das heißt, es sollte ausschließlich Zwecken der Sicherheit dienen). Für sich genommen ist diese Art von politischem Vandalismus vielleicht von nicht allzu großer Bedeutung; bedeutsam ist aber ihre Verherrlichung durch die Anti-Kernkraft-Bewegung. Ein Film mit dem Titel ›Lovejoys Atom-Krieg‹ wurde produziert (für Propaganda gegen Kernkraft scheint es nie an Geld zu fehlen), und es war die Rede davon, ihn über die Fernsehsender auszustrahlen. Eine Umweltschutzzeitung kommentierte dies folgendermaßen:»Was Lovejoy getan hat, ist falsch, wie auch der Grund, warum er es tun *mußte* (Hervorhebung durch mich)[3]«. Das ist nur allzu typisch für die ›Verurteilung‹ von Gewalt seitens dieser Gruppe angeblicher Liberaler, ob es nun um Kernenergie oder andere Dinge geht, die ihnen nicht passen. Und es gibt vieles, was ihnen nicht paßt; das meiste läßt sich auf folgenden Hauptnenner bringen: gegen die freie Marktwirtschaft und das Gewinnstreben. Mittlerweile wird der Umweltschutz ganz öffentlich als Schlachtroß im Kreuzzug gegen das System der freien Marktwirtschaft eingesetzt. In einem Artikel ›Wie man an der Umweltverschmutzung verdient‹ schreibt Ralph Nader:»Diese dünne Schale (d. h. die Biosphäre der Erde, P. B.) gehört uns allen[4].«

Barry Commoner hat ein sehr einfaches Rezept zur Beseitigung von Energieknappheit und Umweltverschmutzung, die für ihn die unmittelbaren Folgen des Kapitalismus sind: Verstaatlichung der Eisenbahnen und aller Energie-Industrien.»Wirtschaftswissenschaftler und andere, die sich näher mit dem Kapitalismus befassen«, so schreibt er,»werden erkennen, daß die Grundideen, die ich erörtert habe, identisch mit denen sind, die Karl Marx als erster entwickelt hat... Die Erklärung, warum die Marx'sche Prophezeiung (der Zusammenbruch des Kapitalismus) sich − jedenfalls bis jetzt − nicht bewahrheitet hat, ist eine Folge des besseren Verständnisses für wirtschaftliche Vorgänge, und dieses wiederum resultiert aus dem neu erwachten Interesse an der Umwelt[5].«

»Die eigentliche Frage, die sich uns stellt«, schreibt der Nobelpreisträger für physiologische Medizin, George Wald (dessen häufig schamlos verzerrende Darstellungen deutlich machen, daß Nobelpreise nicht gerade für moralische Integrität verliehen werden),»ist doch, ob sich Kernenergie ohne Sicherheitsrisiko bei gleichzeitiger Gewinnmaximierung gewinnen läßt. Die Antwort auf diese Frage ist nein[6].«

Lorna Salzman spricht davon, daß man»mit Kernenergie Gewinne machen will«, und nennt sie»eine Technologie, die private Gewinne und Arbeitsplätze über menschliche Gesundheit und Leben stellt, eine Technologie, die die Menschen und ihre sozialen Einrichtungen einer technologischen Tyrannei unterwirft«.

Und so weiter und so weiter – es ist zu offensichtlich, als daß man darauf noch näher eingehen müßte. Anti-Kernkraft-Argumente werden meistens (statistisch gesehen) von Leuten vorgebracht, die eine bestimmte politische Überzeugung haben. Das soll nicht etwa eine Art ›geistiger Sippenhaft‹ sein. Es ist lediglich eine Angelegenheit weitgehender statistischer Übereinstimmung.

Wie andere, bedeutendere Autoren sehe auch ich mich außerstande, dieser Gruppe von linkslastigen Unzufriedenen mit Hochschulbildung, die die Kernkraft im Zuge einer allgemeineren Opposition gegenüber dem Establishment ablehnen, einen Namen zu geben. Ich lehne es rundweg ab, sie als Liberale zu bezeichnen; es wäre eine Beleidigung für John Stuart Mill, in einem Atemzug mit Lorna Salzman genannt zu werden. Claire Booth Luce hat sie den ›Amerika stinkt‹-Haufen genannt; Irving Kristol spricht von ihnen als der ›Neuen Klasse‹. Angesichts des Herrn Barry Commoner, der den verarmten Massen ausgerechnet in der Zeitschrift ›The New Yorker‹ den Marxismus predigt, wo ihnen gleichzeitig Afrikasafaris und handgeschnitzte Schachspiele aus Walroßstoßzähnen angeboten werden, wäre vielleicht die Bezeichnung ›Edelproletariat‹ zutreffend.

Edelproletariat ist natürlich ein reichlich unklarer Begriff. Ich kann keine klare Definition anbieten, aber hier sind zwei Beschreibungen, die diesen Begriff veranschaulichen könnten: »DDT«, schreibt Professor Edward N. Luttwak, »zweifellos die größte lebensspendende Entdeckung des Jahrhunderts, ist nunmehr ein Schimpfwort in genau den Kreisen, in denen Worte wie CIA und Pentagon zu Schimpfwörtern geworden sind . . . Dieselben Leute erklären uns, daß wir das Ölkartell nicht brechen können und nicht brechen sollen, daß wir keine Kernkraftwerke mehr bauen dürfen, weil sie gefährlich sind, daß wir keine Kohle mehr fördern dürfen, weil dies die Erde zerstört, und schließlich, daß wir vor den Küsten nicht mehr nach Öl bohren dürfen, weil dadurch das Watt zerstört werden könnte. Gleichzeitig beklagen sie sich heftig über die Arbeitslosigkeit im eigenen Land und daß dieses nicht fähig ist, allen genügend zum Essen zu geben, als ob dies nicht die unabwendbaren Folgen ihrer Grundeinstellung wären[7].«

»Die tonangebende Elite«, so schreibt Midge Decter in derselben Sammlung von Beiträgen, »ist nicht mehr der Überzeugung, daß dieses System, die Zivilisation, gut ist, und man will nicht länger die Verantwortung für seine Verteidigung und Aufrechterhaltung übernehmen . . . Ich kann mich nicht daran erinnern, wann ich zum letzten Mal [einen von ihnen] ein freundliches Wort über das System sagen hörte, das ihre eigene Karriere darin ja erst ermöglicht hat. Was ich sagen wollte ist, daß sie ganz schlicht und einfach verzogen und ungeheuer habgierig sind. Was das Endziel ihrer Überzeugungen, und zwar einer von Dankbarkeit durchdrungenen Überzeugung sein sollte, setzen sie als selbstverständlich voraus . . . Alles, was nicht gleich eine ununterbrochene Kette von Erfolgen ist, begleitet von einem unaufhörlichen Beifallsrauschen, bezeichnen sie als Übel. Sie haben vergessen, diese gottgesegneten Amerikaner, was ›Übel‹ eigentlich heißt[8].«

Dieses Edelproletariat oder der ›Amerika stinkt‹-Haufen oder die ›Neue Klasse‹ oder wie auch immer man sie nennen mag, widersetzt sich der Verwendung von Energie im allgemeinen und von Kernenergie im besonderen. So einflußreich die ›Neue Klasse‹ auch sein mag (»sie kontrollieren die Massenmedien nicht«, sagt Irving Kristol, »sie *sind* die Massenmedien«), sie sind doch nicht mächtig genug, um das System des freien Unternehmertums, Industriezweig um Industriezweig und Geschäftszweig um Geschäftszweig zu zerstören. Aber sie können die Lebensader all dieser Unternehmen, nämlich die Energiezufuhr abschnüren; und das tun sie auch: sie wollen ihnen den Hahn ganz zudrehen.

Sie pflegen dies unter dem Banner des Umweltschutzes zu tun, weil Energieerzeugung meistens Umweltprobleme schafft und weil Energieerzeugung meistens gefährlich ist. Zu Beginn der

Umweltschutzbewegung, als saubere Luft und klares Wasser noch eine Rolle spielten, war Kernkraft die große Hoffnung, denn sie verunreinigt die Luft nicht, ihre Sicherheit ist größer als bei jeder anderen Energiegewinnung in großem Maßstab, und sie fügt der Erde so gut wie keinen Schaden zu. Außerdem sind die Vorräte an fossilen Brennstoffen begrenzt (das wurde immer wieder betont); für Wasserkraftwerke sind kaum noch geeignete Standorte vorhanden (und wie gegen alle Energiegewinnungsanlagen opponieren diese Leute auch dagegen); Öl ist ein äußerst wirksames Mittel politischer Erpressung, wie das Embargo von 1973 gezeigt hat. Kernkraft hingegen kommt aus heimischen Quellen, und mit Hilfe der Brütertechnologie kann man elektrische Energie für Jahrhunderte (Uran) oder Jahrtausende (Thorium) erzeugen. Kurz gesagt – die Kernenergie paßte nicht in den Schlachtplan. Ihre Auswirkung auf die Umwelt war so gering, daß das Schlachtroß namens Umweltschutz keinen Reiter mehr zu tragen vermochte.

Teilweise sind die Umweltschützer einfach von diesem Roß herabgestiegen; die Umweltschutzmaske fiel, und viele Anti-Kernkraft-Organisationen opponieren mehr und mehr mit rein politischen Argumenten gegen die Kernkraft.

Auch das ändert allerdings nichts an den tatsächlichen Gegebenheiten. Der angeblich drohende Polizeistaat ist eine noch wildere Übertreibung als die Wärmeverschmutzung; folglich setzt die Umweltschutzbewegung noch mehr Waffen ein, die sie aus dem totalitären Arsenal geborgt haben: Sie verkünden absolute Unwahrheiten und stellen schwarze Listen auf.

»Die jüdisch-bolschewistischen Plutokraten« – unter diesem verlogenen Begriff faßte Hitler seine Feinde zusammen. »Die Verschwörung des amerikanischen Imperialismus und des chinesischen Revisionismus« ist die sowjetische Standardformel. »Eine Technologie, die private Gewinne über menschliche Gesundheit und Menschenleben stellt«, sagt Miß Salzman, und schlägt damit Fragen des Profits und der Sicherheit über einen Leisten.

Ich sollte hier vielleicht anmerken, daß ich die Theorie von einer kommunistischen Unterwanderung absurd finde. Ralph

Nader als sowjetischer Agent — das ist nicht nur völlig grotesk, sondern man würde damit auch die Raffiniertheit und Geschicklichkeit der KGB-Gangster überschätzen*. Es sind ja die Kommunisten selbst, denen die Vorstellung einer großen Verschwörung so am Herzen liegt; sie vermuten unter jedem Bett einen imperialistischen Agenten und glauben fromm daran, daß ›die Bourgeoisie‹ den ganzen Tag lang nichts anderes zu tun hat, als Karl Marx zu studieren, um so auf teuflische Tricks zu kommen, wie sie den eigenen unvermeidbaren Untergang hinauszögern könnte.

Ich glaube auch nicht, daß die Edelproletarier eine Verschwörung bilden, und zwar vor allem deshalb, weil sie es gar nicht nötig haben. Nicht nur erreichen sie ihre destruktiven Ziele mit ganz legalen Mitteln, sie wissen vielmehr sehr wohl, was sie wollen, und brauchen keine zentralisierte Führung, geschweige denn eine Verschwörung.

Und dennoch sind ihre totalitären Tendenzen, auf die ich schon hingewiesen habe, durch etwas charakterisiert, was den linken vom rechten Totalitarismus unterscheidet. Zwischen dem Faschismus und dem Kommunismus sowjetischer Prägung gibt es ganz offensichtlich nur geringe Unterschiede; die zwei Systeme stehen sich nur deshalb so feindselig gegenüber, weil keines von beiden irgendeine Opposition duldet. Es gibt jedoch einen ganz wesentlichen Unterschied: den Mißbrauch humanitärer Ideale durch den linken Totalitarismus. So teuf-

---

* Kurz nach der Erstveröffentlichung dieses Buches gab der Senatsausschuß für Innere Sicherheit ein Geheimverhör bekannt, in dem ein ehemaliger hoher tschechischer Geheimdienstoffizier bestätigte, daß die von den Sowjets gelenkten Spione an der tschechoslowakischen Botschaft in Washington (mehr als die Hälfte des gesamten Personals) die Anweisung hätten, das »Chaos« in Amerika mit allen Mitteln zu »verstärken«; eine der Zielpersonen sollte Ralph Nader sein[9].
Meine Ansicht hat sich dadurch keineswegs geändert. Im Gegenteil, es bestätigt die erstaunliche Dummheit der Sowjets: nehmen wir einmal an, daß es irgendwie gelingen würde, Nader als Agenten zu rekrutieren (was ich für höchst unwahrscheinlich halte); was, um Himmels willen, könnte dieser Mann noch anstellen, um »das Chaos zu verstärken«, das er nicht jetzt schon tut?

lisch die Nazis auch waren, in der Kunst der Täuschung waren sie Amateure; sie gaben nicht vor, gegen Rassendiskriminierung zu sein oder die Brüderschaft der Nationen, soziale Gerechtigkeit oder die Menschenrechte fördern zu wollen. Es blieb den Sowjets überlassen, den Faschismus zu ›verbessern‹, und zwar durch Verschleierung derselben Ziele zügelloser Machtausübung und brutaler Unterdrückung unter dem verlogenen Deckmantel humanitärer Werte.

Es ist diese Art von Täuschung (aber keinesfalls im gleichen Ausmaß), die auch von den Kernkraft-Gegnern praktiziert wird. Wenn Lorna Salzman behauptet, daß Kernkraftgewinnung eine Technologie sei, die Gewinnstreben über die menschliche Gesundheit und über Menschenleben stellt, dann schert sie sich den Teufel um die menschliche Gesundheit oder Menschenleben; denn wenn sie dies täte, dann würde sie die Kernkraft befürworten, anstatt sie zu verurteilen. Sie muß die Fakten und Zahlen hinsichtlich der Bedrohung menschlicher Gesundheit und menschlichen Lebens durch die anderen Arten der Energiegewinnung kennen; aber sie ist offensichtlich mittels eben der Geistesakrobatik darüber hinweggegangen, die jedes Mitglied des Edelproletariats in die Lage versetzt, zwei Millionen Menschen zu ignorieren, die in Laos mit vorgehaltenem Flintenlauf in den Hungertod getrieben wurden, und andererseits die südkoreanische Regierung zu beschimpfen, daß sie nicht entsprechend den Regeln der Jeffersonschen Demokratie handelt; einerseits die südafrikanische Rassentrennung zu verurteilen und gleichzeitig den mörderischen Rassismus auf dem restlichen afrikanischen Kontinent zu ignorieren; die Folterkammern in Brasilien zu verdammen, jedoch nicht die in der UDSSR und so weiter.

»Die Entscheidung, für zwei Prozent unseres Energiebedarfs die menschliche Genmasse aufs Spiel zu setzen, ist moralisch nicht vertretbar und eine nationale Absage an die Ethik«, schreibt Miß Salzman, diesmal unter dem Deckmantel der Moral. Seit 1976 übersteigt der nukleare Anteil aller Energiegewinnung in den USA 8 Prozent, und wenn es Miß Salzman und ihren Mitstreitern nicht doch noch gelingt, das amerikani-

sche Volk einer regelrechten Gehirnwäsche zu unterziehen,
dann wird der Kernenergieanteil gegen Ende des Jahrhunderts
voraussichtlich bei 50 Prozent liegen. Bezüglich der genetischen Risiken haben nicht einmal die Atombomben in Japan
(geschweige denn Kernkraftwerke) irgendwelche feststellbaren
Auswirkungen gehabt. Die Gefahr genetischer Schäden durch
Atomenergie ist so gering, daß man sie nicht einmal messen
kann; als indirekte Beeinträchtigung muß sie jedoch in Betracht gezogen werden; und die Schätzung von Professor Cohen beläuft sich auf ›eine halbe Hosenstunde‹[10], das heißt, die
schädliche Wirkung auf Keimdrüsen durch die normalen Aus-
strahlungen eines Kernkraftwerkes ist genauso groß, wie wenn
ein Mann seine Hose für die Dauer einer zusätzlichen halben
Stunde trägt (wodurch die Temperatur der Hoden leicht erhöht wird). Das ist nach Meinung von Miß Salzman moralisch
nicht vertretbar, aber ihre Ethik ist seltsam gleichgültig gegenüber den ›Untermenschen‹ der Kohlengruben in den Appala-
chen, die zu Zehntausenden an Staublunge leiden.

»Die amerikanische Öffentlichkeit«, fährt Miß Salzman fort,
»wird sich auf breitester Ebene mit den Fragen der Kernenergie beschäftigen und sich weigern, die politische Macht einer
wissenschaftlichen Elite zu übertragen...«

Man beachte die Zukunftsform; es ist nicht so, daß sie hofft,
das amerikanische Volk werde etwas verhindern, noch erwartet
sie es; nein, sie ist die erwählte Sprecherin der amerikanischen
Öffentlichkeit, und mit demselben Vertrauen wie darauf, daß
morgen die Sonne aufgehen wird, sagt sie, das Volk ›wird‹ es
verhindern. Diese ›Und-morgen-die-ganze-Welt‹-Einstellung
ist wiederum ein Merkmal totalitärer Propaganda, ebenso die
Absicht, die dahintersteckt. »Das sowjetische Volk wird nie in
seiner Wachsamkeit gegenüber imperialistischen Spionen und
Saboteuren nachlassen« ist eine Behauptung, die nicht nur Anspruch darauf erhebt, daß ihr Verkünder der Sprecher des gesamten sowjetischen Volkes ist, sondern auch eine Behauptung, die allem Anschein nach von vorneherein einen schwa-
chen Punkt hat: Ob das sowjetische Volk in seiner Wachsamkeit nachlassen wird oder nicht; in jedem Fall ist eine Lüge in

dieser Aussage enthalten, nämlich die, daß es in der UDSSR von imperialistischen Spionen und Saboteuren nur so wimmle. Miß Salzman wendet den gleichen Trick an: Ihre Aussage läßt zwar einen Zweifel zu, ob das amerikanische Volk tatsächlich das tun wird, was sie voraussagt; aber in jedem Fall hat sie die Lüge eingeschmuggelt, daß die Kernkraftgewinnung einer wissenschaftlichen Elite bedürfe, der auch die *politische* Macht übertragen werden muß. Diese Art der Gehirnwäsche lenkt die Aufmerksamkeit des Lesers vom entscheidenden Punkt ab. (Hat das amerikanische Volk etwa seine politische Macht dadurch abgegeben, daß es das Zähneziehen einer Elite von Zahnärzten überläßt?)

»Wir sollten darauf drängen, daß sie endlich aufhören, uns für alle Ewigkeit ein perfektes Funktionieren der Kerntechnologie zu garantieren«, ist eine weitere Behauptung von ihr, die eine Lüge enthält. Viele — selbst kritische — Leser fragen sich: Sollen wir darauf drängen? Sollen wir nicht darauf drängen? Sollen sie mit ihren Garantien aufhören oder nicht? Lorna kann das nur recht sein, denn es lenkt von der einzig wirklich wichtigen Frage ab: Wann hat jemals ein verantwortungsbewußter Wissenschaftler behauptet, daß die Nukleartechnologie vollkommen fehler- und störungsfrei sei, geschweige denn dies garantiert?

In einem Punkt jedoch unterscheiden sich die Kernkraftgegner — wie auch das Edelproletariat im allgemeinen — grundlegend von den bis jetzt bekannten totalitären Ideologien, nämlich in ihrer negativen Einstellung gegenüber Technik und Wissenschaft. Es scheint fast so, als habe die moderne Wissenschaft und Technik dieser neuen Klasse gelehrter Intellektueller die schlimmste aller Beleidigungen zugefügt: Sie verstehen sie nicht mehr. Jeder Satz aus Lorna Salzmans Trotzköpfchen bezeugt ihre Angst vor der Technik und ihre unüberwindliche Abneigung gegenüber der Wissenschaft; was dem Leser zwischen den Zeilen am meisten in die Augen springt, ist ihr ungeheurer, wahrscheinlich nicht ganz unbegründeter Minderwertigkeitskomplex.

Dies ist nicht nur den Traditionen des Faschismus und des

Kommunismus genau entgegengesetzt; diese haben die Wissenschaft auf einen hohen Stand gebracht, um sie sodann für ihre eigenen Zwecke zu mißbrauchen. Es steht vielmehr auch in krassem Widerspruch zu der Besorgnis um die Umwelt, die die elitären Kreise kundtun: Für alle — ausgenommen diejenigen, die der wirrsten Geistesakrobatik fähig sind — ist es ein absoluter Grundsatz, daß man, um die Umwelt sauber zu halten, mehr Technologie braucht und nicht weniger. Gegen die Verpestung der Luft durch Autos kann man nicht auf die Weise vorgehen, daß man plötzlich wieder mit Kutschen fährt (und damit Tonnen von Pferdemist hat), sondern vielmehr dadurch, daß man die Druckwerte in den Motoren senkt, die Kurbelgehäuse belüftet, Nachbrenner, katalytische Konverter, elektronisch gesteuerte Kraftstoffmeß- und Zündsysteme einbaut, entschwefeltes Benzin verwendet und später vielleicht von Benzin auf Methanol und andere Brennstoffe umstellt, die auf saubere Weise aus Kohle hergestellt werden, und zwar mittels Verfahren, bei denen die Kohle im Flöz bleibt, so daß die Erdoberfläche nicht zerstört wird. Umweltverschmutzung ist eine Begleiterscheinung einer unzulänglichen Technologie und nicht der Technologie als solcher.

Eine andere Front im Kampf gegen das Establishment ist die sogenannte Verbraucherbewegung; sie bekämpft das System, in dem der Verbraucher mit seinem Geld abstimmt, und will statt dessen ein kontrolliertes, sogar reglementiertes Wirtschaftssystem. Zumindest, was seine Wirrköpfigkeit angeht, ist das Edelproletariat eine einheitliche Gruppe: Die Kernkraftgegner bekämpfen die sicherste Form der Energiegewinnung mit der Begründung, sie sei unsicher; die Umweltschützer sind gegen die Technologie, die doch die einzige Möglichkeit ist, die Umwelt sauber zu erhalten; und die Sprecher der Verbraucher sind gegen das einzige System, bei dem der Verbraucher König ist (oder es wäre, wenn die freie Marktwirtschaft nicht durch alle möglichen bürokratischen Beschränkungen in ihrem Wettbewerb behindert würde). In Ralph Nader sind alle drei Richtungen personifiziert, und wenn er den verbraucherfreundlichen Heiligenschein dieser unheiligen Dreifaltigkeit aufsetzt, befürwortet er mehr Kontrolle, mehr Bevormundung und mehr Reglementierung.

Dr. Lawrence A. Chickering stellt dies folgendermaßen dar: »Die Verbraucherbewegung vertritt nicht die tatsächlichen Verbraucher, sondern eine abstrakte Klasse von ›Verbrauchern‹, die aus sogenannten Reformern der oberen Mittelschicht besteht, die bourgeoise Werte ablehnen. Weil diese selbsternannten ›Verbraucher‹ keine Autoheckflossen mögen – wo sind die übrigens geblieben? – beschuldigen sie die Geschäftsleute, der Öffentlichkeit mittels Werbung ›nutzlose‹ (sprich: ›bürgerliche‹) Produkte aufzudrängen. Diese abstrakte Klasse der ›Verbraucher‹ opponiert gegen die Geschäftsleute nicht etwa, weil diese sich nicht um die tatsächlichen Verbraucher kümmern, sondern, wenn sie überhaupt einen Grund haben, dann deswegen, weil die Geschäftswelt sich zu gut um die tatsächlichen Verbraucher kümmert. Es ist ganz einfach so, daß die ›Verbraucher‹ die Produkte nicht mögen, die die wirklichen Verbraucher wollen[11].«

Auch hier können wir einen, wenn schon nicht geradezu totalitären, so doch antidemokratischen und antiliberalen Trend feststellen; nicht der wirkliche Verbraucher entscheidet mit seinem Geld, ob ein neues Kaufhaus gebraucht wird, sondern die ›Verbraucher‹-Sprecher, die am grünen Tisch Gesetze und Bestimmungen erlassen, reglementieren und umverteilen.

Die ›Neue Klasse‹ ist also eine Gruppe unzufriedener, wohlhabender Leute mit Hochschulbildung. Sie haben die Massenmedien und Universitäten fest in der Hand und dadurch einen enormen Einfluß. Sie tarnen sich als Befürworter von Sicherheit, als Umweltschützer und als Fürsprecher der Verbraucher. Sie opponieren vor allem gegen die Kernenergie, aber auch gegen Energiegewinnung im allgemeinen, wenn sie in großem Maßstab durchgeführt wird. Sie neigen zu totalitären Anschauungen und sind dafür, daß der Gesetzgeber die freie Entscheidung des Verbrauchers einschränkt; sie lehnen die freie Marktwirtschaft ab, und zwar vor allem deren wesentlichstes Merkmal, das Gewinnstreben. All dies ist jedoch keine Erklärung, sondern lediglich eine Beschreibung. Wir haben Irving Kristol, Midge Decter, Edward Luttwak und Lawrence A. Chickering zitiert, einige der kompetentesten Autoren auf dem Gebiet der Soziologie und der Ideologieforschung. Aber auch sie liefern uns nur Beschreibungen, keine Erklärungen. »Als einzige Erklärung«, so Edward Luttwak, »bleibt das Phänomen der Selbstzerstörung. Die unklaren und irrationalen Gründe für eine Selbstzerstörung sind prinzipiell einer Analyse nicht zugänglich.«

Dies ist wiederum nur eine Beschreibung und keine Erklärung; es ist eine Kapitulation vor den Schwierigkeiten, die eine Lösung dieses Problems aufwirft. Es stimmt, im Laufe der Zeit haben sich oft einzelne Gruppen, Klassen oder Schichten selbst zerstört; nie aber haben sie dies mit Absicht getan. Ihre Selbstzerstörung war die Folge von Unfähigkeit, Fehlentscheidungen oder Selbstzufriedenheit, nie aber einer freien Entscheidung.

Es gibt natürlich Leute, die sich in einem Faß über die Niagarafälle treiben lassen; aber sie haben weder eine besonders große noch eine besonders fanatische Anhängerschaft.

Und so sind wir wieder bei der Frage: Warum?

Es gibt natürlich viele, wenn nicht sogar Hunderte von stichhaltigen Antworten auf diese Frage, und bei jedem der Edelproletarier sind die verschiedenen Begründungen in einem anderen Mischungsverhältnis kombiniert. Es wäre naiv, zu verallgemeinern oder ein einziges allumfassendes Motiv als Triebkraft für ihr scheinbar irrationales Verhalten anzuführen.

Einige Motivationen haben jedoch besonders große Bedeutung und treffen für viele Leute zu. Nicht ausschlaggebend ist meiner Ansicht nach das ›Vendettamotiv‹; es ist sicher charakteristisch für die Führer der Anti-Kernkraft-Bewegung, aber nicht unbedingt auch für ihre Anhänger. Ralph Nader ist besessen von der Vorstellung, General Motors in die Knie zu zwingen; Kendall war über die AEC verärgert, weil man seine Warnungen hinsichtlich der Mängel am Notkühlsystem zunächst nicht genügend beachtet hatte, und er ist immer noch darauf aus, ihnen eins auszuwischen. Sternglass, Geesaman, Tamplin und

222

Gofman haben alle einmal für die AEC gearbeitet; ihre absurden Theorien wurden von den Fachverbänden abgelehnt und das hat sie erst recht rachsüchtig gemacht: Die Autoren von ›Power Over People‹ (Macht über Menschen oder Elektrizität geht über Menschenleben) haben ihr dilettantisches Machwerk verfaßt, nachdem ein Energieversorgungsunternehmen die Genehmigung für eine Hochspannungsleitung über ihre Grundstücke erhalten hatte und so weiter. Noch viele andere handeln vielleicht aus Rachsucht, weil sie irgendeine persönliche Rechnung zu begleichen haben. Es hat jedoch immer einzelne gegeben, die — zu Recht oder Unrecht — von der einen oder anderen Institution des Establishment in ihren Freiheiten eingeschränkt wurden; es ist ihnen jedoch nie gelungen, gleich eine Massenbewegung ins Leben zu rufen, um sich zu rächen.

Den Tausenden, die gegen die Kernenergie, gegen die Energieversorgungsunternehmen, gegen das kapitalistische System und gegen das Gewinnstreben schimpfen, ist persönlich keinerlei Schaden entstanden; im Gegenteil, sie waren die Nutznießer des Systems, das sie angeblich verachten. Was vielleicht die Handlungsweise von Nader oder Tamplin erklären mag, kann keine ausreichende Motivation für die ganze Bewegung sein.

Die Hunderttausende in den radikalisierten Kreisen der gehobenen amerikanischen Mittelschicht können sich zwar selbst vormachen, daß ihr Widerstand gegen Kernkraft ausschließlich auf Sicherheits- und Umweltschutzerwägungen beruht; solch edelmütige Begründung verleiht ihrer Einstellung durchaus eine gewisse Aufrichtigkeit; objektiv gesehen ist diese Begründung jedoch purer Unsinn, denn die Kernenergie ist erwiesenermaßen sicherer und für die Umwelt weniger belastend als jede andere Form der Energiegewinnung.

Es würden ihnen bald Zweifel kommen, wenn sie sich einmal die tatsächlichen Gegebenheiten ansehen würden. Aber ihre Überzeugungen sind pseudoreligiöser Art, und sie ziehen Fakten und Daten nur dann in Betracht, wenn sie ihnen von den Priestern der ›Volkslobby‹ oder den ›Freunden der Erde‹ vorgelegt werden. Für dieses irrationale Verhalten muß es eine

Motivation geben, die denjenigen, die ihr zum Opfer fallen, nicht notwendigerweise bewußt ist.

Da es um die Beweggründe geht, wollen wir uns einmal das Motiv ansehen, das das menschliche Handeln vorrangig bestimmt: das Eigeninteresse.

Welches ganz persönliche Interesse könnte jemand daran haben, die sauberste, sicherste und billigste Form elektrischer Energie abzulehnen? Welche Eigeninteressen werden durch den Widerstand gegen Wirtschaftswachstum im allgemeinen erfüllt?

Eine ganze Menge. Das deutlichste Beispiel sind wohl jene Wächter über das Bevölkerungswachstum, die sehr oft, wenn auch nicht immer, zu der radikalisierten, umwelthysterischen, elitären, antikapitalistischen ›Amerika-stinkt‹-Bewegung gehören. Ihr Glaube ist genauso irrational wie der der Kernkraftgegner. Der Verein für ein Nullwachstum der Bevölkerung gewann in den späten sechziger Jahren großen Einfluß, als die Geburtenrate in den Vereinigten Staaten sich schon lange in einem beispiellosen Rückgang befand; er setzte seine Aktivitäten unvermindert fort, als die Geburtenrate im Jahre 1973 unter das Niveau der natürlichen Balance zwischen Geburten- und Todesrate fiel; und das hält auch heute noch an, wo sie fast den Punkt erreicht hat, an dem selbst die Einwanderer nicht mehr den endgültigen Rückgang der Bevölkerung ausgleichen können (sofern sich dieser Trend nicht von selbst umkehrt).

Die Sorge über die Bevölkerungsexplosion in der Dritten Welt ist nur eine Art Ablenkungsmanöver. Paul Ehrlich, der Guru dieser Bewegung, soll meinetwegen wüten und toben, wenn es um Indien, Bangladesch und Südamerika geht; sobald er jedoch die Karten auf den Tisch legen muß, verlangt er von der Regierung der Vereinigten Staaten, Anreize zu geben oder sogar Zwangsmaßnahmen einzuführen, um Sterilisation, Abtreibung und Geburtenkontrolle *in den Vereinigten Staaten* zu fördern.

Das Credo der Geburtenkontrolleure ist sehr einfach: »Es gibt zu viele von euch anderen.« Und das stimmt mit der anscheinend breiten Palette sonstiger vom Edelproletariat aufgegriffener Probleme überein: Sie möchten ihre Privilegien nicht mit anderen teilen; sie sind eine Klasse, deren Vorrechte verloren zu gehen drohen (soweit sie nicht schon verloren gegangen sind).

Welche Privilegien sind das?

Das Privileg, auf Straßen zu fahren, auf denen außer ihrem nur eine noch erträgliche Anzahl anderer Wagen rollt, die ebenfalls von wohlhabenden und ›kultivierten‹ Menschen gesteuert werden; ein Privileg übrigens, das sie schon nicht mehr haben, denn heutzutage sind die Straßen überfüllt mit den Autos des ordinären Packs, das die ›New York Review of Books‹ nicht liest und so tut, als ob es das gleiche Recht auf Leben, Freiheit und Streben nach Glück hätte.

Das Privileg, ans Meer zu fahren und den Strand menschenleer vorzufinden. Das Privileg, lieber zu fahren als zu gehen und lieber zu fliegen als zu fahren. Das Privileg zu fliegen, ohne Schlange stehen und mit Krethi und Plethi in Tuchfühlung geraten zu müssen. Das Privileg, in der ersten Klasse zu fliegen, denn die Touristenklasse haben die gewöhnlichen Leute bereits erobert.

Das Privileg, als jemand umschmeichelt zu werden, der den Ton angibt. Das Privileg, als jemand geschätzt zu werden, der lieber Konversation treibt als zu arbeiten. Das Privileg, ein angenehmes Leben zu führen und sensibel, engagiert und relevant zu sein, ohne jedoch mit solch ›materialistischen‹ Dingen wie Physik, Chemie, Technik oder Zahnmedizin behelligt zu werden, geschweige denn, sich auf so ordinäre Weise seinen Lebensunterhalt verdienen zu müssen wie ein Installateur, ein Elektriker, Drucker, Funker oder (o Graus!) Erdölarbeiter.

Das Privileg, etwas Besseres zu sein als ›die anderen‹. Früher genügte dazu Geld. Damit ist es jedoch heutzutage nicht mehr getan, es sei denn, man hat Unmengen davon. Man war auch etwas Besseres, wenn man gebildet war. Auch das funktioniert nicht mehr. Derjenige, der 25 000 Dollar im Jahr verdiente, war für gewöhnlich jemand. Das gleiche galt für denjenigen, der eine Dissertation über die mittelalterliche Literatur in der Türkei geschrieben hatte. Das ist nicht mehr so. 35 Prozent

der amerikanischen Jugend gehen auf die höhere Schule oder zur Universität; das hat es noch nie und nirgends gegeben. Sie arbeiten dort genauso hart wie ihre Eltern (glauben sie irrtümlicherweise), um einen akademischen Titel oder ein Jahreseinkommen von 25 000 Dollar zu erreichen. Aber das heißt noch lange nicht, daß ihnen damit auch die gleichen exklusiven Privilegien eingeräumt werden, wie ihre Eltern sie hatten. Sie können zwar immer noch im Winter nach Florida fliegen, aber sie müssen sich Schulter an Schulter mit gewöhnlichen Leuten ins Flugzeug zwängen, die sich nicht regelmäßig beim Psychiater auf die Couch legen, die nicht den neuesten Roman über lesbisch-inzestuöse Vergewaltigung gelesen haben, der gerade ›in‹ ist, und die nicht den ›New Yorker‹ oder auch nur die ›Saturday Review‹ abonniert haben. Sie sind um ihr Recht betrogen worden, jemand zu sein. Sie sind — fast — wie alle anderen ein Niemand geworden. Denn auch die Niemande verreisen nach Florida, ja sogar nach London, Paris und Rom. Wen wundert es da, daß das Edelproletariat frustriert ist? Was ist an dieser widernatürlichen Situation schuld? Wieso sitzen im Flugzeug lauter Maurer und Schlosser, warum sind die Strände mit biertrinkenden Gießereiarbeitern überfüllt? Weshalb sind Autos und Benzin so billig geworden, daß sich eine ganze Nation auf Rädern fortbewegen kann? Was hat der Bevölkerung Elektrizität zu dem lächerlichen Preis von fünf Cent die Kilowattstunde verschafft? Wie ist es möglich, daß jedermann für einen läppischen Dollar von Kalifornien nach New York telefonieren kann? Woher kommt es, daß ein Drittel aller amerikanischen Schulkinder Zugang zu höherer Schulbildung erhält?
Schuld daran ist der Kapitalismus, die Wissenschaft, die Technik. Hört auf damit! Haltet den Lauf der Welt an, ich möchte alles für mich alleine haben!
Hier wird die Selbstsucht einer Klasse deutlich, deren Privilegien sich allmählich in Luft auflösen. Nicht durch Gesetzgebung und auch nicht durch Unterdrückung, sondern durch das unerbittliche Vorrücken ›der anderen‹, die auch ein besseres Leben wollen. Ein mit jedem geteiltes Privileg ist kein *privile-*

gium, keine *priva lex* (privates Recht) mehr, sondern wird eine *lex publica* (öffentliches Recht).

Ich spreche natürlich nicht von den Rockefellers oder Kennedys; ihre Privilegien sind noch nicht in Gefahr, und mit Ausnahme einer gewissen auf Stimmenfang ausgerichteten Rhetorik der politisch aktiven Familienmitglieder sind sie auch keine Umweltfanatiker. Ich spreche vielmehr von den Intellektuellen der gehobenen Mittelschicht, die mehr nach Ansehen und Einfluß gieren als je ein Raubritter nach Gold.

Ich behaupte auch nicht — das möchte ich nochmals betonen —, daß die Selbstsucht einer Gruppe, deren Privilegien bedroht sind, die einzige Erklärung für die Hysterie hinsichtlich Umweltschutz und vor allem hinsichtlich Kernkraft sei. Es gibt auch noch andere Motive, die zum Teil sehr tief liegen; welche dabei zum Tragen kommen, schwankt offensichtlich von Fall zu Fall, und eine einzelne Erklärung kann nie alle Fälle umfassen, vielleicht nicht einmal einen einzigen.

Aber diese Selbstsucht erklärt doch einiges. Auch die Furcht vor dem Unbekannten ist eine Erklärung, wenn auch keine ausreichende. Es ist wahr, daß die Leute vor einem Dammbruch oder einem Ölbrand weniger Angst haben, obwohl beides gefährlicher und auch wahrscheinlicher ist als das Durchschmelzen eines Reaktors, denn sie können sich zwar ein Hochwasser oder einen Großbrand vorstellen, haben jedoch im allgemeinen nur eine vage Ahnung davon, was Radioaktivität ist. Wie kommt es dann aber, daß sich der Mikrowellenherd immer mehr durchsetzt, wo doch die Leute im allgemeinen über Mikrowellen noch weniger Bescheid wissen als über Radioaktivität (und oft sogar beides für ein und dasselbe halten)? Wie kommt es dann, daß sie Beruhigungs-, Schlaf- und Schmerzmittel und Hunderte von sonstigen Drogen einnehmen, ohne die geringste Ahnung von deren Wirkung auf den Körper zu haben und ohne die Ärzte zu beschuldigen, eine professionelle Elite zu sein, die Profit über Gesundheit stellt? Die Erklärung, es liege an der Assoziation von Kernenergie mit der erstmaligen Anwendung von Kernkraft — die beiden über Japan abgeworfenen Bomben —, bringt uns auch nicht viel weiter. Würden die Menschen auf Feuer und auf das Rad verzichten, nur weil beide zu bestimmten Zeiten als Folterinstrumente benutzt wurden? Könnte Ralph Nader sie dazu bringen, auf Elektrizität zu verzichten, indem er eine psychologische Kampagne startet, die ›elektrisch‹ mit ›Stuhl‹ in Verbindung bringt, so wie er es bei ›Atom‹ und ›Bombe‹ macht? Dennoch ist es ihm gelungen, Tausende mit einer Begründung gegen Kernenergie einzunehmen, die paradoxerweise genau die Gründe für ihre Überlegenheit darstellt: Sicherheit, Wirtschaftlichkeit, Verfügbarkeit, einfache Abfallbeseitigung und geringe Auswirkungen auf die Umwelt. Welche Theorie kann diesen Widerspruch erklären?

Die Theorie, daß eine bestimmte Klasse sich bedroht fühlt, kann das. Natürlich ist sich diese Klasse ihrer wahren Motivation nicht bewußt. Natürlich machen sie sich gegenseitig und vor allem sich selbst vor, daß es ihnen ausschließlich um völlig legitime menschliche Belange gehe. Wer würde nicht die wunderschönsten und edelmütigsten Gründe finden, um seine Privilegien zu verteidigen, wenn sie in Gefahr sind? Wenn man früher die Macht der Monarchien einschränken wollte, dann stellte man damit das Gottesgnadentum der Könige in Frage und lehnte sich folglich gegen Gott selbst auf – behaupteten diejenigen, die ein Interesse am Fortbestand der Monarchie hatten, und wahrscheinlich glaubten sie es selbst. Widerstand gegen die neue Ordnung im Dritten Reich zu leisten hieß, die Sicherheit Europas aufs Spiel zu setzen – behaupteten die Nazis, und wahrscheinlich glaubten sie es selbst. Die Parteilinie, so wie sie vom Politbüro festgelegt worden ist, in Frage zu stellen, bedeutet, ein Volksfeind zu sein – behaupten die Sowjets, und wahrscheinlich glauben sie es selbst. »Es gibt nur eine politisch, biologisch und ethisch vertretbare Lösung«, verkündet Lorna Salzman, »nämlich den völligen Verzicht auf Kernenergie, und zwar für immer«, und wahrscheinlich glaubt sie das selbst.

Sobald man jedoch einmal beiseite läßt, was alles behauptet, beteuert und erklärt wird, und statt dessen die Stoßrichtung und die Auswirkungen der Proteste betrachtet, sieht man einen

Sinn in der scheinbaren Selbstzerstörungswut und in der technologiefeindlichen Einstellung, ebenso in der Hetze gegen die Großunternehmen, im Ich-will-auch-planen-Sozialismus, im Kampf gegen das Wirtschaftswachstum, in den totalitären Tendenzen, in der systematischen, auf Zerstörung zielenden Anfeindung des privaten Unternehmertums. Es paßt plötzlich alles zusammen. Es handelt sich um Aktionen der ›Jemande‹, die befürchten, ›Niemande‹ zu werden.

Allgemeiner Wohlstand beseitigt durch sein bloßes Vorhandensein den Wohlstand als charakteristisches Merkmal einer privilegierten sozialen Schicht. Wirtschaftswachstum, freies Unternehmertum und Technologie sind die Hauptschuldigen und deshalb muß man sie unschädlich machen. Das aber erreicht man, wenn man ihnen ihr ›Herzblut‹ entzieht − Energie.

Dem Ausbau der Energieerzeugung kann man auf ganz legale Weise beträchtliche Hindernisse in den Weg legen; diese Leute beherrschen das meisterlich: Sie bauen angeblich dem Umweltschutz verpflichtete Organisationen auf, und andere lassen sich leicht zur Mitarbeit verleiten, wenn sie die Horrorgeschichten über mangelnde Sicherheit, Umweltverschmutzung, Profitgier, sogar über den Verlust bürgerlicher Freiheiten (dies vor allem!) hören. Und die Energieumwandlung hat ihre Kehrseiten; sie hat in der Tat Auswirkungen auf die Umwelt, sie bringt Risiken für Sicherheit und Gesundheit mit sich, sie kostet Geld, und die Rohstoffe müssen zum großen Teil aus unverläßlichen Quellen eingeführt werden.

Nur die Kernenergie hat, obwohl auch sie nicht vollkommen ist, weniger Nachteile als irgendeine andere Art der Energiegewinnung, und gegen sie richtet sich der erbitterte Haß der verschreckten Klasse, denn sie paßt nicht in den Schlachtplan. Man führt Krieg gegen sie nicht *trotz* ihrer überlegenen Eigenschaften, sondern *wegen* ihrer Sicherheit, ihrer Verfügbarkeit und ihrer Wirtschaftlichkeit.

»Unsinn«, höre ich den Leser sagen. »Ich kenne einige Kernkraftgegner, die alles andere als reich sind und deren kritische Einstellung der Kernenergie gegenüber ehrlich ist und lediglich auf Sicherheitsüberlegungen beruht.«

Dem stimme ich voll und ganz zu. Aber abgesehen von der Tatsache, daß ich — ich wiederhole es noch einmal — von statistischen Tendenzen spreche und nicht von den jeweiligen Einzelpersonen (und abgesehen von der Tatsache, daß ich auch Leute kenne, die ›ehrlich‹ dagegen sind, Kinder gegen Diphterie impfen zu lassen), wollen wir uns den Sachverhalt doch noch einmal genauer betrachten. Wie ehrlich ist jemand (oder was nützt seine Ehrlichkeit), der die Gefahren der Kernkraft nicht mit denen der anderen Methoden zur Energiegewinnung verglichen hat? Daß ein Kernkraftgegner nicht wohlhabend ist, sagt noch gar nichts; wir sollten nicht vergessen, daß es den Anhängern Naders nicht um Geld geht, sondern um Macht. Sind sie wirklich an der Sicherheit interessiert (wie die wackeren Streiter behaupten und auch selbst glauben), oder ist nicht vielmehr ihre Argumentation voll von Begriffen wie ›Großindustrie‹, ›Mitbestimmung‹ und dergleichen? Versuchen wir doch einmal, hinter die Kulissen zu schauen (denn wir kennen nur wenige von diesen Leuten persönlich), von welcher Seite die Befürwortung beziehungsweise die Ablehnung kommt. Wer hat sich bis jetzt am erfolgreichsten gegen die Anti-Kernkraft-Hysterie zur Wehr gesetzt? Das war nicht etwa das ›Atomic Industrial Forum‹ (Atomindustrieforum) mit seinem immerhin beachtlichen Jahresetat — Sie haben wahrscheinlich noch nie etwas davon gehört. Auch nicht Westinghouse oder Exxon (Elektrizitätsgesellschaften) — sie bringen nur sehr selten Zeitungsanzeigen, die zudem meist keine Wirkung haben oder sogar der ganzen Sache schaden. Und auch nicht (ich bedaure, dies sagen zu müssen) die Wissenschaft, die diesen demagogischen Scharlatanen schon vor Jahren die Stirn hätte bieten müssen. Jedesmal, wenn sich eine Gruppe der Organisation ›Americans for Energy Independence‹ (Verein zur Sicherstellung einer autonomen Energieversorgung) bildete, wer hat sie dann unterstützt, und zwar nicht mit Geld (das ist einfach), sondern durch aktive Mitarbeit? Die International Brotherhood of Electrical Workers — die Internationale Gewerkschaft der in der Elektroindustrie Beschäftigten.

Ich muß hinzufügen, daß ich im allgemeinen von dem derzeitigen Gewerkschaftssystem nicht gerade begeistert bin; gegen den Amerikanischen Lehrerverband (der mittlerweile seine Mitglieder an den Universitäten rekrutiert und seine Anhänger hauptsächlich unter denjenigen findet, die es außerhalb des akademischen Bereichs zu nichts gebracht haben und jetzt Schutz vor den Folgen ihrer Unfähigkeit brauchen) habe ich sogar eine ausgesprochene Abneigung. Dennoch komme ich nicht umhin, folgendes festzustellen: Wenn es um die Verteidigung der Kernenergie geht, sind die einzigen, die entschieden dafür eintreten, diejenigen, die unmittelbar mit den Neutronen, den radioaktiven Abfällen und den Notschaltern zu tun haben.

Und wer schürt im Gegensatz dazu die Anti-Kernkraft-Hysterie? Der ›Sierra Club‹, dessen Mitglieder eher im Prominentenviertel Beverly Hills als in Watts wohnen, eher in der Villenvorstadt Long Island als in Harlem; die ›Creative Initiative Foundation‹, deren Tätigkeit von dem 500 000 Dollar-Hauptsitz in einem reichen Vorort von San Francisco ausgeht; das ›Project Survival‹ (Projekt Überleben), dessen Anhänger die Frauen leitender Angestellter sind; die Aktionen der Mädchen von Radcliffe und der Jungen von Harvard, die immer rassisch gemischte Schulen forderten, bis eines Tages ihre eigenen Kinder in solche Schulen gehen sollten; sogleich fanden sie ein anderes Thema für ihre großartige Selbstdarstellung.

Und wo wurden die Tiraden von Lorna Salzman veröffentlicht? In Comeys ›Home Journal‹ und in dem Blatt mit dem irreführenden Namen ›Bulletin of Atomic Scientists‹ (Bulletin für Atomwissenschaftler), in dem der ›Sierra Club‹ ganzseitige Anzeigen gegen die Kernenergie bezahlt, von dem Nader und Kendall die Postversandlisten für ihre trickreichen Petitionen bekommen, wo der Rasmussen-Bericht schlechtgemacht und ›We Almost Lost Detroit‹ gerühmt wird. In dieser Zeitschrift verkündet Lorna Salzman: »Die amerikanische Öffentlichkeit wird es ablehnen, einer wissenschaftlichen Elite ihre politische Macht zu übertragen...«; und sie ist bei weitem nicht die einzige, die für die gesamte amerikanische Öffentlichkeit spricht.

Sehen wir doch etwas näher hin, nicht nur auf die Artikel, in denen behauptet wird, daß ein Kernkraftwerk ein Loch durch die ganze Erde schmelzen oder wie der Energiebedarf Amerikas mittels Windmühlen gedeckt werden könnte. Sehen wir uns die Anzeigentarife an, und wir werden feststellen, daß es sich hier — trotz aller Ausnahmen (die es gibt) — um eine wohlhabende Elite handelt, die Angst hat, daß ein allgemeiner Wohlstand sie zur Bedeutungslosigkeit verurteilen könnte. Einige Privilegien dieser elitären Mittelschicht sind schon vor langer Zeit und für immer verloren gegangen; beispielsweise das Privileg, farbige Dienstboten zu haben. Auch mit anderen ist es so gut wie vorbei — mit den leeren Straßen etwa; die lautstarke Propaganda gegen die angeblich so schlimmen Autos hat den Pöbel nicht von den Straßen vertrieben, obwohl es an entsprechenden Versuchen nicht gefehlt hat. In einigen anderen Fällen haben sie sich selbst bereit erklärt, auf gewisse Privilegien zu verzichten — allerdings unter der Bedingung, daß auch niemand anderer in deren Genuß kommt; man denke nur an die Vorschläge, den Bau von Straßen durch Nationalparks zu verbieten, die sie lieber den Eichhörnchen überlassen, als mit Maurern und Schlossern teilen zu müssen.

Ein entscheidendes Privileg aber haben sie immer noch, und daran werden sie mit der Kraft der Verzweiflung festhalten. Sie sind immer noch tonangebend, sie bestimmen die öffentliche Meinung und stellen die Erzieher. Sie kontrollieren immer noch weitgehend die Massenmedien, Schulen und Universitäten, und aus ihnen rekrutiert sich der größte Teil der Bundesbeamten. Sie sitzen immer noch an allen Schaltstellen der nichtgewählten Macht.

Das ›nichtgewählt‹ ist keine schwerwiegende Eingrenzung, denn es sind die ungehinderten Einflußmöglichkeiten auf die Wähler, die diese oft auf eine bestimmte Einstellung in ideologischen Fragen programmieren. Außerdem gibt es Fälle, in denen die Hochburgen der ungewählten Macht stärker sind als die Wahlurnen. Die Rassendiskriminierung durch übereifrige Auslegung der Gesetze zum Beispiel wurde durch nichtgewählte Amtsträger der Bundesbürokratie ›verordnet‹, und zwar nicht nur in schlichter Mißachtung der Absichten des Kongresses, sondern im genauen Gegensatz dazu.

Ganz offensichtlich ist also die Kontrolle über die Indoktrinierungsindustrie kein geringer Trumpf dieser Elite, deren Zeit gekommen ist. Es gelang ihnen erstaunlich gut, die Gesundheitsgefahren der nichtnuklearen Methoden der Energiegewinnung vor der Öffentlichkeit zu verschweigen; und sie haben mit Erfolg die Öffentlichkeit nicht nur mit verzerrten Darstellungen, sondern mit glatten Lügen verschreckt.

Es wäre schön, wenn ich dieses Buch mit der Feststellung schließen könnte, daß am Ende doch die Vernunft siegen wird. Aber wird das wirklich der Fall sein? Während andere Industrienationen die Entwicklung vorantreiben, während Großbritannien, Deutschland und Japan wohl bald Brüter einsetzen werden und in Frankreich ein solcher schon längst in Betrieb ist, wird die herkömmliche Spaltenergie in den Vereinigten Staaten in einem Maße bekämpft und angefeindet, daß ihre Zukunft in Frage steht. Auf ihrem Weg läßt die borniette, nach Macht strebende ›Amerika stinkt‹-Elite die Opfer des Verzichts auf Kernenergie, die Toten, die Erkrankten und die Krüppel zurück. Die Tatsache, daß in der Vergangenheit immer noch die Vernunft gesiegt hat, ist keine Gewähr dafür, daß dies auch in Zukunft so sein wird.

Übrigens hat sie nicht immer gesiegt. Die großartigen Leistungen der Künste und Wissenschaften des Altertums wurden tausend Jahre lang von einer doktrinären und intoleranten Institution — der mittelalterlichen Kirche — totgeschwiegen, die die Wissenschaft als Teufelswerk ansah. Tausend Jahre lang wurde die Kultur des Abendlandes unter Ausnutzung von Unwissenheit, Armut und Rückständigkeit unterdrückt, und zwar durch eine Institution, die nicht durch das Schwert an die Macht gekommen war.

Sie hatte lediglich das Monopol für die Ausbildung und die Verbreitung von Informationen für sich in Anspruch genommen.

Anmerkungen

Die Kernkraftdiskussion — ein Monolog

1 San Francisco Chronicle, 12. Februar 1976.
2 San Francisco Chronicle, 5. Februar 1976.
3 Energy. The New Yorker, 16. Februar 1976.
4 P. und A. Ehrlich: Population, Resources, Environment. Reading: Freeman & Company Ltd. 1970.
5 200000 in den Universitäten, 200000 in der Bundesregierung, 370000 in der Industrie. Statistical Abstract. Bureau of the Census (Statistische Bundesbehörde) 1976 (die Angaben beziehen sich auf das Jahr 1974).
6 Die Einzelresolutionen sind bei den genannten Organisationen erhältlich.
7 Die Erklärung wurde am 14. November 1975 dem FEA-Leiter F. Zarb vorgelegt.
8 B. Herschensohn: The Gods of Antenna. New Rochelle, N. Y.: Arlington House 1976.
9 M. J. Grayson, und T. R. Shepard: The Disaster Lobby. Chicago: Follet Publishing Company 1973.
10 Science, 26. Januar 1973.
11 San Luis Obispo County Telegramm-Tribune, 12. September 1973.
12 Science, 26. März 1976.
13 R. Wilson: Vortrag bei der Energiekonferenz im Center for Technology and Political Thought (Zentrum für Technologie und Politikwissenschaften). Denver, Colorado, Juni 1974. Die Zahlen sind in Kapitel 3 auf den neuesten Stand gebracht.

Einige Grundlagen

1 J. G. Fuller: We Almost Lost Detroit. Pleasantville, N. Y.: Reader's Digest Association, Incorporated, 1975.
2 E. M. Page: We Did *Not* Almost Lose Detroit. Einzelexemplare bei Detroit Edison Company, Public Affairs.
3 B. L. Cohen: Environmental Impacts of Nuclear Power. University of Pittsburgh, Juli 1975.
4 Die angeführten Strahlungswerte sind dem Bericht Nuclear Power and the Environment der International Atomic Energy Commission (Internationale Atomenergiekonferenz) Wien 1973 entnommen; die darin angeführten Werte für die Vereinigten Staaten basieren auf den Schätzungen des Umweltschutzamtes aus dem Jahre 1971.
5 Vortrag bei der Ortsgruppe Los Angeles der American Nuclear Society (Amerikanische Gesellschaft für Atomenergie) 1974.

6 S. Jablon: The Origins and Findings of the Atomic Bomb Casuality Commission. Nuclear Safety 14, Nr. 6 (November – Dezember 1973), 651 – 659.
7 G. Farmer: Unready Kilowatts. LaSalle: Open Court Publishing Company 1975.
8 Alle Zahlen sind B. L. Cohen, a.a.O., entnommen; dort auch nähere Quellenangaben.
9 N. A. Frigerio und R. S. Stowe: Report on Very Low Level Radiation. Argonne National Laboratory 1975; vgl. auch N. A. Frigerio, K. F. Escherman und R. S. Stowe: Carcinogenic Hazard from Low-level, Low-rate Radiation. Argonne National Laboratory, Bericht ANL/ES-26 1973.

Probleme der Sicherheit

1 R. P. Hammond: Nuclear Power Risks. American Scientist 62 (1974), 155 – 160.
2 Schreiben an den Personalleiter der Reactor Safety Study (Untersuchungen zur Reaktorsicherheit) vom 1. November 1974; veröffentlicht im Atomic Industrial Forum, 5. Februar 1975.
3 Conference on Power Plant Siting (Konferenz über den Standort von Kraftwerken), Portland, Oregon, 25. – 28. August 1974.
4 R. Wilson und W. J. Jones: Energy, Ecology, and the Environment. New York: Academic Press 1974.
5 L. B. Lave und L. C. Freeburg: Health Effects of Electricity Generation from Coal, Oil and Nuclear Fuel. Nuclear Safety 14, Nr. 5 (1973), 409 – 428.
6 Energiekonferenz im Center for Technology and Political Thought. Denver, Colorado, Juni 1974.
7 Siehe Anmerkung 5.
8 Siehe Anmerkung 4.
9 A Study of Base Load Alternatives for the NE Utility Systems. Arthur D. Little, Incorporated, 5. Juli 1973.
10 Siehe Anmerkung 5.
11 Time, 8. März 1976.
12 C. Starr und andere: Report to the State of California on Safety of Steam Generating Power Stations. University of California at Los Angeles 1972.
13 I. A. Forbes und andere: The Nuclear Debate: A Call to Reason. Energy Research Group (Energieforschungsgruppe). Boston 1974.
14 Siehe Anmerkung 4.
15 Siehe Anmerkung 4.
16 Siehe Kapitel 1, Anmerkung 13.
17 Ich gebe absichtlich nur vage Zahlen an. Jeder intelligente Leser wird in der Lage sein, in einer einigermaßen gut ausgestatteten Bibliothek diese Angaben zu überprüfen und den Standort der Tal-

sperre festzustellen. Schließlich ist es nicht meine Absicht, eine Gebrauchsanweisung für Terroristen zu schreiben. (Sie sollten sich lieber mit der Herstellung von Plutoniumbomben versuchen; dann sind sie wenigstens beschäftigt und können keinen wirklichen Schaden anrichten.)

18 Statistical Abstract. Bureau of the Census, Oktober 1975.

Entsorgung

1 B. L. Cohen: Environmental Impacts of Nuclear Power. University of Pittsburgh, Juli 1975.
2 R. P. Hammond: Nuclear Power Risks. American Scientist 62 (1974), 155 – 160.
3 Environmental Hazards in Radioactive Waste Disposal. Physics Today (Januar 1976), 9 – 15.
4 J. E. Martin und andere: Comparison of Radioactivity from Fossil Fuel and Nuclear Power Plants, 91st Congress, Joint Commission on Atomic Energy. Hearing on Effects of Producing Electric Power. (Anhörungen über die Auswirkungen von Stromerzeugung vor der Atomkommission des amerikanischen Senats), (1969), 773 – 809.
5 Siehe Kapitel 3, Anmerkung 5.
6 D. J. Rose und andere: Nuclear Power vis-a-vis Its Alternatives, Chiefly Coal. M.I.T. 10. Dezember 1975. (Privatmitteilung, da das Manuskript noch nicht veröffentlicht ist.)

Ständige Emissionen

1 International Atomic Energy Commission; siehe Kapitel 2, Anmerkung 4.
2 Daily Camera, Boulder, Colorado.
3 L. B. Lave und L. C. Freeburg: Health Effects of Electricity Generation from Coal, Oil and Nuclear Fuel. Nuclear Safety 14, Nr. 5 (1973) 409 – 428.
4 R. Wilson und W. J. Jones: Energy, Ecology, and the Environment. New York: Academy Press 1974.
5 Nitrosamines: Scientists on the Trail of Prime Suspects in Urban Cancer. Science, 23. Februar 1976.
6 Siehe Anmerkung 3.
7 So in der von der National Academy of Sciences (Nationale Akademie der Wissenschaften) dem Senate Committee on Public Works (Senatsausschuß für das Arbeitswesen) im März 1975 vor-

gelegten Studie über Luftverschmutzung ›Air Quality and Statio-
nary Source Emission Control‹.
8 D. J. Rose und andere: Nuclear Power vis-a-vis Its Alternatives,
Chiefly Coal. M.I.T., 10. Dezember 1975. (Privatmitteilung, da
das Manuskript noch nicht veröffentlicht ist.)
9 M. R. Rollins, R. W. Williams und W. Meyer: Estimates of the
Economic Effects of a Five-Year National Moratorium. University
of Missouri, 29. Oktober 1975.
10 Siehe Anmerkung 4.
11 L. Lave und E. Seskin: An Analysis of the Association between US
Mortality and Air Pollution. University of Pittsburgh 1971.
12 J. Cairns: The Cancer Problem. Scientific American, November
1975.

Kernenergie und Umwelt

1 R. P. Hammond: Nuclear Power Risks. American Scientist 62
(1974), 155 – 160.
2 Council of Environmental Quality: Energy and Environment. August 1973.
3 Berechnet aus den Angaben des in Anmerkung 2 zitierten Berichts.
4 Nuclear Technology, April 1975.
5 E. J. Mitchell und R. R. Chaffetz: Toward Economy in Electric
Power. American Enterprise Institute 1976.
6 J. J. McKetta: The World Doesn't End here. Council of Environmental Balance.
7 J. Maddox: The Doomsday Syndrome. London: Macmillan 1972.

Terrorismus und Sabotage

1 Ralph Nader über PBS, WETA-TV, Washington, District of Columbia, 25. Februar 1975.
2 R. Lapp: Nader's Nuclear Issues. Facts Systems 1975.
3 R. Lapp: The Nuclear Controversy. Facts Systems 1975.
4 Siehe Anmerkung 2.
5 G. W. Dolphin (Mitglied der nationalen britischen Strahlenschutzbehörde): Hot Particles. Radiological Protection Bulletin,
Juli 1974.
6 Comments on R. Nader's Statements before the Joint Economic
Committee of the US Congress (Gemeinsamer Wirtschaftsaus-
schuß des amerikanischen Kongresses), 8. Mai 1975, Westinghouse Corporation.

7 B. L. Cohen: The Hazards of Plutonium Dispersal. University of Pittsburgh, Juli 1975.
8 A 27 Year Study of Selected Los Alamos Plutonium Workers. Report LA-5148-MS, Los Alamos Scientific Laboratories, Januar 1973 (zitiert bei B. L. Cohen, siehe Anmerkung 7).
9 Siehe Anmerkung 7.
10 Siehe Anmerkung 7.
11 T. B. Taylor: Proposed Safeguard Measures to Assure against Nuclear Theft or Sabotage. Aware Magazine, August 1974; zitiert im Westinghouse Report (siehe Anmerkung 6).
12 Aussage vor der gesetzgebenden Körperschaft von Kalifornien, und zwar vor dem Senate Committee on Public Utilities, Transit and Energy (Senatsausschuß für öffentliche Versorgungsbetriebe, Verkehrs- und Energiefragen), 27. Januar 1976.
13 Siehe Anmerkung 7.
14 Siehe Anmerkung 7.
15 Rasmussen-Bericht.
16 C. Webster und N. Frankland: The Stratygy Air Offensive against Germany. London 1961; Sir Arthur Harris: Bomber Offensive. London 1951.
17 A. Speer: Inside the Third Reich. Macmillan 1970.

Zuverlässigkeit und Wirtschaftlichkeit

1. R. Lapp: We May Find Ourselves Short of Uranium, too. Fortune, Oktober 1975.
2 F. Felix: Where Would We Be without Nuclear Energy. Energy International, Oktober 1975.

Warum?

1 P. und A. Ehrlich: Population, Resources, Environment. Reading: Freeman & Company Ltd. 1970.
2 Bulletin of the Atomic Scientists, November 1975.
3 Organic Gardening and Farming, Dezember 1975.
4 The Progressive, April 1970.
5 The New Yorker, 16. Februar 1976.
6 The New York Times, 29. Februar 1976.
7 Has America Lost Its Nerve? (Symposium). Commentary, Juli 1975.
8 Siehe Anmerkung 7.
9 Communist Block Intelligence in the us. Subcommittee on International Security of the Committee of the Judiciary, us Senate

(Unterausschuß für Fragen der Inneren Sicherheit im Justizausschuß des amerikanischen Senats), 18. November 1975. Washington, District of Columbia: Government Printing Office, Februar 1976.

10 B. L. Cohen: Environmental Impacts of Nuclear Power. University of Pittsburgh, Juli 1975.

11 A Constituency for Business. The Alternative, Februar 1976.